"泰山学者"建设工程专项经费资助项目

全球生态治理
与
生态经济研究

张卫国　于法稳
主编

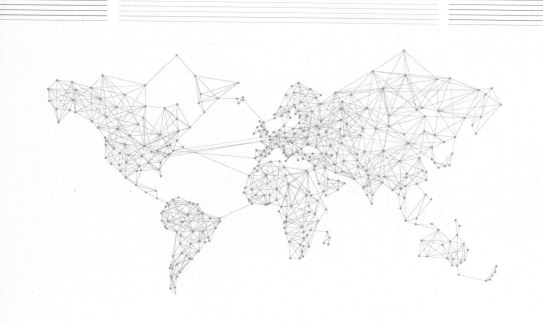

中国社会科学出版社

图书在版编目（CIP）数据

全球生态治理与生态经济研究/张卫国，于法稳主编.—北京：中国社会科学出版社，2016.4

ISBN 978 - 7 - 5161 - 8225 - 3

Ⅰ.①全… Ⅱ.①张… ②于… Ⅲ.①生态环境建设—研究—世界②生态经济—研究—世界 Ⅳ.①X321.1②F113.3

中国版本图书馆 CIP 数据核字（2016）第 103909 号

出 版 人	赵剑英
责任编辑	刘晓红
责任校对	周晓东
责任印制	戴　宽

出　　版	中国社会科学出版社
社　　址	北京鼓楼西大街甲 158 号
邮　　编	100720
网　　址	http://www.csspw.cn
发 行 部	010 - 84083685
门 市 部	010 - 84029450
经　　销	新华书店及其他书店

印刷装订	三河市君旺印务有限公司
版　　次	2016 年 4 月第 1 版
印　　次	2016 年 4 月第 1 次印刷

开　　本	710×1000　1/16
印　　张	21
插　　页	2
字　　数	303 千字
定　　价	78.00 元

代序一

中国社会科学院副院长　蔡　昉

　　全球生态治理背景下的生态经济研究如何进行？这是一个非常值得国际生态经济学界共同探讨的重大前沿问题。正是在此背景下，中国生态经济学学会主办了本次高层论坛，并且以"全球生态治理与生态经济研究"为主题。和这个主题有关的话题非常多，比如生态足迹、环境问题、资源问题以及和人口相协调问题、节能减排、循环经济、绿色发展、可持续发展等，近几年，我国学术界提出了各种各样的概念，并且进行了深入研究，生态经济学学会在这个过程中，也得到了长足的进展。应该说，在生态经济领域中，中国的学者与决策者，从来都是不甘人后的，提出的很多理念都是非常前沿的。一个明显的例证就是，中国生态经济学学会是世界上成立的第一个生态经济学学会，《生态经济》杂志也是世界上出版的第一本生态经济研究领域的专业杂志。

　　十八大以来，党中央继续在全国开展并坚持生态经济建设，提出了很多新的理念。在系统学习习近平总书记系列讲话精神时，我们了解到，如果说过去在某种程度上我们把资源、环境作为保证经济可持续发展的一种手段、工具，那么，现在资源和环境已经变成了发展的目的。从原来的"既要金山银山，也要绿水青山"，逐步发展到"绿水青山就是金山银山"。我们的目的不是为 GDP 而保护环境、保护资源，而是资源、环境、生态，或者说更蓝的天、更清的水、更清洁的空气，本身就是发展的目的。同时，政府也把生态、资源、环境作为基本公共品，由政府来保护，这在世界上都是比较先进的理念。

　　中国生态经济学学会自成立以来，积极参与国家的生态环境建设，为国家多次提出了富有成效的政策性建议。中国生态经济学学会秘书处设在中国社会科学院农村发展研究所，其下属的生态与环境经济研究室是我国第一个专门从事生态经济研究的机构，在生态经济研究方面取得了一系列有一定社会影响力的成果。

其实，现在讨论的生态问题、节能减排，在人们过去的认识和做法上，曾有过一些误区，国际上也为此向我们国家施加过一些压力。现在，情况已有很大变化，生态资源环境逐渐成为我们经济发展方式转变的一项内容，是我国经济发展过程的内在要求，不再需要任何人给我们施加压力。因此，我们应认真学习与领会习近平总书记关于发展目的的有关理论，"发展是为了什么？"这将有助于我们的研究更加深入。同时，与世界第二大经济体相匹配，中国的学术研究成果也应该越来越理论化，应该在国际学术界主动设计一些有利于学科发展、有利于中国发展、有利于全人类发展的重大议题，不要永远围绕着别人的议题、永远跟在别人后面进行研究。

本次论坛由中国生态经济学学会主办，山东社会科学院高效生态经济研究泰山学者岗位、山东省经济形势分析与预测软科学研究基地承办，《生态经济》编辑部、山东省滨州北海经济开发区协办，探讨全球生态治理背景下，如何推动生态经济研究，为与会专家提供了相互交流的平台，是实践与理论相结合的创举。本次论坛还特别邀请到国际著名生态经济学家、澳大利亚国立大学的 Robert Costanza 教授，以及日本九州大学、韩国农村经济研究院的专家教授，并做专题报告。

代 序 二

山东社会科学院院长　张述存

　　山东地处中国东部沿海地区，是当今中国的人口大省、经济大省和文化资源大省。前不久，习近平总书记视察山东时，要求我省在全面建成小康社会进程中走在全国前列。如何落实习总书记的要求，贯彻"四个全面"战略布局，推进山东经济文化强省建设，提前全面建成小康社会，我们深感责任重大。

　　山东经济是中国经济的经典缩影。特别是现阶段，山东经济结构偏重、层次偏低，节能降耗减排的任务艰巨。按照党中央提出的经济建设、政治建设、文化建设、社会建设、生态文明建设"五位一体"的总体布局要求，在经济新常态下，如何使山东经济保持中高速发展，迈向中高端水平，我们必须勇于面对重大机遇与挑战，敢于担当，破解复杂的发展命题。

　　山东区域经济发展已形成"两区一圈一带"的战略格局，其中黄河三角洲高效生态经济区，是我国第一个以高效生态经济发展为主题的国家战略。如何以高效生态经济为引领，以高端、高质、高效产业为主导，都需要我们在理论和实践两方面开展大胆而全面的探索。

　　山东社会科学院是中共山东省委和山东省人民政府直属的综合性社会科学研究机构，致力于为省委、省政府科学决策服务，为山东经济文化强省建设服务。目前正在努力实施社会科学创新工程，建设社会主义新型一流智库，在我省打造专业化高端智库过程中发挥示范与引领作用。在生态经济研究方面，我院同时拥有高效生态经济研究泰山学者岗位、山东省生态经济研究基地、生态经济学重点学科、生态经济研究室等研究平台，这在地方社会科学院中是不多见的，也为提升我省高效生态经济研究水平奠定了坚实基础。

2014 年，我院受滨州北海经济开发区管委会委托，完成了《滨州国际农产品进出口高效生态港口研究》项目，由中科院院士、清华大学李亚栋先生任组长，省委政研室、省政府研究室、省发改委、全国供销总社等多家单位多位专家组成的评审组，对此项目给予高度评价，并一致认为，该项目应及早列入国家、山东省和滨州市相关规划。今天，我们还将在这里举行"山东社会科学院高效生态经济研究泰山学者岗位院士（学部委员）工作室"揭牌仪式。

应对全球生态危机需要我们尽快拿出各种卓有成效的生态治理方案。本次论坛以"全球生态治理与生态经济研究"为主题，具有鲜明时代特征和现实针对性。我们相信：这次论坛的举办，对实现山东全省经济的可持续发展，对国际生态经济学界深化生态经济领域前沿问题研究，必将产生积极的促进作用。

目　　录

Creating a Sustainable and Desirable Future

Robert Costanza

(Professor and Chair in Public Policy, Crawford School
of Public Policy Australian National University)

Abstract

This chapter describes what an "ecological economy" embedded in an "ecological civilization" could look like and how we could get there. We believe that this future can provide full employment and a high quality of life for everyone into the indefinite future while staying within the safe environmental operating space for humanity on earth. This is consistent with the new UN Sustainable Development Goals. To get there, we need to stabilize population; more equitably share resources, income, and work; invest in the natural and social capital commons; reform the financial system to better reflect real assets and liabilities; create better measures of progress; reform tax systems to tax "bads" rather than goods; promote technological innovations that support well – being rather than material growth, and create a culture of well – being rather than consumption. Several lines of evidence show that these policies are mutually supportive and the resulting system is feasible. The substantial challenge is making the transition to this better world in a peaceful and positive way. There is no way to predict the exact path this transition might take, but painting this picture of a possible end – point and some milestones along the way will help make this choice and this journey a more viable option.

The current mainstream model of the global economy is based on a number of assumptions about the way the world works, what the economy is, and what the economy is for (see Table 1). These assumptions arose in an earlier period, when the world was relatively empty of humans and their artifacts. Built capital was the limiting factor, while natural capital was abundant. It made sense not to worry too much about environmental "externalities", since they could be assumed to be relatively small and ultimately solvable. It also made sense to focus on the growth of the market economy, as measured by gross domestic product (GDP), as a primary means to improve human welfare. And it made sense to think of the economy as only marketed goods and services and to think of the goal as increasing the amount of these that were produced and consumed (Costanza et al., 2013; Costanza et al., 2013). [①]

Now, however, we live in a radically different world—one that is relatively full of humans and their built capital infrastructure. We need to reconceptualize what the economy is and what it is for. We have to first remember that the goal of any economy should be to sustainably improve human well – being and quality of life and that material consumption and GDP are merely means to that end. We have to recognize, as both ancient wisdom and new psychological research tell us, that too much of a focus on material consumption can actually reduce human well – being. We have to understand better what really does contribute to sustainable human well – being and recognize the substantial contributions of natural and social capital, which are now the limiting factors to improving well – being in many countries. We have to be able to distinguish between real poverty, in terms of low quality of life, and

---

① This chapter is adapted from a report commissioned by the United Nations for the 2012 Rio + 20 Conference as part of the Sustainable Development in the 21st century project; see R. Costanza et al., Building a Sustainable and Desirable Economy – in – Society – in – Nature (New York: United Nations Division for Sustainable Development, 2012) and from a shorter version published as Chapter 11, pp. 126 – 142 in: State of the World 2013: Is Sustainability Still Possible? Island Press. Washington, D. C.

low monetary income. Ultimately we have to create a new model of the econo-
my that acknowledges this new "full world" context and vision (Kasser,
2002).

Some people argue that relatively minor adjustments to the current eco-
nomic model will produce the desired results. For example, they maintain
that by adequately pricing the depletion of natural capital (such as putting a
price on carbon emissions) we can address many of the problems of the cur-
rent economy while still allowing growth to continue. This approach can be
called the "green economy" model. Some of the areas of intervention promo-
ted by its advocates, such as investing in natural capital, are necessary and
should be pursued. But they are not sufficient to achieve sustainable human
well – being. We need a more fundamental change, a change of our goals
and paradigm (Easterlin, 2003; Layard, 2005).

Both the shortcomings and the critics of the current model are abun-
dant—and many of them are described in this book. A coherent and viable
alternative is sorely needed. This chapter aims to sketch a framework for a
new model of the economy based on the worldview and following principles of
ecological economics (Costanza, 1991; Daly and Farley, 2004; Costan-
za et al. , 2013):

- Our material economy is embedded in society, which is embedded
in our ecological life – support system, and we cannot understand or manage
our economy without understanding the whole interconnected system.
- Growth and development are not always linked, and true develop-
ment must be defined in terms of the improvement of sustainable human
well – being, not merely improvement in material consumption.
- A balance of four basic types of assets is necessary for sustainable
human well – being: built, human, social, and natural capital (financial
capital is merely a marker for real capital and must be managed as such).
- Growth in material consumption is ultimately unsustainable because
of fundamental planetary boundaries, and such growth is or eventually be-
comes counterproductive (uneconomic) in that it has negative effects on

well – being and on social and natural capital.

There is a substantial and growing body of new research on what actually contributes to human well – being and quality of life. Although there is still much ongoing debate, this new science clearly demonstrates the limits of conventional economic income and consumption' s contribution to well – being. For example, economist Richard Easterlin has shown that wellbeing tends to correlate well with health, level of education, and marital status and shows sharply diminishing returns to income beyond a fairly low threshold. Economist Richard Layard argues that current economic policies are not improving well – being and happiness and that "happiness should become the goal of policy, and the progress of national happiness should be measured and analyzed as closely as the growth of GNP (gross national product)" (Easterlin, 2003; Layard, 2005) .

In fact, if we want to assess the "real" economy—all the things that contribute to real, sustainable, human well – being—as opposed to only the "market" economy, we have to measure and include the nonmarketed contributions to human well – being from nature, from family, friends, and other social relationships at many scales, and from health and education. Doing so often yields a very different picture of the state of well – being than may be implied by growth in per capita GDP. Surveys, for instance, have found people' s life satisfaction to be relatively flat in the United States (see Figure 1) and many other industrial countries since about 1975, in spite of a near doubling in per capita income (Hernández – Murillo and Martinek, 2010) .

A second approach is an aggregate measure of the real economy that has been developed as an alternative to GDP, called the Index of Sustainable E-conomic Well – Being, or a variation called the Genuine Progress Indicator (GPI) . The GPI attempts to correct for the many shortcomings of GDP as a measure of true human well – being. For example, GDP is not just limited—measuring only marketed economic activity or gross income—it also counts all activity as positive. It does not separate desirable, well – being – enhancing activity from undesirable, well – being – reducing activity. An oil spill increases GDP because someone has to clean it up, but it obviously detracts from society's well – being. From the perspective of GDP, more crime, sickness, war, pollution, fires, storms, and pestilence are all potentially good things because they can increase marketed activity in the economy (Lawn, 2003; Costanza et al., 2009; Kubiszewski et al., 2013; Costanza et al., 2014).

Table 1 The basic characteristics of the current economic model, the green economy model, and the ecological economics model

	Current Economic Model	Green Economy Model	Ecological Economics Model
Primary policy goal	More: Economic growth in the conventional sense, as measured by GDP. The assumption is that growth will ultimately allow the solution of all other problems. More is always better.	More but with lower environmental impact: GDP growth decoupled from carbon and from other material and energy impacts.	Better: Focus must shift from merely growth to "development" in the real sense of improvement in sustainable human well – being, recognizing that growth has significant negative by – products.
Primary measure of progress	GDP	Still GDP, but recognizing impacts on natural capital.	Index of Sustainable Economic Welfare (ISEW), Genuine Progress Indicator (GPI), or other improved measures of real welfare.
Scale/carrying capacity/role of environment	Not an issue, since markets are assumed to be able to overcome any resource limits via new technology, and substitutes for resources are always available.	Recognized, but assumed to be solvable via decoupling.	A primary concern as a determinant of ecological sustainability. Natural capital and ecosystem services are not infinitely substitutable and real limits exist.

Cont

	Current Economic Model	Green Economy Model	Ecological Economics Model
Distribution/poverty	Given lip service, but relegated to "politics" and a "trickle – down" policy: a rising tide lifts all boats.	Recognized as important, assumes greening the economy will reduce poverty via enhanced agriculture and employment in green sectors.	A primary concern, since it directly affects quality of life and social capital and is often exacerbated by growth: a too rapidly rising tide only lifts yachts, while swamping small boats.
Economic efficiency/allocation	The primary concern, but generally including only marketed goods and services (GDP) and market institutions.	Recognized to include natural capital and the need to incorporate the value of natural capital into market incentives.	A primary concern, but including both market and non-market goods and services, and effects. Emphasis on the need to incorporate the value of natural and social capital to achieve true allocative efficiency.
Property rights	Emphasis on private property and conventional markets.	Recognition of the need for instruments beyond the market.	Emphasis on a balance of property rights regimes appropriate to the nature and scale of the system, and a linking of rights with responsibilities. Includes larger role for common – property institutions.
Role of government	Government intervention to be minimized and replaced with private and market institutions.	Recognition of the need for government intervention to internalize natural capital.	Government plays a central role, including new functions as referee, facilitator, and broker in a new suite of common – asset institutions.

Cont

	Current Economic Model	Green Economy Model	Ecological Economics Model
Princi-ples of gov-ernance	Laissez – faire market capitalism.	Recognition of the need for government.	Lisbon principles of sustain-able governance.

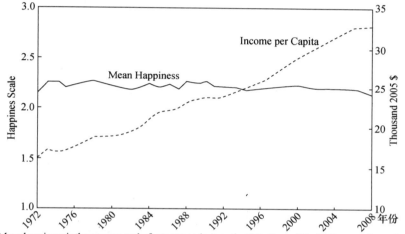

*Mean happiness is the average reply from respondents to the U.S. General Social Survey when asked, "Taken all together, how would you say things are these days ? Would you say that you are not too happy [1], pretty happy[2], orvery happy[3]?"

Figure 1   Happiness and Real Income in the United States, 1972 – 2008

Source: Hernández – Murillo and Martinek (2010) .

GDP also leaves out many things that actually do enhance well – being but that are outside the market, such as the unpaid work of parents caring for their children at home or the nonmarketed work of natural capital in pro-viding clean air and water, food, natural resources, and other ecosystem services. And GDP takes no account of the distribution of income among indi-viduals, even though it is well known that an additional dollar of income produces more well – being if a person is poor rather than rich. The GPI ad-dresses these problems by separating the positive from the negative compo-nents of marketed economic activity, adding in estimates of the value of non-

marketed goods and services provided by natural, human, and social cap-
ital and adjusting for income – distribution effects. Comparing GDP and GPI
for the United States, Figure 2 shows that while GDP has steadily increased
since 1950, with the occasional dip or recession, the GPI peaked in about
1975 and has been flat or gradually decreasing ever since. The United States
and several other industrial countries are now in a period of what might be
called uneconomic growth, in which further growth in marketed economic
activity (GDP) is actually reducing well – being, on balance, rather than
enhancing it (Talberth et al., 2007).

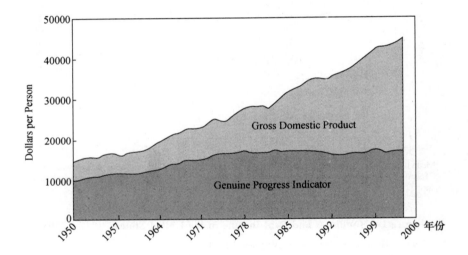

**Figure 2　Gross Domestic Product and Genuine Progress Indicator,
United States, 1950 – 2004**

Source: Talberth et al. (2007).

A new model of the economy consistent with our new full – world con-
text would be based clearly on the goal of sustainable human well – being. It
would use measures of progress that openly acknowledge this goal (for ex-
ample, GPI instead of GDP). It would acknowledge the importance of eco-
logical sustainability, social fairness, and real economic efficiency. One
way to interrelate the goals of the new economy is by combining planetary

boundaries as the "environmental ceiling" with basic human needs as the "social foundation". This creates an environmentally sustainable, socially desirable and just space within which humanity can thrive (Raworth, 2012) .

A Framework for a New Economy

A report prepared for the United Nations Rio + 20 Conference described in detail what a new economy – in ᴛ society – in – nature might look like. A number of other groups—for example, the Great Transition initiative and the Future We Want—have performed similar exercises. All are meant to reflect the essential broad features of a better, more – sustainable world, but it is unlikely that any particular one of these will emerge wholly intact from efforts to reach that goal. For that reason, and because of space limitations, those visions will not be described here. This chapter instead lays out the changes in policy, governance, and institutional design that are needed in order to achieve any of these sustainable and desirable futures (Raskin et al. , 2002; Costanza et al. , 2013) .

The key to achieving sustainable governance in the new, full – world context is an integrated approach—across disciplines, stakeholder groups, and generations—whereby policymaking is an iterative experiment acknowledging uncertainty, rather than a static "answer" . Within this paradigm, six core principles—known as the Lisbon Principles Following a 1997 conference in Lisbon and originally developed for sustainable governance of the oceans—embody the essential criteria for sustainable governance and the use of common natural and social capital assets (Costanza et al. , 1998) :

- Responsibility. Access to common asset resources carries attendant responsibilities to use them in an ecologically sustainable, economically efficient, and socially fair manner. Individual and corporate responsibilities and incentives should be aligned with each other and with broad social and ecological goals.

- Scale – matching. Problems of managing natural and social capital assets are rarely confined to a single scale. Decisionmaking should be assigned to institutional levels that maximize ecological input, ensure the flow of information between institutional levels, take ownership and actors into account, and internalize social costs and benefits. Appropriate scales of governance will be those that have the most relevant information, can respond quickly and efficiently, and are able to integrate across scale boundaries.

• Precaution. In the face of uncertainty about potentially irreversible impacts on natural and social capital assets, decisions concerning their use should err on the side of caution. The burden of proof should shift to those whose activities potentially damage natural and social capital.

• Adaptive management. Given that some level of uncertainty always exists in common asset management, decision – makers should continuously gather and integrate appropriate ecological, social, and economic information with the goal of adaptive improvement.

• Full – cost allocation. All of the internal and external costs and benefits, including social and ecological, of alternative decisions concerning the use of natural and social capital should be identified and allocated, to the extent possible. When appropriate, markets should be adjusted to reflect full costs.

• Participation. All stakeholders should be engaged in the formulation and implementation of decisions concerning natural and social capital assets. Full stakeholder awareness and participation contributes to credible, accepted rules that identify and assign the corresponding responsibilities appropriately.

This section describes examples of worldviews, institutions and institutional instruments, and technologies that can help the world move toward the new economic paradigm (Beddoe et al. , 2009) .

Respecting Ecological Limits

Once society has accepted the worldview that the economic system is sustained and contained by our finite global ecosystem, it becomes obvious that we must respect ecological limits. This requires that we understand precisely what these limits entail and where economic activity currently stands in relation to them. A key category of ecological limit is dangerous waste emissions, including nuclear waste, particulates, toxic chemicals, heavy metals, greenhouse gases (GHGs), and excess nutrients. The poster child for dangerous wastes is greenhouse gases, as excessive stocks of them in the atmosphere are disrupting the climate. Since most of the energy currently used for economic production comes from fossil fuels, economic activity inevitably generates flows of GHGs into the atmosphere. Ecosystem processes such as plant growth, soil formation, and dissolution of carbon dioxide (CO_2) in the ocean can sequester CO_2 from the atmosphere. But when flows into the atmosphere exceed flows out of the atmosphere, atmospheric stocks accumulate. This represents a critical ecological threshold, and exceeding it risks runaway climate change with disastrous consequences. At a minimum, then, for any type of waste where accumulated stocks are the main problem, emissions must be reduced below absorption capacity. Current atmospheric CO_2 stocks are well over 390 parts per million, and there is already clear evidence of global climate change in current weather patterns. Moreover, the oceans are beginning to acidify as they sequester more CO_2. Acidification threatens the numerous forms of oceanic life that form carbon – based shells or skeletons, such as mollusks, corals, and diatoms. In short, the weight of evidence suggests that we have already exceeded the critical ecological threshold for atmospheric GHG stocks. This means that we must reduce flows by more than 80 percent or increase sequestration until atmospheric stocks are reduced to acceptable levels. If we accept that all individuals are entitled to an equal share of CO_2 absorption capacity, then the wealthy nations need to reduce net emissions by 95 percent or more (Costanza et al. , 2006; International Panel on Climate Change (IPCC), 2007) .

Another category of ecological limit entails renewable – resource stocks, flows, and services. All economic production requires the transformation of raw materials provided by nature, including renewable resources (for example, trees) . To a large extent, society can choose the rate at which it harvests these raw materials—that is, cuts down trees. Whenever extraction rates of renewable resources exceed their regeneration rates, however, stocks decline. Eventually, the stock of trees (the forest) will no longer be able to regenerate. So the first rule for renewable – resource stocks is that extraction rates must not exceed regeneration rates, thus maintaining the stocks to provide appropriate levels of raw materials at an acceptable cost. But a forest is not just a warehouse of trees; it is an ecosystem that generates critical services, including life support for its inhabitants. These services are diminished when the structure is depleted or its configuration is changed. So another rule guiding resource extraction and land use conversion is that they must not threaten the capacity of the ecosystem stock or fund to provide essential services. Our limited understanding of ecosystem structure and function and the dynamic nature of ecological and economic systems mean that this precise point may be difficult to determine. However, it is increasingly obvious that the extraction of many resources to drive growth has already gone far beyond this point. Rates of resource extraction must therefore be reduced to below regeneration rates in order to restore ecosystem funds to desirable levels. Protecting Capabilities for Flourishing. In a zero – growth or contracting economy, working – time policies that enable equitable sharing of the available work are essential to achieve economic stability and to protect people's jobs and livelihoods. Reduced working hours can also increase people's ability to flourish by improving the work/life balance, and there is evidence that working fewer hours can reduce consumption – related environmental impacts. Specific policies should include greater choice for employees about working time; measures to combat discrimination against part – time work as regards grading, promotion, training, security of employment, rate of pay, health insurance, and so on; and better incentives to employees (and flexibility for employers) for family time, parental leave, and sabbatical breaks (Schor, 2005; Jackson, 2009).

Systemic social inequality can likewise undermine the capacity to flourish. It expresses itself in many forms besides income inequality, such as life expectancy, poverty, malnourishment, and infant mortality. Inequality can

also drive other social problems (such as overconsumption), increase anxie-
ty, undermine social capital, and expose lower – income households to high-
er morbidity and lower life satisfaction (Acemoglu and Robinson, 2009).

The degree of inequality varies widely from one sector or country to an-
other. In the U. S. civil service, military, and university sectors, for exam-
ple, income inequality ranges within a factor of 15 or 20 between the highest
and lowest paying jobs. Corporate America has a range of 500 or more. Many
industrial nations are below 25 (Daly, 2010).

A sense of community—which is necessary for democracy—is hard to
maintain across such vast income differences. The main justification for such
differences has been that they stimulate growth, which will one day filter
down, making everyone rich. But in today's full world, with its steady state
or contracting economy, this is unrealistic. And without aggregate growth,
poverty reduction requires redistribution. Fair limits to the range of inequality
need to be determined—that is, a minimum and a maximum income. Studies
have shown that most adults would be willing to give up personal gain in return
for reducing inequality they see as unfair. Redistributive mechanisms and poli-
cies could include revising income tax structures, improving access to high –
quality education, introducing anti – discrimination legislation, implementing
anti – crime measures and improving the local environment in deprived areas,
and addressing the impact of immigration on urban and rural poverty. New
forms of cooperative ownership (as in the Mondragón model) or public own-
ership, as is common in many European nations, can also help lower internal
pay ratios (Fehr and Falk, 2002).

The dominance of markets and property rights in allocating resources also
can impair communities' capacity to flourish. Private property rights are estab-
lished when resources can be made "excludable" —that is, when one person
or group can use a resource while denying access to others. But many re-
sources essential to human welfare are "non – excludable", meaning that it is
difficult or impossible to exclude others from access to them. Examples include
oceanic fisheries, timber from unprotected forests, and numerous ecosystem

services, including waste absorption capacity for unregulated pollutants. Absent property rights, resources are "open access" —anyone may use them, whether or not they pay. However, individual owners of property rights are likely to overexploit or underprovide the resource, imposing costs on others, which is unsustainable, unjust, and inefficient. Private property rights also favor the conversion of ecosystem stocks into market products regardless of the difference in contributions that ecosystems and market products have to human welfare. The incentives are to privatize benefits and socialize costs. One solution to these problems, at least for some resources, is common ownership. A commons sector, separate from the public or private sector, can hold property rights to resources created by nature or society as a whole and manage them for the equal benefit of all citizens, present and future. Contrary to wide belief, the misleadingly labeled "tragedy of the commons" results from no ownership or open access to resources, not common ownership. Abundant research shows that resources owned in common can be effectively managed through collective institutions that assure cooperative compliance with established rules (Hardin, 1968; Pell, 1989; Feeny et al., 1990; Ostrom, 1990).

Finally, flourishing communities will be supported and maintained by the social capital built by a strong democracy. A strong democracy is most easily understood at the level of community governance, where all citizens are free (and expected) to participate in all political decisions affecting the community. Broad participation requires the removal of distorting influences like special interest lobbying and funding of political campaigns. The process itself helps to satisfy myriad human needs, such as enhancing people's understanding of relevant issues, affirming their sense of belonging and commitment to the community, offering opportunity for expression and cooperation, and strengthening the sense of rights and responsibilities. Historical examples (though participation was restricted to elites) include the town meetings of New England and the system of ancient Athenians (Prugh et al., 2000; Farley and Costanza, 2002).

Building a Sustainable Macroeconomy

The central focus of macroeconomic policies is typically to maximize economic growth; lesser goals include price stabilization and full employment. If society instead adopts the central economic goal of sustainable human well – being, macroeconomic policy will change radically. The goals will be to create an economy that offers meaningful employment to all and that balances investments across the four types of capital to maximize well – being. Such an approach would lead to fundamentally different macroeconomic policies and rules. A key leverage point is the current monetary system, which is inherently unsustainable. Most of the money supply is a result of what is known as fractional reserve banking. Banks are required by law to retain a percentage of every deposit they receive; the rest they loan at interest. However, loans are then deposited in other banks, which in turn can lend out all but the reserve requirement. The net result is that the new money issued by banks, plus the initial deposit, will be equal to the initial deposit divided by the fractional reserve. For example, if a government credits MYM1 million to a bank and the fractional reserve requirement is 10 percent, banks can create MYM9 million in new money, for a total money supply of MYM10 million. In this way, most money is today created as interest – bearing debt. Total debt in the United States—adding together consumers, businesses, and the government—is about MYM50 trillion. This is the source of the national money supply (Daly, 2010; Speth, 2012).

There are several serious problems with this system. First, it is highly destabilizing. When the economy is booming, banks will be eager to loan money and investors will be eager to borrow, which leads to a rapid increase in money supply. This stimulates further growth, encouraging more lending and borrowing, in a positive feedback loop. Abooming economy stimulates firms and households to take on more debt relative to the income flows they use to repay the loans. This means that any slowdown in the economy makes it very difficult for borrowers to meet their debt obligations. Eventually some borrowers are forced to default. Widespread default eventually creates a self – reinforcing downward economic spiral, leading to recession or worse. Second, the current system steadily transfers resources to the financial sector. Borrowers must always pay back more than they borrowed. At 5.5 percent interest, homeowners will be forced to pay back twice what they borrowed on a 30 - year mortgage. Conservatively speaking, interest on the MYM50 trillion total debt (in 2009) of the United States must be at least MYM2.5 trillion a year, one sixth of national output. ① Third, the banking system will only create money to finance market activities that can generate the revenue required to repay the debt plus interest. Since the banking system currently creates far more money than the government, this system prioritizes investments in market goods over public goods, regardless of the relative rates of return to human well - being. Fourth, and most important, the system is ecologically unsustainable. Debt, which is a claim on future production, grows exponentially, obeying the abstract laws of mathematics. Future production, in contrast, confronts ecological limits and cannot possibly keep pace. Interest rates exceed economic growth rates even in good times. Eventually, the exponentially increasing debt must exceed the value of current real wealth and potential future wealth, and the system collapses.

To address this problem, the public sector must reclaim the power to create money, a constitutional right in the United States and most other countries, and at the same time take away from the banks the right to do so by gradually moving toward 100 - percent fractional - reserve requirements. A second key lever for macroeconomic reform is tax policy. Conventional economists generally look at taxes as a necessary but significant drag on economic growth. However, taxes are an effective tool for internalizing negative externalities into market prices and for improving income distribution. A shift in the burden of taxation from value added (economic "goods", such as income

① Total debt from "Z. 1 Statistical Release", Board of Governors of the Federal Reserve System, at www. federalreserve. gov/datadownload/Download. aspx? rel = Z1&series = 654245a7abac051cc4a 9060c911e1fa4&filetype = csv&label = include&layout = seriescolumn&from = 01/01/1945&to = 12/31/ 2010.

earned by labor and capital) to throughput flow (ecological "bads", such as resource extraction and pollution) is critical for shifting toward sustainability. Such a reform would internalize external costs, thus increasing efficiency. Taxing the origin and narrowest point in the throughput flow—for example, oil wells rather than sources of CO_2 emissions—induces more – efficient resource use in production as well as consumption and facilitates monitoring and collection. Such taxes could be introduced in a revenue – neutral way, for example by phasing in resource severance taxes while phasing out regressive taxes such as those on payrolls or sales (Daly, 2008; Daly, 2010) .

Taxes should also be used to capture unearned income (rent, in economic parlance) . Green taxes are a form of rent capture, since they charge for the private use of resources created by nature. But there are many other sources of unearned income in society. For example, if a government builds a light rail or subway system—more – sustainable alternatives to private cars— adjacent land values typically skyrocket, providing a windfall profit for landowners. New technologies also increase the value of land, due to its role as an essential input into all production. Because the supply of land is fixed, any increase in demand results in an increase in price. Landowners therefore automatically grow wealthier independent of any investments in the land. High taxes on land values (but not on improvements, such as buildings) allow the public sector to capture this unearned income. Public ownership through land trusts and other means also allows for public capture of the unearned income and eliminates any reward from land speculation, thus stabilizing the economy (Gaffney, 2009) .

Tax policy can also be used to reduce income inequality. (see Figure 3) Taxing the highest incomes at high marginal rates has been shown to significantly reduce income inequality. There is also a strong correlation between tax rates and social justice. (see Figure 4) High tax rates that contribute to income equality appear to be closely related to human well – being. This suggests that tax rates should be highly progressive, perhaps asymptotically approaching 100 percent on marginal income. The measure of tax justice should not be how much is taxed away but rather how much income remains after taxes. For example, hedge fund manager John Paulson earned MYM4. 9 billion in 2010. If Paulson had to pay a flat tax of 99 percent, he would still retain nearly MYM1 million per week in income (Wilkinson and Pickett, 2009; Goldstein, 2011).

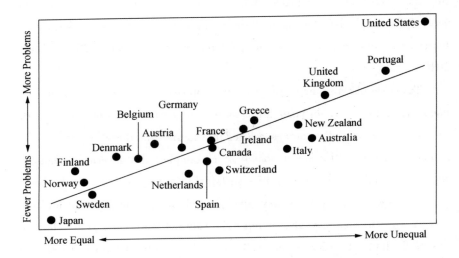

Figure 3　Relationship between Income Inequality and Social Problems Score in Selected Industrial Countries

Source: Wilkinson and Pickett (2009).

Other policies for achieving financial and fiscal prudence will almost certainly be required as well. Our relentless pursuit of debt – driven growth has contributed to the global economic crisis. A new era of financial and fiscal prudence needs to increase the regulation of national and international financial markets; incentivize domestic savings, for example through secure (green) national or community – based bonds; outlaw unscrupulous and destabilizing market practices (such as "short selling", in which borrowed securities are sold with the intention of repurchasing them later at a lower price); and provide greater protection against consumer debt. Governments must pass laws

that restrict the size of financial sector institutions, eliminating any that im-
pose systemic risks for the economy (Jackson, 2009).

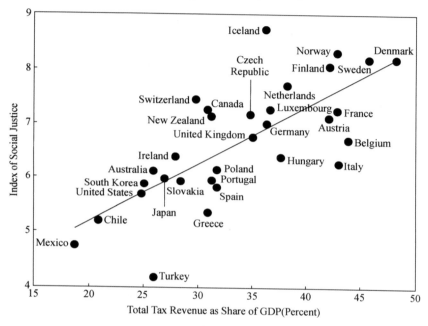

**Figure 4   Relationship between Tax Revenue as a Percent of GDP
and Index of Social Justice in Selected Industrial Countries**

Source: OECD; Wilkinson and Pickett (2009).

Finally, as indicated earlier, we need to improve macroeconomic ac-
counting, replacing or supplementing GDP as the prime economic indica-
tor. GDP does, however, belong as an indicator of economic efficiency. The
more efficient we are, the less economic activity, raw materials, energy,
and work are required to provide satisfying lives. When GDP rises faster than
life satisfaction, efficiency declines. The goal should be to minimize GDP,
subject to maintaining a high and sustainable quality of life. Is a Sustainable
Civilization Possible? The brief sketch presented here of a sustainable and de-
sirable "ecological economy", along with some of the policies required to a-
chieve it, begs the important question of whether these policies taken together
are consistent and whether they are sufficient to achieve the goals articula-

ted. Can we have a global economy that is not growing in material terms but that is sustainable and provides a high quality of life for most, if not all, people? Several lines of evidence suggest that the answer is yes. The first comes from history. Achieving long – lasting zero – or low – growth desirable societies has been difficult—but not unheard of. While many societies have collapsed in the past and many of them were not what would be called "desirable", there have been a few successful historical cases in which decline did not occur, as these examples indicate (Weiss and Bradley, 2001; Diamond, 2005; Costanza et al. , 2007):

● Tikopia Islanders have maintained a sustainable food supply and non-increasing population with a bottom – up social organization.

● New Guinea features a silviculture system that is more than 7000 years old with an extremely democratic, bottom – up decisionmaking structure.

● Japan's top – down forest and population policies in the Tokugawa era arose as a response to an environmental and population crisis, bringing an era of stable population, peace, and prosperity.

A second line of evidence comes from the many groups and communities around the world that are involved in building a new economic vision and testing solutions. Here are a few examples:

● Transition Initiative movement (www. transitionnetwork. org)

● Global EcoVillage Network (www. gen. ecovillage. org)

● Co – Housing Network (www. cohousing. org/)

● Wiser Earth (www. wiserearth. org)

● Sustainable Cities International (www. sustainablecities. net)

● Center for a New American Dream (www. newdream. org)

● Democracy Collaborative (www. community – wealth. org)

● Portland, Oregon, Bureau of Planning and Sustainability (www. portlandonline. com/bps/)

All these examples to some extent embody the vision, worldview, and policies elaborated in this chapter. Their experiences collectively provide evidence that the policies are feasible at a smaller scale. The challenge is to scale up some of these models to society as a whole. Several cities, states, regions, and countries have made significant progress along that path, including Portland in Oregon; Stockholm and Malm in Sweden; London; the states of Vermont, Washington, and Oregon in the United States; Germany; Sweden; Iceland; Denmark; Costa Rica; and Bhutan (Kristinsdottir, 2010; Rolfsdotter – Jansson, 2010) .

A third line of evidence for the feasibility of this vision is based on integrated modeling studies that suggest a sustainable, non – growing economy is both possible and desirable. These include studies using such well – established models as World 3, the subject of The Limits to Growth in 1972 and other more recent books, and the Global Unified Metamodel of the BiOsphere (GUMBO) (Meadows et al. , 1972; Boumans et al. , 2002) .

A recent addition to this suite of modeling tools is LowGrow, a model of the Canadian economy that has been used to assess the possibility of constructing an economy that is not growing in GDP terms but that is stable, with high employment, low carbon emissions, and a high quality of life. LowGrow was explicitly constructed as a fairly conventional macroeconomic model calibrated for the Canadian economy, with added features to simulate the effects on natural and social capital (Victor and Rosenbluth, 2007; Victor, 2008) .

LowGrow includes features that are particularly relevant for exploring a low – /no – growth economy, such as emissions of carbon dioxide and other greenhouse gases, a carbon tax, a forestry submodel, and provisions for redistributing incomes. It measures poverty using the Human Poverty Index of the United Nations. LowGrow allows additional funds to be spent on health care and on programs for reducing adult illiteracy and estimates their impacts on longevity and adult literacy. A wide range of low – and no – growth scenarios can be examined with LowGrow, and some (including the one shown in Figure 5) offer considerable promise. Compared with the business – as – usual scenario, in this scenario GDP per capita grows more slowly, leveling off around 2028, at which time the rate of unemployment is 5. 7 percent. The un-

employment rate declines to 4 percent by 2035. By 2020 the poverty index de-
clines from 10. 7 to an internationally unprecedented level of 4. 9, where it
remains, and the debt – to – GDP ratio declines to about 30 percent and is
maintained at that level to 2035. GHG emissions are 41 percent lower at the
start of 2035 than in 2010. These results are obtained by slower growth in o-
verall government expenditures, net investment, and productivity; a positive
net trade balance; cessation of growth in population; a reduced workweek; a
revenue – neutral carbon tax; and increased government investment in public
goods, on anti – poverty programs, adult literacy programs, and health
care. In addition, there are more public goods and fewer status goods through
changes in taxation and marketing; there are limits on throughput and the use
of space through better land use planning and habitat protection and ecological
fiscal reform; and fiscal and trade policies strengthen local economies. No
model results can be taken as definitive, since models are only as good as the
assumptions that go into them. But what World 3, GUMBO, and LowGrow
have provided is some evidence for the consistency and feasibility of these pol-
icies, taken together, to produce an economy that is not growing in GDP
terms but that is sustainable and desirable.

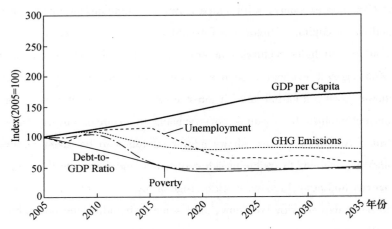

Figure 5　A Low – /No – Growth Scenario

Source: Victor (2008) .

This chapter offers a vision of the structure of an "ecological economics" option and how to achieve it—an economy that can provide nearly full employment and a high quality of life for everyone into the indefinite future while staying within the safe environmental operating space for humanity on Earth. The policies laid out here are mutually supportive and the resulting system is feasible. Due to their privileged position, industrial countries have a special responsibility for achieving these goals. Yet this is not a utopian fantasy; to the contrary, it is business as usual that is the utopian fantasy. Humanity will have to create something different and better—or risk collapse into something far worse.

References

[1] Acemoglu, D. and J. Robinson (2009), "Foundations of Societal Inequality", *Science*, 326 (5953): 678 – 679. http: //www. sciencemag. org/content/326/5953/678. short.

[2] Almås, I., A. W. Cappelen, E. Ø. Sørensen and B. Tungodden(2010), "Fairness and the Development of Inequality Acceptance", *Science*, 328 (5982): 1176 – 1178. http: //www. sciencemag. org/content/328/5982/1176. abstract.

[3] Beddoe, R., R. Costanza, J. Farley, E. Garza, J. Kent, I. Kubiszewski, L. Martinez, T. McCowen, K. Murphy, N. Myers, Z. Ogden, K. Stapleton and J. Woodward (2009), "Overcoming Systemic Roadblocks to Sustainability: The Evolutionary Redesign of Worldviews, Institutions, and Technologies", *Proceedings of the National Academy of Sciences*, 106 (8): 2483 – 2489. http: //www. pnas. org/content/106/8/2483. abstract.

[4] Boumans, R., R. Costanza, J. Farley, M. A. Wilson, R. Portela, J. Rotmans, F. Villa and M. Grasso (2002), "Modeling the Dynamics of the Integrated Earth System and the Value of Global Ecosystem Services Using the GUMBO Model", *Ecological Economics*, 41 (3): 529 –

560.

[5] Costanza, R. (1991), *Ecological Economics: The Science and Management of Sustainability*, Columbia University Press.

[6] Costanza, R., G. Alperovitz, H. Daly, J. Farley, C. Franco, T. Jackson, I. Kubiszewski, J. Schor and P. Victor (2013), *Building a Sustainable and Desirable Economy – in – Society – in – Nature*, Canberra, Australia, ANU E Press.

[7] Costanza, R., G. Alperovitz, H. Daly, J. Farley, C. Franco, T. Jackson, I. Kubiszewski, J. Schor and P. Victor (2013), Building a Sustainable and Desirable Economy – in – Society – in – Nature. State of the World 2013. E. Assadourian and T. Prugh. Washington, D. C., The Worldwatch Institute: 126 – 142.

[8] Costanza, R., F. Andrade, P. Antunes, M. van den Belt, D. Boersma, D. F. Boesch, F. Catarino, S. Hanna, K. Limburg, B. Low, M. Molitor, J. G. Pereira, S. Rayner, R. Santos, J. Wilson and M. Young (1998), "Principles for Sustainable Governance of the Oceans", *Science*, 281 (5374): 198 – 199.

[9] Costanza, R., L. Graumlich, W. Steffen, C. Crumley, J. Dearing, K. Hibbard, R. Leemans, C. Redman and D. Schimel (2007), "Sustainability or Collapse: What Can We Learn from Integrating the History of Humans and the Rest of Nature?" *Ambio*, 36 (7): 522 – 527.

[10] Costanza, R., M. Hart, S. Posner and J. Talberth (2009), Beyond GDP: The need for new measures of progress. Boston, MA, Frederick S. Pardee Center for the Study of the Longer – Range Future.

[11] Costanza, R., I. Kubiszewski, E. Giovannini, H. Lovins, J. McGlade, K. E. Pickett, K. V. Ragnarsdóttir, D. Roberts, R. D. Vogli and R. Wilkinson (2014), "Time to Leave GDP Behind", *Nature*, 505 (7483): 283 – 285.

[12] Costanza, R., W. J. Mitsch and J. W. Day (2006), "A New Vision for New Orleans and the Mississippi Delta: Applying Ecological Economics and Ecological Engineering", *Frontiers in Ecology and the En-*

vironment, 4(9):465 – 472. < Go to ISI > ://WOS:000241758700018.

[13] Daly, H. E. (2008), *Ecological Economics and Sustainable Develop-ment, Selected Essays of Herman Daly*, Cornwall, Edward Elgar Pub-lishing.

[14] Daly, H. E. (2010), "From a Failed – growth Economy to a Steady – state Economy", *Solutions*, 1 (2): 37 – 43. http: //www. thesolut-ionsjournal. com/node/556.

[15] Daly, H. E. and J. Farley (2004), *Ecological Economics: Principles and Applications*, Washington, D. C., Island Press.

[16] Diamond, J. (2005), *Guns, Germs, and Steel: The Fates of Hu-man Societies*, New York, WW Norton.

[17] Easterlin, R. A. (2003), "Explaining Happiness", *Proceedings of the National Academy of Sciences*, 100 (19): 11176 – 11183.

[18] Farley, J. and R. Costanza (2002), "Envisioning Shared Goals for Humanity: A Detailed, Shared Vision of a Sustainable and Desirable USA in 2100", *Ecological Economics*, 43 (2 – 3): 245 – 259. < Go to ISI > ://WOS: 000179932600010.

[19] Feeny, D., F. Berkes, B. J. McCay and J. M. Acheson (1990), "The Tragedy of the Commons: Twenty – two Years Later", *Human Ecolo-gy*, 18 (1): 1 – 19.

[20] Fehr, E. and A. Falk (2002), "Psychological Foundations of Incentives", *European Economic Review*, 46(4 – 5):687 – 724. < Go to ISI > ://WOS: 000175613000003.

[21] Gaffney, M. (2009), "The Hidden Taxable Capacity of Land: E-nough and to Spare", *International Journal of Social Economics*, 36 (4): 328 – 411.

[22] Goldstein, M. (2011), Paulson, at MYM4. 9 Billion, Tops Hedge Fund Earner List, Reuters, Thomson Reuters.

[23] Hardin, G. (1968), "The Tragedy of the Commons", *Science*, 162 (3859): 1243 – 1248. http: //www. sciencemag. org/cgi/content/ abstract/162/3859/1243.

[24] Hernández – Murillo, R. and C. J. Martinek（2010）, "The Dismal Science Tackles Happiness Data", *The Regional Economist*: 14 – 15.

[25] International Panel on Climate Change（IPCC）（2007）, IPCC Fourth Assessment Report（AR4）. Cambridge, Intergovernmental Panel on Climate Change.

[26] Jackson, T.（2009）, Prosperity Without Growth: Economics for a Finite Planet, Earthscan/James & James.

[27] Kasser, T.（2002）, *The High Price of Materialism*, The MIT Press.

[28] Kristinsdottir, S. M.（2010）, "Energy Solutions in Iceland", *Solutions*, 1（3）: 52 – 55.

[29] Kubiszewski, I., R. Costanza, C. Franco, P. Lawn, J. Talberth, T. Jackson and C. Aylmer（2013）, "Beyond GDP: Measuring and Achieving Global Genuine Progress", *Ecological Economics*,（93）: 57 – 68.

[30] Lawn, P. A.（2003）, "A Theoretical Foundation to Support the Index of Sustainable Economic Welfare（ISEW）, Genuine Progress Indicator（GPI）, and Other Related Indexes", *Ecological Economics*, 44（1）: 105 – 118. http://www. sciencedirect. com/science/ article/pii/ S09218 00902002586.

[31] Layard, R.（2005）, *Happiness: Lessons From a New Science*. New York, The Penguin Press.

[32] Meadows, D. H., D. L. Meadows, J. Randers and W. W. Behrens（1972）, *The Limits to Growth*, Rome, Club of Rome.

[33] Ostrom, E.（1990）, *Governing the Commons: The Evolution of Institutions for Collective Action*, Cambridge University Press.

[34] Pell, D.（1989）, Common Property Resources: Ecology and Community – based Sustainable Development, London, Belhaven.

[35] Prugh, T., R. Costanza and H. E. Daly（2000）, *The Local Politics of Global Sustainability*, Washington, DC, Island Press.

[36] Raskin, P., T. Banuri, G. Gallopin, P. Gutman, A. Hammond, R. Kates and R. Swart（2002）, *Great Transition: The Promise of Lure of the Times Ahead*, Boston, Stockholm Environment Institute.

[37] Raworth, K. (2012), *A Safe and Just Space for Humanity: Can We Live within the Doughnut?* Oxfam International.

[38] Rolfsdotter – Jansson, C. (2010), "Malm? Sweden", *Solutions*, 1 (1): 65 – 68.

[39] Schor, J. B. (2005), "Sustainable Consumption and Worktime Reduction", *Journal of Industrial Ecology*, 9 (1 – 2): 37 – 50.

[40] Speth, J. G. (2012), *America the Possible: Manifesto for a New Economy*, New Haven, CT, Yale University Press.

[41] Talberth, J., C. Cobb and N. Slattery (2007), *The Genuine Progress Indicator* 2006: *A tool for sustainable development*, Oakland, CA, Redefining Progress.

[42] Victor, P. A. (2008), *Managing without Growth: Slower by Design, not Disaster*, Cheltenham, UK, Edward Elgar Publishing.

[43] Victor, P. A. and G. Rosenbluth (2007), "Managing without growth, *Ecological Economics*, 61 (2 – 3): 492 – 504.

[44] Weiss, H. and R. S. Bradley (2001), "What Drives Societal Collapse?" *Science*, 291 (5504): 609 – 610.

[45] Wilkinson, R. G. and K. Pickett (2009), *The Spirit Level: Why Greater Equality Makes Societies Stronger*, New York, Bloomsbury Press.

Estimation of Ecological Values on Environment – friendly Agricultural Products

Mitsuyasu YABE

(Professor, Laboratory of Environmental Economics,
Department of Agricultural and Resource Economics,
Faculty of Agriculture, Kyushu University, Japan)

ABSTRACT

Conserving biodiversity and ecology are two of many aspects of agriculture, but these are not usually given a tangible market price. Some consumers, however, might be willing to pay a premium for agricultural commodities that are produced in ways that conserve biodiversity. Can market – oriented policies, which add the cost of biodiversity to the price of agricultural products, then be used to help conserve biodiversity?

Our study focuses on consumer reactions to "life brand" products, which is labeled "Stork – raising rice" in Toyooka City in Japan, produced environment – friendly agricultural practices for the revival of extinct stork. Using data of choice experiment and Latent Segment model, we analysed whether these agricultural products can achieve higher market prices.

The results showed that consumer, who had knowledge that stork populations had been revived because of changes in agricultural practice, are willing to buy expensive rice that improve biodiversity conservation for stork. However, consumers who bought this rice because of a preference for reduced — pesticide or organic food, without knowledge of revived stork history, were not willing to do so. The majority of agricultural product consumers in Japan are this type of consumer.

Thus, the promotion of biodiversity conservation by only "life brand" agricultural products is not enough. Therefore, government support and public activities are indispensable for biodiversity conservation.

1   INTRODUCTION

Conserving biodiversity and ecology are two of many aspects of agriculture, but these are not usually given a tangible market price. However, some agricultural products can be sold at higher prices if they have been produced in rural areas with a rich biodiversity. In regions of such high biodiversity, special "life brand" agricultural products command a premium price. For example, the repopulation of the Japanese crested ibis (Nipponia nippon) in Sado, Japan—an area where the species had previously died out—has enabled local rice to be certified as being grown in "countryside living with the crested ibis" . In Toyooka, where the once extinct storks are now thriving after repopulation, there is "Stork – raising rice" (Stork rice): farmers who produce Stork rice farm in environmentally friendly ways that support the stork population. In 2010, almost 40 types of life brand rice for region – specific wildlife were on sale in Japan. The sale of these life brand products has become attractive to consumers and environmentalists as it helps to fund the conservation of Japan's rural and natural environment (MAFF, 2007, 2010) .

In regions that produce life brand products, farmers have economic incentives to conserve biodiversity and can sell their agricultural products at higher prices by doing so. The government would then not need to consider political support for or intervention in the conservation of biodiversity in such regions. In this study, to discuss the necessity of political intervention by the government, we will focus on the environmental value of life brand rice. ①

Life brand environmental value can be divided into two types. The first type can be seen as a property of private goods where individuals can own the value related to the environment such as the positive image of agricultural products in terms of health, safety and being close to nature; symbols that can be used as a brand. These values might be available for use only for the consumers who purchase the products and not for others. Therefore, we can state that exclusive use could result in the possible enjoyment of private good services. In order to entrust the market to supply those services that involve the environment in sufficient quantities to meet demand, special considerations regarding willingness to pay (WTP) need to be taken into account. The second type of environmental value can be seen as a property of public goods where the value related to the environment is not only specific to some individuals but belongs to all citizens. Besides, it's necessary to keep those service benefits not only for our generation but also for future generations. Therefore, biodiversity value considered as public enjoyment needs to be preserved by the intervention of the government rather than paid for by the consumer because those services are not well identified by users as they do not own them personally. Of course, we do not suggest stopping personal donations but argue that society should bear the burden of preservation in this case.

In this article we review research efforts of the worldwide famous The Economics of Ecosystems and Biodiversity (TEEB) (2008) on economic aspects of biodiversity. Literature was evaluated following the Stated Preference Method such as the Contingent Valuation Method (CVM) and the Choice Experiment (CE) focusing on specific species to evaluate the economic value of biodiversity and the ecosystem. It appears that only limited literature on multifunctional evaluation of agriculture and forestry exists in Japan. For example, Terawaki (1998), Kuriyama (1998) and the Japan Grassland Agriculture and Forge Seed Association (2008) constitute the main group of re-

---

① This paper is based on Yabe et al. (2014) and Yabe et al. (2013) .

searchers working in this field. Their work focused mainly on assessing biodiversity value but they never applied their results to agricultural product value. Using the same methods, Aizaki's (2005) research focused on environmental conservation of rice. Tanaka & Hayashi (2010) worked on general life brand studies. However in those previous studies, differences between biodiversity as a market good and a public good have not always been well understood and so biodiversity value as a public good embodied in a market good have always been over – estimated.

Figure 1   Stork – raising rice

Thus, this study focuses on Stork rice, which is organic rice or reduced pesticide rice and contributes to protect endangered storks, "Kounotori hagukumu okome" in Japanese, see Figure 1. The Stork brand has a healthy and safe image to consumers who buy it. The price of Stork rice is substantially higher than other rice varieties and farmers want to sell the embedded biodiversity value as added – value products. However, if the rich natural environment to foster the storks is conserved, then all citizens can enjoy this environment as free riders. Therefore, assuming that consumers reject to pay for biodiversity value embedded in market goods, we can wonder if farmers will accept the empirical eco – activity challenges. Consequently, focus should be directed to estimate how much biodiversity value can be added to the Stork rice price compared to private use value and more importantly to know what kind of consumers will continue to pay this added value and how much consumers are willing to pay for it.

2　ANALYTICAL METHOD

Conceptual framework of the LS model

In this study, we use the latent segment (LS) model, which belongs to the family of finite mixture or latent class models (Kamakura and Rusell, 1989; Wedel and Kamakura, 2000). The specific model presented here has been developed by Swait (1994) and Boxall and Adamowicz (2002) and is based on the conceptual framework developed in the work of McFadden (1986, 1999) and Ben Akiva et al. (1997).

The model identifies sources of preference heterogeneity by revealing a finite number of latent segments of consumers that are characterized by relatively common tastes. [1]Unlike other latent class models the LS model employed is not mere statistical approach for identifying segments (as for example segments models based on an initial cluster analysis). Instead the model is based on solid behavioural foundations that allow the analyst to simultaneously perform market segmentation and explains choice for a given segment of the population. In addition, the framework presented in this paper for determining the sources of preference heterogeneity does not rely merely on information from socio - demographic data but also utilises the information from psychographic data. There is an emerging literature in the analysis of discrete choice data that emphasizes the importance of the explicit treatment of latent individual characteristics in the decision - making processes (e. g. McFadden, 1986; Ben Akiva et al., 1997; McFadden, 1999; Ben Akiva et al.,

---

① This section is based on Kontoleon & Yabe (2006).

1999; Fennell et al., 2003) . One of the outcomes of this research is that the incorporation of latent attitudinal, perceptual and motivational constructs leads to a more behaviourally realistic representation of the choice process, and consequently, better explanatory power. Moreover, the same body of work has shown that in many cases psychometric data captures taste heterogeneity more adequately than demographic characteristics.

The mechanism that leads to the realization of choice is as follows:

a) Individual latent attitudes, perception and motives (approximated by observed attitudinal indexes) together with the individual's socio – demographic traits determine his/her segment membership likelihood function.

b) Through a latent segment classification mechanism, the membership likelihood function determines the latent segment to which an individual belongs to.

c) Then the individual's preferences over a set of choices are influenced by(i) the latent class one belongs, (ii) one's (observable) socio – demographic traits, (iii) his/her subjective perceptions of the (observable) choice objective attributes and, (iv) exogenous market and institutional conditions.

d) These preferences are then processed according to a decision protocol which leads to the observance of the final choice. In random utility models this protocol is governed by some form of constrained utility maximization.

This framework, therefore, allows for the inclusion of both "objective" and "subjective" (or perceptual) data in the analysis of individual choice. Moreover, this model of choice implies that preferences are indirectly affected by attitudes, perception and motives through membership in a particular latent segment. This comes into contrast with other preference heterogeneity models that imply that attitudes and perceptions directly influence preferences. More importantly, the model acknowledges that it is possible to simultaneously explain individual choices and infer latent segment membership.

The econometric model

This section presents how the choice process described above is operationalised within the random utility framework. ①The model postulates a composite utility function of the following form (assuming linearity):

$$\dot{U}_{ni/s} = \beta_s X_{in} + \varepsilon_{ni/s} \tag{1}$$

Which gives the utility U_{ni} of the nth individual that belongs to a particular segment s from choosing an alternative i from a finite set C. The vector, $X_{ni/s}$, consists of choice – specific attributes but could also include individual specific characteristics. Within this framework preference heterogeneity implies that each segment has its own utility parameter vector (i. e. $\beta_s \neq \beta_k$; $\forall_s \neq k$, $\forall k \in S$). By assuming that the disturbances ε_{ni} are i. i. d. and follow a Type I (or Gumbel) distribution we can derive the probabilistic response function:

$$\pi_{n/s}(i) = \frac{e^{\mu_s(\beta_s X_{in})}}{\sum_{j \in C} e^{\mu_s(\beta_s X_{jn})}} \tag{2}$$

This function represents the choice decision and provides the probabilities that an individual n belonging to a particular segment s will choose an option i. In essence it is a conditional logit model in which segment specific utility parameters are a function of choice attributes. The scale parameter μ_s may vary cross segments although in practice it is usually assumed that $\mu_1 = \mu_2 = \cdots = \mu_s = 1$.

In order to construct a segment membership function it is assumed that there exist a finite number of segments S ($S \leqslant N$) in which each individual can be classified with some probability W_{ns}. The actual number of segments is itself a latent variable and will have to be recovered from the estimation processes. Let Y_{ns}^* represent a latent variable that determines segment classification of all N individuals into one of the segments in S. According to the behavioural framework, Y_{ns}^* is described as being a function of both observable and unobservable (latent) individual characteristics. Following Ben – Akiva et al. (1997) and Swait (1994) this relationship can be formulated as:

$$Y_{ns}^* = \alpha_s Z_n + \zeta_{ns} \tag{3}$$

---

① This section is based on Swait (1994), Boxall and Adamowicz (2002), and Louvieir et al. (2000).

Where Z_n contains both the psychographic and demographic characteristics of the individual and a_s is the corresponding parameter vector. An individual will be classified in a particular segment $k \in S$ as opposed to any other segment according to the classification mechanism:

$$Y_{ns}^* = \max\{Y_{nk}^*\}, \quad k \neq s, \quad k = 1, \cdots, S \tag{4}$$

Since, Y_{ns}^* is a random variable, we can assess the probability that a particular individual belongs to a specific segment by specifying the distribution and nature of the residual terms in eq. (3) . By assuming that the ζ'_{ns} are independent across individuals and segments and that they follow a Gumbel distribution with scale parameter λ we can derive the probability function for segment membership:

$$W_{ns} = \frac{e^{\lambda(a_s Z_n)}}{\sum_{k=1}^{S} e^{\lambda(a_k Z_n)}} \tag{5}$$

In order to derive a model that simultaneously accounts for choice and segment membership we bring together the two models of eq. (2) and eq. (5) and construct a mixed – logit model that consists of the joint probability that individual n belongs to segment s and chooses alternative i:

$$P_{isn} = (\pi_{in/s}) \cdot (W_{ns}) = \left[\frac{e^{\mu_s(\beta_s X_{in})}}{\sum_{j \in C} e^{\mu_s(\beta_s X_{jn})}}\right] \cdot \left[\frac{e^{\lambda(a_s Z_n)}}{\sum_{k=1}^{S} e^{\lambda(a_k Z_n)}}\right] \tag{6}$$

Note that if we impose the restrictions $\alpha_s = 0$, $\beta_s = \beta$, $\mu_s = \mu$, $\forall s$, we are in essence assuming homogeneity in tastes (i. e. the population is characterized by a single segment) and the model in eq. (5) collapses to the standard multinomial logit model. Alternatively, Swait (1994) points out that as $S \rightarrow N$ (i. e. the number of segments approaches the number of individuals in the sample or population) the LS model becomes more akin to the random parameter logit model. Finally, it is worth noting that we need not assume the restrictive IIA assumption for mixture models such as that in eq. (6) .

Determining the optimal number of segments S requires the balanced assessment of multiple statistical criteria as well as personal subjective judgment dictated by the objectives of the study. So, in this model we use two segment model to show the clearly the deference of consumer's attitude for biodiversity conservation.

3　STUDY DESINGN AND IMPLEMENTATION

Attributes of the Choice Experiment

In this experiment we focus on brand image of Stork rice and level of biodiversity conservation. In order to simplify the questionnaire and to reduce the respondent's workload we decided to use a simple profile, namely, as rice variety or taste were not the focus of the study we assumed a virtual situation where the proposed rice is polished, from the same variety and the same production area. ①In our questionnaire, we proposed the only varietyof "Koshihikari" grown in Hyogo Prefecture and its taste is assumed to be excellent. We prepared five attributes and their levels (see Table 1) that consumers would potentially buy if the rice was sold in the shop. We also added the opt – out alternative for the consumers to select the actual rice that they have purchased at the time of the survey. The choice modelling technique requires consumers to choose only one alternative among three alternatives in each choice set (see Table 2). Consumers are requested to answer four choice sets using $2 \times 3^2 \times 6^2$ orthogonal main effects design, which produced thirty six choice sets, and then we prepared 9 versions of the choice experiment questionnaire.

For the attributes of the choice experiment, two brands, Normal Koshihikari and Stork rice, are used to analyse whether consumers prefer the "Stork rice". brand. In reality, storks live around Toyookaand at the time of the investigation 29 individuals were recorded. In our virtual situation, we proposed numbers below and above the current state. The attribute on "Num-

---

① As the research that applies the focus to these, for instance, see the reference such as Yoshida and Peterson (2003).

ber of living organisms seen in rice fields" is set to ascertain consumer preference for higher levels of biodiversity conservation, where the current situation in Toyooka is the reference level. It is also good to notice that Stork rice is already a reduced pesticide (−75 percent) rice. That is why reduced pesticide (−30 percent) is the reference level of the "Quantity of pesticide" criteria for 75 percent reduction and 100 percent reduction as organic rice. Moreover at the time of the investigation, the average price of 5kg of rice without pesticide is sold at 3316 yen for organic Stork rice and 2892 yen for about 75 percent reduced pesticide rice.

Table 1   **Attributes and levels used in the choice experiment**

Attribute	Level
Brand:	Normal Koshihikari, Stork rice
Number of storks inhabiting the rice production area:	2, 7, 15, 29, 60, 100
Number of living organisms seen in rice fields:	Same as Toyooka, Doubled number of Toyooka, Tripled number of Toyooka
Quantity of pesticide:	Reduced pesticide (−30%), Reduced pesticide (−75%), Organic (−100%)
Price (5kg):	2000 yen, 2400 yen, 2800 yen, 3200 yen, 3600 yen, 4000 yen

Table 2   **Profile examples of choice set**

Attribute	Alternative A	Alternative B	Alternative C
Brand	Stork rice	Normal Koshihikari	
Number of storks inhabiting the rice production area	100	15	
Number of living organisms seen in rice fields	Doubled number of Toyooka	Same as Toyooka	The rice you bought this time
Quantity of pesticide	Reduced pesticide (−30%)	Reduced pesticide (−75%)	
Price (5kg)	3200 yen	3600 yen	

4　SURVEY DESIGN AND DATA CHARACTERISTICS

4. 1　The Questionnaire

The questionnaire addresses "Stork – raising rice" buyers through rice stores where "Stork – raising rice" is available. We excluded traders handling small quantities and major distributors such as supermarket chains due to the difficulty in distributing the questionnaire survey sheets. A total of 23 corporations were surveyed, among which eight are from Kanto region and 15 from Kanto region (two traders inside of Toyooka, one consumer cooperative organization). We asked rice stores to distribute the questionnaires, to collect and to send us all buyers' answers after they bought "Stork – raising rice".

We also undertook a mailing method, where buyers could reply by returning the questionnaires in free – of – charge envelopes. This method was mainly used through trader companies which usually sell rice by mail – order and cooperatives that take co – paid forms. Due to the time restriction[①], we provided traders with the same envelope in order for them to be able to send us all filled questionnaires.they would collect in their store. The complete questionnaire set consisted of a mini pamphlet about "Stork – raising rice", a return envelope and a pen in an enclosed transparent envelope. The pen was a gift for the consumers who took the time to fill in the questionnaire and the mini pamphlet aimed to give basic information on "Stork – raising rice". A total of 2200 questionnaires were sent to stores and traders, 768 in Kansai region, 632 in Kanto region and 800 at cooperatives. The method of distribution put priority

---

① The questionnaire is 3 pages long and needs 10 minutes to answer when people read it slowly. Therefore collecting in store is the general rule but it can also be collected by mail for the convenience of respondents and traders.

on the major traders and was then distributed equally to other traders. ①The questionnaire distribution period lasted for 40 days from the end of September to the end of October of 2008 when the new rice came on to the market. ②

4. 2 Questionnaire Response Rate

On the total of 2200 questionnaires, 1859 were distributed, 641 in Kansai region, 620 in Kanto region and 598 for the cooperatives (see Table 3). Only 709 informative questionnaires were returned and analysed, 250 in Kansai region, 81 in Kanto region, and 378 for the cooperatives. The response rate using the number of questionnaires distributed as a denominator is respectively 39. 0 percent in Kansai region, 13. 1 percent in Kanto regionand 63. 2 percent for the cooperatives, representing a total response rate of 38. 1 percent.

Table 3   **Questionnaire distribution and response rate**

	Questionnaires Available	Undistributed questionnaires	Distributed questionnaires	Collected questionnaires	Response rate
Kansai region	768	127	641	250	39. 0%
Kanto region	632	12	620	81	13. 1%
Cooperatives	800	202	598	378	63. 2%
Total	2200	341	1859	709	38. 1%

4. 3 Consumer Profiles

On all returned questionnaires 85 percent were filled in by female, 12 percent by male, and the remaining 3 percent were either empty or incomplete returned questionnaires. Such a result represents the Japanese rice consumer – buyer. Indeed, in Japan it is mainly housewives who buy food, in-

---

① Originally, it is efficient to be proportional to the amount of handling of rice of the number of questionnaire distribute to each trader. However, such a method was adopted from the viewpoint of the data hiding secretly because it connected when the number of distributions was proportionally distributed with clarifying the amount of handling of each trader.

② It doesn't limit only to the buyer 2008 of "the Stork – rising rice" but also the buyer 2007 annual outputs for the answer to the questionnaire. The respect is also well – known in the trader.

cluding rice. Moreover, 25 percent of answers were made by consumers in their forties, 22 percent were in their fifties, 19 percent in their thirties and 17 percent in their sixties. It is good to notice that cooperatives seem to have a larger influence on young customers compared to other distributors. An average Japanese family is composed of 2. 56 people/family[1] and they consume 4. 9kg of normal rice/person/month[2] representing 12. 6kg of rice/family/month. In our investigation on Stork rice consumption, 38 percent of the respondents answered that they consumed 5kg/month and 38 percent consumed 10kg/month. The average consumption is 9. 3kg of rice/family/month and 70 percent of the respondents bought less than 10kg of Stork rice/month, which appears to be lower than the average consumption of normal rice in Japan.

4. 4　Awareness on Stork Conservation and Agricultural Practices

Respectively, 41 percent and 47 percent of purchased rice was "Reduced pesticide rice" and "Organic rice". Interestingly, though the organic rice price is higher, the number of consumers who selected reduced pesticide rice almost rivalled the number of organic rice consumers. Forty four percent of the consumers declared that they "always buy it", 21 percent declared that they "buy it several times per year" and 34 percent declared that they "bought it for the first time" at the time of the survey. This result shows that Stork rice has acquired loyal consumers (see Figure 2). Those percentages coincide with the level of awareness in stork conservation efforts in Toyooka: 44 percent of previous awareness and 34 percent of little awareness (see Figure 3). Surprisingly awareness of agricultural practices in Toyooka reached 49 percent; a proportion higher than the 44 percent of consumers aware of stork conservation efforts in the region (see Figure 4).

---

①　The value in 2005 was quoted from National Institute of Population and Social Security Research (2010) about the average number of household members.

②　59kg/year (the rough estimate value in 2008) was quoted from the Ministry of Agriculture, Forestry and Fisheries "Food supply and demand figures", this was divided by 12 months, and estimated the rice consumption of per month and per person.

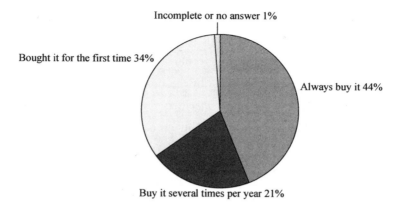

Figure 2   Proportion of loyal customers for Stork rice

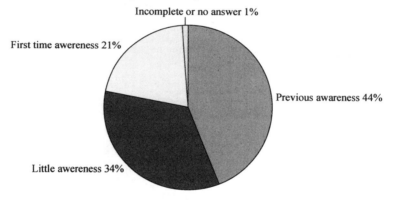

Figure 3   Proportion of stork conservation awareness

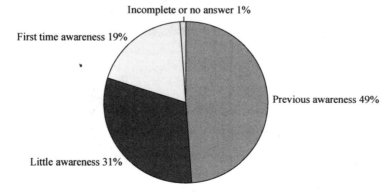

Figure 4   Proportion of agricultural practice awareness

There is a difference between the awareness of agriculture practices of Toyooka for consumers who buy Stork rice at usual shop (45 percent) and that of cooperative consumers (55 percent). This difference might come from the difference in information accessed by the two groups. Indeed, cooperatives often promote activities to give their members the opportunity to visit the production area. It is during those pedagogic visits that usually explanations on stork conservation and agricultural practices are provided to citizens.

4.5　Purchasing Decision

The first characteristics leading consumer decisions to purchase Stork rice are effect on health (48 percent), and taste (23 percent) in Figure 5. The influence of "environmental" impacts on consumer choice is however very low (4 percent) and highlights the fact that most of the consumers buying rice do not attach great importance to the environment, but rather to their own personal benefits.

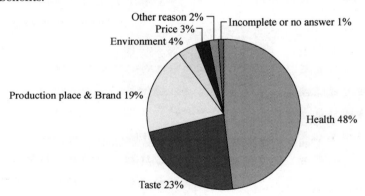

Figure 5　Reasons for purchasing Stork rice

Figure 6 shows the answers to the question: which among two effects on Stork – raising rice is given priority for (1) living organism habitat conservation and (2) healthy food? The figure shows that even the neutral response of "Both were valued" was half the total response. Those respondents who answered that they valued the individual health benefits were approximately three times the number who answered that they valued habitat protection. This result shows a tendency among the survey respondents to value health benefits for the consumer as a more important decision criterion than the more universal biodiversity conservation concept.

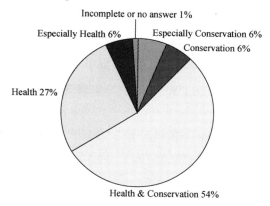

Figure 6   Importance of habitat conservation and individual health

Interestingly, to the questions on how much a consumer is willing to pay for 5kg of Stork rice, two thirds of the consumers answered 3000 to 3500 yen (see Figure 7), a price that almost corresponds to the average actual market price, which indicates that consumers' answers might be biased because their price limit reflected in the present price.

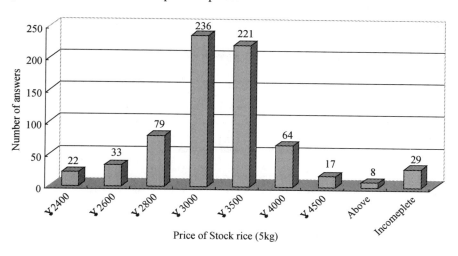

Figure 7   Distribution of WTP for 5kg of Stork rice

5　ESTIMATED RESULTS

5.1　Estimated Results of Conditional Logit Model

Table 4 shows the explanatory variable in the conditional logit model and the estimated results. We can consider this conditional logit model as a special case of one segment LS model without membership function. If those 701 people had answered all the four sets of choice experiment questions, the number of available samples would have been 2804. Since there were some people who did not answer all the four questions, the number of available samples that could actually be used became 2706. On average each respondent answered 3.8 questions.

Table 4　　　　**Estimated result of conditional logit model**

Variable	Definition	Estimated coefficient	t – value	MWTP (yen)
ASC	Alternative Specific Constant	-0.684	-9.156 ***	-839
Brand	Stork rice =1, Normal Koshihikari =0	0.220	-3.195 ***	269
Stork's population	ln (stork number)	0.249	8.889 ***	306
75% reduced pesticide	Pesticide -75% =1, Otherwise =0	1.098	11.156 ***	1347
Organic	Organic =1, Otherwise =0	1.816	18.775 ***	2230
Doubled biodiversity	Doubled organisms in paddies, Otherwise =0	0.149	1.756 *	183
Tripled biodiversity	Tripled organisms in paddies, Otherwise =0	0.162	1.829 *	199
Price	1000 yen/5kg	-0.815	-15.589 ***	
Number		2706		
Log likelihood	2333.96			

Note: ***, ** and * means statistically significant level at 1%, 5% and 10%, respectively.

The Alternative Specific Constant, ASC, estimates the effect of preference between rice purchased at the time of this survey and the other rice attributes which were not used for this survey. Taking into account the attributes of rice which were not presented in this study, the estimated ASC is negative and has a difference from zero at the level of 1 percent significance, and then we can get the respondent prefers their voluntarily selected rice to virtual rice.

Also the estimated coefficient of price has the expected negative sign at the 1 percent significant level. This means that people indicate a higher price results in lower utility.

There is a significant difference at the 1 percent level in terms of customer choice between the two proposed brands, Stork rice and Normal Koshihikari, which emphasizes the importance of the brand or name of a product. Respondents have an additional willingness to pay for Stork rice and this MWTP is 269 yen/5kg, which is higher than that of normal Koshihikari rice. [1]

For the stork population, the naturalized logarithm is taken. We can see that the respondents exhibit high valuation of rice when the number of living storks increases in the rice producing areas though the estimated coefficient was positive and significant at the 1 percent level. This MWTP was 306 yen/5kg.

For the reduction of pesticide, we used two dummy variables. These were compared with reduced pesticide 30 percent as the reference level. These

---

[1] If parameters can be estimated, the welfare measure of marginal willingness to pay (MWTP) can be calculated in the following way. That is, the indirect utility function v can be defined by the following equation, if it is assumed to be a linear function involving the attribute x_k, the amount paid, p, and their parameters β_k and β_p :

$$v(x,p) = \sum_k \beta_k x_k + \beta_p p$$

If this equation is subjected to total differentiation, deeming the utility level unchanged ($dv = 0$) and fixing the attribute x_k (except attribute x_j) also at the initial level, the amount of WTP for one unit increase of attribute x_j can be defined as follows:

$$MWTP_{x_j} = \frac{dp}{dx_j} = -\left(\frac{\partial v}{\partial x_j}\right) \Big/ \left(\frac{\partial v}{\partial p}\right) = -\frac{\beta_j}{\beta_p}$$

dummy variables are "75% reduced pesticide" and "Organic". "75 % reduced pesticide" and "Organic" both have statistically significant at the 1 percent level, and which match the expected positive sign condition. The estimated coefficient of "Organic" was larger than "75% reduced pesticide". The MWTPs for "75% reduced pesticide" and "Organic" were 1347 and 2230 yen/5kg, respectively.

For biodiversity, two dummy variables were also used. The present biodiversity level of rice field in Toyooka was set as zero. "Doubled biodiversity" was assumed to be doubled amount of living things in the rice field and was set as 1, and "Tripled biodiversity" was assumed to be the tripled amount of living things in the rice field and was also set as 1. Both estimated coefficients have the expected positive sign at the 10 percent level of significance and the estimated coefficient of "Tripled biodiversity" is larger than that of "Doubled biodiversity." Also the MWTPs of "Doubled biodiversity" and "Tripled biodiversity" were 183 and 199 yens/5kg, respectively. However, there is statistically no significant difference between them because the estimated MWTP of "Doubled biodiversity" falls in the 95 percent confidence interval of MWTP for "Tripled biodiversity", and vice versa. ①However, according to Kontoleon and Yabe (2006), the use of these analytical results based on average consumers is not always the best way to capture the whole picture of consumers.

5. 2 Latent Perceptual and Attitudinal Variables

Estimation of the LS model required first the specification of the vector of individual latent perceptual and attitudinal constructs in eq. (3) underpinning segment membership and choice behavior. To determine this vector we

---

① The confidence interval of MWTP based on Hanemann and Kanninen (1999) can be calculated as follows:

$$Var = \left(-\frac{\beta_j}{\beta_p} \right) = \frac{1}{\beta_p^2} \left[\left(\frac{\beta_j}{\beta_p} \right) Var(\beta_p) + Var(\beta_j) - \left(\frac{\beta_j}{\beta_p} \right) Cov(\beta_j, \beta_p) \right]$$

The 95 percent confidence interval of MWTP of "Doubled biodiversity" and "Tripled biodiversity" are [12, 354] and [22, 376], respectively.

undertook a review of food attitudinal constructs. The final set of latent constructs that were chosen included both general concerns over food purchasing decisions as well as specific concerns over biodiversity conservation in particular.

The next step of the estimation process consisted of constructing observable proxy indicators of these latent attitudinal constructs. A total of 10 attitudinal and behavioral questions were included in the survey. The responses to these questions (obtained on a five point Likert scale) were subjected to exploratory actor analysis. Following Child (1990) rotated factor loadings above 0.40 were considered as factoring together. Based on this criterion, the following two factors were identified:

1. *Environmental concerns*: refers to concerns over the state of the environment as well as the attitude that the individuals use eco – bag or buy environmentally friend goods.

2. *Food safety concerns*: refers to a more specific type of latent variable that is more related to food safety consciousness than to overall health concerns.

Factor scores where obtained for every observation using the regression method suggested by Child (1990). This process produced data for two new variables that were then used to parameterize the vector Z_n.

After experimentation with various specifications for the segment membership component the best fit specification was to include the two attitudinal variables extracted in the factor analysis along with the socio – economic characteristics of "frequency" of buying stork rice (1 = always, 2 = often, 3 = sometime, 4 = first time).

5.3 Estimated Results of Latent Segment Model

The latent segment model can simultaneously estimate the probability that respondents belong to a segment and the utility that respondents enjoy in the segment. However, as we have deleted samples that did not answer factor analysis questions for the use of the segment function, the sample size decreased to 1980. In this study, we only discuss the results of the two – segment model to clearly compare the difference in respondents' attitudes toward biodiversity conservation.

Table 5　　　　　　　　　　　**Estimated results**

Variables	Segment1			Segment 2		
	Estimated coefficient	t – value	MWTP (yen)	Estimated coefficient	t – value	MWTP (yen)
Utility function						
ASC	− 1. 095	− 3. 212	− 725	2. 179	2. 225 **	2410
Brand	0. 579	2. 370 ***	383	0. 150	0. 856	—
Stork's population	0. 217	3. 039 **	144	0. 459	4. 496 ***	507
75% reduced pesticide	2. 953	2. 684 ***	1955	0. 843	3. 275 ***	933
Organic	4. 062	3. 448 ***	2689	1. 965	7. 414 ***	2173
Doubled biodiversity	0. 588	2. 313 ***	389	− 0. 036	− 0. 175	—
Tripled biodiversity	0. 455	1. 834 **	301	0. 156	0. 725	—
Price	− 1. 5101	− 6. 613 *		− 0. 904	− 5. 819 ***	
Segment function						
Constant	—			− 0. 794	− 1. 850 *	
Environmental concerns	—			− 0. 685	− 3. 530 ***	
Food safety concerns	—			0. 344	1. 834 *	
Frequency	—			0. 185	2. 840 ***	
Structure ratio	0. 402			0. 598		
Log likelihood			− 1739. 11			

Note: ***, ** and * means statistically significant level at 1%, 5% and 10%, respectively.

Firstly, we show the estimated results for the segment function. The coefficients of Segment 1 are set to zero as a reference level, and only the coefficients of Segment 2 are estimated. In Segment 2, the estimated coefficient of "Environmental concerns" is statistically significant at the 1 percent level and has a negative sign, which means that Segment 2 has a low concern about the environment. However, the estimated coefficients of "Food safety concerns" and "Frequency" are statistically significant at the 10 percent level and the 1 percent level, respectively, and have positive signs, which means that Segment 2 has a high concern about food safety but a low frequency of buying Stork rice. Thus, we can say that Segment 2 is extremely concerned about food safety but not very concerned about environmental issues and Stork rice, and so this segment is considered the food safety concern group. The proportion ratio of this group was estimated to be about 60 percent.

On the other hand, the estimated coefficients of segment function in segment 1 have the opposite sign of segment 2. Thus segment 1 is not concerned about food safety but very concerned about environmental issues and Stork rice, and then considered the environmental concern group. Also the proportion of this group was estimated to be about 40%.

Secondly, we show the estimated results of the utility functions. Regarding the utility function of Segment 1, the environmental concern group, both the estimated coefficients of "Brand" and "Tripled biodiversity" are statistically significant at the 5 percent and 10 percent levels, respectively, and the other coefficients are statistically significant at the 1 percent level. The signs of the estimated coefficients are positive except for that of "Price", which is negative.

Regarding the estimated coefficient of "Brand", the price of Stork rice is 383 yen/5kg, which is higher than that of normal Koshihikari rice. Regarding the WTP for "Stork population", the increased number of storks after the logarithmic conversion means that the MWTP is 144 yen/5kg per one. For example, if the number of storks increases from 29 to 60, the MWTP is $(\ln(60) - \ln(29)) \times 144 = (4.093 - 3.367) \times 144 = 105$ yen. Based on the estimated coefficient of "75% reduced pesticide", the MWTP was 1995 yen for buying 75 – percent – reduced pesticide rice instead of 30 – percent – reduced pesticide rice. In addition, regarding the estimated coefficient of "Organic" (no pesticide), the MWTP was 2689 yen for organic rice instead of 30 – percent – reduced pesticide rice. Thus, we found that Segment 1 has a very high WTP for lower – chemical and lower – pesticide rice.

Moreover, when the number of living things in the rice field doubles, the MWTP for "Doubled biodiversity" is 389 yen, and if the number of living things in the rice field is tripled, the MWTP for "Tripled biodiversity" is 301 yen. This means that this group has a positive willingness to pay for public goods—that is, for increase of biodiversity. Although the MWTP for "Doubled biodiversity" is higher than that of "Tripled biodiversity", there is no statistically significant difference between the two MWTPs, just as in the case of the conditional logit model. This might mean that the environment concern group is aware of both the importance and the difficulty of increasing biodiversity. Alternatively, they may consider the possible damage by birds and animals related to increased biodiversity and make a judgment on the overall costs and benefits. This topic remains for further study.

In the utility function of Alternative C, we assume that the ASC of "the rice you bought this time" is zero, and we then estimated the ASC of Segment 1. The estimated coefficient of ASC was statistically significant at the 1 percent level, and its sign was negative. This means that regarding attributes that were not shown in this survey, the environment concern group preferred the characteristics of the rice they bought this time. Next, in the food safety concern group of Segment 2, the estimated coefficients of "Brand", "Doubled biodiversity", and "Triple biodiversity" have no statistically significant difference from zero. This means that respondents who are concerned about food safety but who do not buy Stork rice very often had neither strong feelings for the Stork rice brand nor concerns about the increase of biodiversity.

The estimated coefficients of "Stork population", "75% reduced pesticide", and "Organic" were statistically significant at the 1 percent level. The MWTP for increased stork population is 507 yen/kg, and when the stork population changes from 29 to 60, Segment 2 is willing to pay $(\ln(60) - \ln(29)) \times 507$ yen/5kg $= (4.093 - 3.367) \times 507$ yen/5kg $= 368$ yen/5kg. The MWTP for "75% reduced pesticide" and "Organic" is less for Segment 2 than for Segment 1: 933 and 2173 yen, respectively. Additionally, as the estimated coefficient of ASC was statistically significant at the 5 percent level and had a positive sign, the food – concern group has an interest in the characteristics shown in this profile, and prefer this rice to the hypothetical rice they bought this time.

Thus, the food safety concern group is interested in increasing the number of storks but has no concern for public goods—that is, for the conservation of the storks' habitat. This group is only concerned with private goods— that is, reduced chemicals and pesticides—for which the profit clearly belongs to them.

6 CONCLUSION

In this study on Stork rice, we focused on analysing whether agricultural products can command higher prices by granting the product a life brand, and whether it is possible to add to agricultural product prices the value of public goods such as biodiversity. A priori, Stork rice consumers were expected to show more environmental awareness than general consumers but the replies of many respondents attached greater importance to their health than to stork conservation in Toyooka.

In this study, we estimated the MWTP for such private goods as food safety and such public goods as biodiversity conservation. The results showed that while 40 percent of environment concern respondents in this survey had a willingness to pay to improve both the private and public values of the environment, 60 percent of food safety concern respondents only had a willingness to pay to improve private values; they do not have a clear willingness to pay to improve public values of the environment, such as biodiversity.

We also found that consumers who bought Stock rice for reasons of reduced pesticides or because it is organically grownwere reticent to buy expensive agricultural products for the purpose of biodiversity conservation. As such, they are able to become free riders. Such a consumer would actually be a majority purchaser of Japanese agricultural products.

Thus, this study clarified that to promote biodiversity conservation as one of the important aspects on Agricultural Heritage Systems is difficult by producing and selling life brand agricultural products, as theoretically foreseen due to their characteristics of public goods. Therefore, governmental supports are indispensable for biodiversity conservation. Although life brand advertises biodiversity conservation in rural regions, the additional value placed on these products by the average consumer appears to be centred only on the health and safety of the individual consumer.

The limitation of this research is that we focus only on Stork rice consumers. To improve our analysis and get a better overview on willingness to pay, more general consumers of different classes need to be questioned.

REFERENCES

[1] Aizaki, H. (2005), "Choice Experiment Analysis of Consumers' Preference for Ecologically Friendly Rice", *Agricultural Information Research*, 14 (2), 85 –96.

[2] Ben – Akiva, M., Walker, J., Bernardino, A. T., Gopinath, D. A., Morikawa, T. & Polydoropoulou, A. (1997), Integration of Choice and Latent Variable Models, Paper presented at the International Association of Travel Behavior Research Conference (IATBR), Austin, Texas, 21 –25 September 1997.

[3] Ben – Akiva, M., McFadden, D., Gärling, T., Gopinath, D., Walker, J., Bolduc, D., Boersch – Supan, A., Delquié, P., Larichev, O., Morikawa, T., Polydoropoulou, A. & Rao, R. (1999), "Extended Framework for Modeling Choice Behavior", *Marketing Letters*, 10, 187 –203.

[4] Boxall, P. C., & Adamowicz, W. L. (2002), "Understanding Heterogeneous Preferences in Random Utility Models: A Latent Class Approach", *Environmental and Resource Economics*, 23, 421 –446.

[5] Child, D. (1990), *The Essentials of Factor Analysis*, London, Cassell Educational Limited.

[6] Fennell, G., Allenby, G. M., Yang S. & Edwards Y. (2003), "The Effectiveness of Demographic and Psychographic Variables for Explaining Brand and Product Use", *Quantitative Marketing and Economics*, 1, 223 – 244.

[7] Hanemann, W. M., & Kanninen, B. (1999), "The Statistical Analysis of Discrete – respond CV Data", In I. Bateman & K. Willis (Eds.), *Valuing the Environment Preferences: Theory and Practice of The Contingent Valuation Method in the US, EC and Developing Countries* (pp. 302 – 441), Oxford: Oxford University Press.

[8] Japan Grassland Agriculture and Forage Seed Association. (2008), *Multifunctionality of Grassland Management: Index of Meadow*. Tokyo: Japan Grassland Agriculture and Forage Seed Association (in Japanese) .

[9] Kamakura, W., & Russell, G. (1989), "A Probabilistic Choice Model for Market Segmentation and Elasticity Structure", *Journal of Marketing Research*, 26, 379 – 390.

[10] Kontoleon, A., & Yabe, M. (2006), "Market Segmentation Analysis of Preferences for GM Derived Animal Foods in the UK", *Journal of Agricultural & Food Industrial Organization*, 4 (1), 1 – 36.

[11] Kuriyama, K. (1998), *Environmental Value and Valuation Method*, Hokkaido: Hokkaido University Press (in Japanese) .

[12] Louviere, J. J., Hensher, D. A., & Swait, J. D. (2000), *Stated Choice Methods: Analysis and Application*, Cambridge: Cambridge University Press.

[13] McFadden, D. (1986), "The Choice Theory Approach to Marketing Research", *Marketing Science*, 5, 275 – 297.

[14] McFadden, D. (1999), "Rationality for Economists", *Journal of Risk and Uncertainty*, 19, 73 – 105.

[15] Ministry of Agriculture, Forestry and Fisheries (MAFF) (2007) . *Biodiversity Strategy for Agriculture, Forestry and Fisheries*. Tokyo: MAFF (in Japanese) .

[16] Ministry of Agriculture, Forestry and Fisheries (MAFF) (2010), *Living Things Mark: Agricultural Products Guide Book.* Tokyo: MAFF (in Japanese).

[17] "National Institute of Population and Social Security Research", *Demographic Material Collection*, Tokyo, 2010.

[18] Swait, J. R. (1997), "A Structural Equation Model of Latent Segmentation and Product Choice for Cross – sectional Revealed Preference Choice data", *Journal of Retailing and Consumer Services*, 1, 77 – 89.

[19] Tanaka, A., & Hayashi, T. (2010), "Agricultural Practices for Biodiversity Conservation and Life Mark Products", In Policy Research Institute, Ministry of Agriculture, Forestry and Fisheries (PRIMAFF) Research Project Report, *Impact of Intensive Agricultural Production of Biodiversity* (pp. 1 – 17), Tokyo: PRIMAFF (in Japanese).

[20] Terawaki, T. (1998), "Evaluating the Economic Value of Biodiversity Conservation and Agricultural Features", *Agricultural Economics*, 31, 97 – 122.

[21] The Economics of Ecosystems and Biodiversity (TEEB)(2008). *The Economics of Ecosystems and Biodiversity: An Intermediate Report*, Retrieved from http://www.teebweb.org/Home/tabid/924/Default.aspx.

[22] Yabe, M., Hayashi, T. & Nishimura, B. (2013), Economic Analysis of Consumer Behaviour and Agricultural Products Based on Biodiversity Conservation Value, In J. Ram Pillarisetti (ed.), *Multifunctional Agriculture, Ecology and Food Security: International Perspectives* (pp. 21 – 37), New York: Nova Science Publishers, Inc.

[23] Yabe, M., Hayahi, T., Nishimura, B. & Sun, B. (2014), "Conservation of Biodiversity and its Value in Agricultural Products", *Journal of Resources and Ecology*, 5 (4), 291 – 300.

[24] Yoshida, K., & Peterson, H. H. (2003), "Estimating the Consumer Response Toward the Country – of – origin Labeling and Food Safety of Imported Rice", *Journal of Rural Economics* (special issue

2003）, 297 – 302.

[25] Wedel, M. & Kamakura, W. （2000）, *Market Segmentation : Conceptual and Methodological Foundations*, Boston : Kluwer Academic Publishers.

지속 가능한 농업 시스템 구축을 위한 물질수지 접근

(Material Balance Approach to Establishing Sustainable Agricultural System)

김창길 박사

한국농촌경제연구원 선임연구위원

1 서론

자원순환방식으로 농산물을 생산한 전통적인 농업은 생태계의 원활한 순환을 기초로 자연과 조화를 이루어온 환경친화적인 산업이었다. 그러나 전통적 농업은 생산성이 낮아 제한된 토지자원하에서 인구증가에 따른 식량 필요량을 충족시키는데 큰 어려움이 따랐다. 따라서 현대적인 농업은 주어진 제약 조건하에서 생산성을 증대 시키기 위해 새로운 기술과 품종개량, 비료와 농약등 화학적 투입 재사용, 농후사료 및 사료 첨가제 등 외부로부터 에너지의 투입량 증가가 수반되고 있다.

자연 생태계에서는 식물의 양분 흡수와 유기물 분해가 이루어지고 토양 환원을 통해 다시 식물 흡수 과정을 반복하면서 지속적인 순환이 이루어지기때문에 환경부하가적은 정상상태(steady state)가유지 된다. 그러나 농업생태계(agro-ecosystem)는 생산물의 일부가 외부로 유출되고, 이를 보충하기위해 화학비료와 유기질 비료등 양분물질이 투입되어 자연생태계에 비해순환하는 영양물질의 양이 많을뿐만아니라 순환하는 속도도 빨라지게 된다. 또한 축산 부문에 있어서는 전업형의 대규모 가축 생산방식으로 전환되면서 농후사료 공급을위한 대량의 사료 곡물수입과 가축 분뇨발생량이 급증하였으나, 규모 확대에 대응한 경지 확보가 병행되지 않아자가 경영권내 가축분뇨의 순환이용은 어렵게 되었다.

'고투입-고산출'의 집약적 생산 시스템 작동을위한 화학적 투입재의 과다 사용, 가축분뇨의 대량 발생과 부적절한 처리등에 따른 지속적인 오염원 배출로 농업생태계에 상당한 엔트로피축적으로 환경문제는 심화되고 있다.특히작물 생산 증대를 위해 양분요구량 (plant uptake level) 이상의 과다한 화학비료와 가축 분뇨로부터의 양분투입은 상당한 무기물을 토양에 축적. 유출 시킴으로써호수와 하천등 지표수 오염 및 질산태 질소로인한 지하수 오염등을 초래하고 있다. 또한 전통적인 유축농업에 있어서 가축 분뇨는 농업내부에서 적절한 토양살포로 지력유지 및 증진에 유효하였으나, 수입사료에 절대적으로의 존하는 우리나라의 집약적 가축 생산체계는 농업생태계의 원활한 순환에 장애요인으로 작용하고 있다.

이러한 집약적 농축산업 생산방식에서 파생되는 환경오염 문제는 생산체계와 기술등에의해 큰 영향을 받으나, 입지적.지역적 환경 용량에따라 문제 해결을위한 접근방식이 달라질 수 있다. 농업 환경 문제 해결을 위한 본격적 인시도는 1990년대 중반부터 시작되었으며, 1997년말 친환경농업 육성법의 제정과 더불어 지역단위 친환경 농업 발전을위한 다양한 정책프로그램을 개발하여 추진해오고 있다. 그러나 그동안 추진되어온

핵심적인 환경 농업 정책은 주로 친환경 농산물 생산을위한 환경친화적 농법확산에치 우쳐왔다. 물론 친환경 농법은 농촌현장에서 환경부하를 줄이는 중요한 수단으로 활용될 수 있다. 그러나 농업생태계에 있어서 환경보전과 환경질 개선은 지역적 환경 용량에 따라 결정되므로 지역단위 물질균형 분석을 기초로 한체계적인 접근이 요구된다.

　　농업생태계의 물질균형 분석을 다룬 국내연구로 김진수, 오광영 (2000) 은 농촌지역의 유기물 흐름에관한 모형을 설정하고 금강의 제2지천인 무심천의 상류지역인 충북 청원군 가덕면 지역의 질소수지를 제시하였다. 김창길, 강창용(2002)은 지역단위 농업 환경모형을 기초로 사례지역인 경기도 양평군과 충북 진천군의 물질균형 분석을 시도하였다. 이연외5인(2003)은 OECD양분지표 계산 방식에따라 질소 수지지표를 산정하였고, 경기도 화성군과 충주시를 사례로 영농형태별(수도작, 시설하우스, 복합영농) 질소수지 분석결과를 제시하였다. Steinborn and Svirezhev (2000)은 엔트로피 이론을 적용하여 북부독일 벨라우호수 (Lake Belau) 유역의 에너지 및물 질수지 분석을 시도하여 지역별 농업생태계에서 초과되는 엔트로피의 계량화는 물론 환경부하 오염도를 작성하여 제시하였다. Zessner and Lampert (2002)는 오스트리아의 수질 관리를 위해 농업부문, 식품 가공부문, 가계 부분으로 나누어 각부문 별질소와 인산의 양분수지 분석은 물론 구리.철.납.카드늄 등의 배출량 산출 결과도 제시하였다. Krug and Winstanley (2002) 는 미국 미시시피지역을 대상으로 질소수지를 기초로 한 물질균형 분석을 시도하였고, 이러한 분석모형을 기초로 옥수수와 대두의 윤작 시스템이 질소수지에 미치는 영향에 대한 분석결과도 제시하였다. Bassanino, et al. (2011)은 이탈리아 농경지의 양분수지 지표를 산출하여 질소잉여정도를 파악하여 지역별 환경부하 진단 및 농업분야 지속가능성을 평가지표로 활용하였다. Gaj and Bellaloui (2012) 는 OECD 에서 개발된 질소와 인산등 양분수지 지표를 이용하여 미국의 폴란드와 미시시피지역의 **1988~2008** 년까지 환경부하를 진단을 기초로 지속 가능 농업을위한 양분사용의 효율성에 미치는 요인을 분석하였다.

이에 이 논문에서는 지속 가능한 농업 시스템 구축을 위해 물질수지 분석을 위해 우선 물질수지 분석의 이론적 배경과 농업생태계의 환경부하 분석 방법을 개관하였고, 한국의 지역단위 물질수지 분석 결과를 제시하였다.

끝으로 물질수지 분석의 정책적 시사점을 제시하였다.

2 물질수지 분석의 접근방법

2.1 농업생태계의 물질순환 구조

농업부문의 물질수지 분석 모형을 정립하기에 앞서 우선 농업 생태환경을 모니터링 할 수 있는 행정권역(시. 도 단위 군단위, 면 단위 또는 마을 단위) 또는 수계권역을 설정할 수 있다. 지역 생태계의 개념과 환경변화의 모니터링이 실제적으로 이루어지기 위해서는 수계별 단위가 바람직하나 물질수지 분석을위한 관련자료를 산출하는데 상당한 비용과 시간을 필요로 한다. 한편 농업 생태계 분석을 다루는데 있어서 행정권역기준의 적용은 한계가 있으나, 수계와 관련된 지역의 행정권역을 포괄하여 분석하는 경우 관련 분야의 자료 접근의 용이 하다.

통상적으로 자원 순환와 연계한 농업 부문의 물질순환은 크게 농가내순환, 지역내순환, 지역간 순환등 세가지로 유형화될 수 있다(<표 1>참조). 그러나 현실적으로 개별 농가내부에서 물질순환이 완결되는 것은 매우 제한적이기 때문에 지역단위 농업 환경모형에서는 물질순환의 세유형을 모두 포함하되 주로 지역내 순환 및 지역간 순환이 주류를 이룬다고 볼 수 있다.

<**표 1**>   자연순환의 유형과 환경친화적 농법 및 농업형태

순환의 유형	서브시스템	환경친화적 순환농법	농업형태
농가내 순환	경지내 순환	볏짚, 왕겨등 농산부산물의 경지환원	개별복합농업, 유기농업, 유축농업
	작목간 순환	윤작. 혼작. 녹비작물의 이용	
	농가구내 순환	생활쓰레기의 사료또는 퇴비이용	
지역내 순환	경지-지목간 순환	농산부산물. 산야초의이용 방목. 휴경지(사료작물재배)의윤작 톱밥, 폐목재등의 축분퇴비 재료활용	지역복합농업, 유기농업, 유축농업
	농가간 순환	경종-양축농가간축분퇴비. 볏짚교환 경종-양축농가간 액비화	개별농업, 개별축산업
지역간 순환	농업지역간 순환	경종-축산부문의 유기물교환	지역간 복합농업
	농공간 순환	식품산업폐기물의 퇴비화 톱밥. 우드칩등의 이용	지역간 순환농업
	농촌-도시간 순환	농촌. 도시생활쓰레기의 사료화. 퇴비화	

자료: 김창길, 강창용(2002), p.10 에서인용.

　　지역단위 물질균형 분석에 있어서 물질순환 시스템이란 지역단위 환경 오염부하 정도를 파악하기 위해 물질의 유입(inflow)과 유출 (outflow) 을 체계화 한모형을 말한다. 물질균형 모형(materials balance model) 은 물질순환을 기초로 환경과 경제활동의 상호 관련성을 체계적으로 설명해주는 대표적인 모형(Kneese, Ayres and D'Arge, 1970) 으로 지역단위 농업 환경부하 분석의 이론적 기초를 제공하고 있다. 지역단위 농업 생태계의 물질순환 구조를 보면「자원투입 → 생산 →

소비」의 농업 경제활동을 기초로 각부문별 경제 활동으로부터 잔여물(residuals)이 발생하고, 이를 재활용하면 다시 농업자원으로 투입될 수 있고, 활용되지 않는 잔여물은 폐기물로 배출된다[①]. 발생된 폐기물 처리가 지역단위 농업생태계의 자정능력(assimilative capacity)으로 수용될 수 있는 경우 다시 농업자원으로 쓰일 수 있으나, 자정능력을 초과하는 경우 환경오염원으로 작용하여 부정적 영향을 미치게 된다. 물질순환 과정을 정형화된 도식(stylized picture)으로 설명하면, 자원 (resources, R) 의채취, 생산(production, P) 및소비(consumption, C) 활동과 이들 각 경제 활동 과정에서 잔여물(wastes, W)이발생하며, 일부는 재활용(recycling, r)되고 일부는 환경의 자정능력(assimilative capacity, A)에의 해흡수된다(<그림 1>참조).[②] 여기서 환경친화적인 농업생 산활동과 농업 환경자원이적절하게 관리되는경우 (즉, W<A 발생된 폐기물이 자정능력으로 수용되는 경우) 농업 환경자원은 생산과 소비 과정을 거쳐 사람들에게 쾌적성과 경관등의 긍정적 어메니티(positive amenity)를 제공하게됨으로써 농업의 다원적 기능이 발휘되 도록한다.

---

① 경제활동의 부산물로 발생하는 잔여물 (residuals) 은 오염물질 (pollutant) 이나 폐기물 (wastes) 을 포함하는 보다넓은 개념이다. 배출되는 잔여물이 모두 환경오염을 유발시킨다고 볼 수 없다. 보통 잔여물은 폐기물을 포괄하는 용어로 사용되나 여기서는 폐기물과 혼용하여 쓰기로 한다.
② 경제시스템과 환경간의 순환 과정에 관한보다 상세한 설명은 Pearce and Turner(1990), pp.35-41에 제시되어 있다.

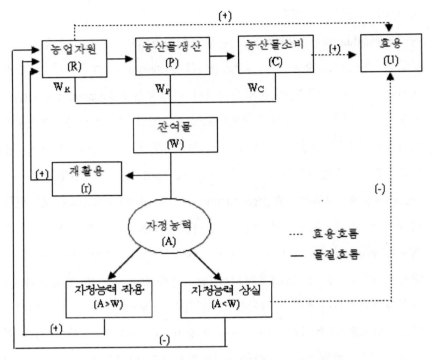

<그림 1> 농업생태계의 물질순환 기본구조

위에서 설명한 농업생태계의 물질균형 구조를 자연의 법칙측면에서
살펴보면, 농업시스템의 작동과 관련하여 각 부문의 경제활동으로부터
발생하는 잔여물의 양은 투입된자원의 양과 같다는 열역학제 1 법칙(*the
first law of thermodynamics*)으로 설명할 수 있다. 열역학제 1 법칙에의 하면
물질은 창조되거나 파괴되지않고 단지 다른 형태로 전환될뿐이므로 농업
생산 활동에사 용된 자원은 궁극적으로 잔여물이라는 다른 형태로
전환되어 환경계로 배출하게 된다. 물질순환의 투입-산출을 정량적으로
나타낸 물질균형 방정식은 다음과 같다.

$$R=W=W_R+W_P+W_C \tag{1}$$

여기서 W_R, W_P, W_C 는 각각 농업 환경자원의 이용 과정, 농업 생산활 동 과정, 농산물의 소비 과정에서 발생하는 폐기물을 나타낸다.

위식(1)은 환경계로부터 농업생태계로 유입되는 에너지 및 자원의 총량은 농업경제계로부터 환경계로 유출되는 잔여물의 총량과 일치한다는 의미를 수리적으로 나타낸것이다.

현실적으로 보면 농업자원의 사용 과정에서 이용할 수 없는 에너지나 물질의 양은 잔여물로 환경에 배출되며,[3] 잔여물이 환경의 자정능력을 초과하는 수준에서 발생하는 경우 엔트로피(사용 불가능한 실체로 환경 오염 상태를 나타냄)의 증가를 가져온다.[4]이는 열역학제 2 법칙(*the second law of thermodynamics*)인엔트로피 증가의 법칙을 의미한다. 현실적으로 폐기물을 발생시키지않는 완전한 경제활동은 거의 불가능하다. 즉, 농업 생산 활동으로부터 발생한 폐기물 가운데 재활용되지않는 부문은 엔트로피로 축적되어 농업 생태계에서 유용하게 쓸수 있는 농업환경자원의 공급을 줄임으로써 농업활동의 위축은 물론 부정적 어메니티(negative amenity)를 발생하여 효용수준을 떨어뜨리는 결과를 초래하게 된다.

---

[3] 환경경제학 측면에서 열역학 제1법칙은 환경계로부터 유입되는 자연자원의 양이 많을수록 다시 환경계로 유출되는 잔여물의 양도 많아지고, 환경자정능력을 초과하는 잔여물 발생 가능성도 높아짐을 의미한다. 한편 생산 및 소비 과정에서 발생하는 잔여물의 재활용이 높아질수록 잔여물의 배출량을 감소시켜 환경부하를 감소시킬 수 있음을 나타내고 있다.

[4] 엔트로피(entropy)는 1868년 독일 물리학자 Rudolf Clausius에의 해물리적체계의 무질서 진화 방향을 수학적형태로 표현하기 위해 도입된 개념으로, 에너지(energy)와 희랍어인변형(tropos)의 합성어이다. 엔트로피의 증가는 사용 가능한 에너지가 감소함을 뜻한다. 엔트로피에 관한 상세한 설명은 Ayres(1999), 제메리리프킨(2002), 室田武, 多辺田政弘(2002)에 잘 제시되어 있다.

농업 생태계에 있어서 엔트로피를 감축시키는 방법은 크게 원료사용(R)과 생산 활동(P)을 줄이는 방안, 각 경제활동별 잔여물(W)의 발생량을 줄이거나 재활용(r)을 높이는 방법 등을 들 수 있다. 원료 사용과 생산량 감축은 비례적인 관련성을 가지고 있으며, 생산량 감축과 잔여물 감축도 상당히 직접적인 관련성을 가지고 있다. 농업 생산활동에서 발생하는 잔여물(W_p)을 감축 시키기위해서는 생산에 필요한 투입량을 줄이거나 폐기물발생이 낮은 투입 요소로 대체하는 기술개발이 필요하다. 환경친화적 청정기술(clean technology) 개발에 의한 폐기물의 감축 방법은 투입재를 적게사용하여 생산량을 유지시키는 원원방식(win-win approach) 이라할 수 있다(Ayres, 1998; Bakshi 2002). 한편 투입 요소의 대체를 통한 생산 활동의 폐기물 감축시키는 방법은 경우에 따라서 대체 투입 요소의 증가를 초래하여 환경부하를 증가시키는 요인으로 작용할 수 도있다.　또한 농업생태계에서 폐기물을 재활용할 수 있는 시스템은 자체적으로 구축되어있지않아 재활용이보다 활성화되기위해서는 생산자와 소비자의 의식 개혁과 더불어 적극적인 인센티브 제공 등 제도적 장치가 필요하다.[5]

2.2 지역단위 농업환경부하 분석 방법

2.2.1 물질균형의 흐름도 분석

작물 및 가축 생산 활동을 위한 농자재(화학비료, 농약, 퇴비, 사료)의 투입 및 산출의 물질수지 파악을 위한 흐름도 (flow chart) 접근방식은 시각적이고 설득력이 높다(<그림 2>참조). 물질순환의 흐름도 방식은 작물.축종별 투입재 소요량, 양분이용량, 분뇨 발생량 등 발생원단위의

---

⑤ 물질순환의 이론적 측면에서 보면 재활용은 오염물질의 배출을 줄이기 위한 근본적인 방법은 되지못하며, 단지폐기물의 배출시점을 연기하는 효과가 있을뿐이다. 왜냐하면 열역학제1법칙 이시사하는 것처럼 경제활동에 투입된 자연자원은 최종적으로는 농업생태계로 다시 환원되기때문이다(Steinborn and Svirehev, 2000).

계측으로 투입-산출(I/O)의 수지분석이 가능하며, 농업 생산 활동에 따른 기타오염물질(메탄가스, 아산화질소등)의 발생량 추정도 가능하다.

농업부문의 물질순환 투입-산출 개념도에서 농업생태계 외부에서 투입되는 부문은 크게 가축 생산을 위한 농후사료와 일부 조사료 등을 들 수 있다. 가축 사양에 있어 농후사료는 배합사료의 형태로 구입하여 사용하게 되며, 조사료는 농산부산물이나 인근의 볏짚 등을 이용하므로 지역단위 농업생태계내에서 이루어진다고 볼 수 있다. 또한 작물 생산을 위한 양분 공급원으로 화학비료와 유기질 비료가 외부에서 투입된다.

농업 생태계 외부로부터 투입된 농후사료와 조사료를 이용한 가축 생산 과정으로부터 주산물인 고기, 우유, 달걀 등 이 생산되어 외부로 나가고 부산물로 가축 분뇨가 발생한다. 발생된 가축분뇨가 퇴비화와 액비화 등 자원화 방법에 의해 적절하게 처리되는 경우 작물 재배를 위한 양분 공급원으로 농경지에 살포된다. 이 경우 농경지에는 화학비료로 투입된 양분과 가축분뇨로부터 공급된비료 성분의 무기물이 투입된다. 작물은 생육 과정에서 필요로하는 양분요구량 이상으로 과잉 투입되는 경우 흡수하지못하고 무기물 이유출, 침출, 용탈, 휘산 등 이 이루어지게 되며, 이 과정에서 환경의 자정능력이 초과되는 경우 과잉 양분은 지역단위 농업생태계의 환경오염 부하 요인으로 작용하게 된다.

투 입   산 출

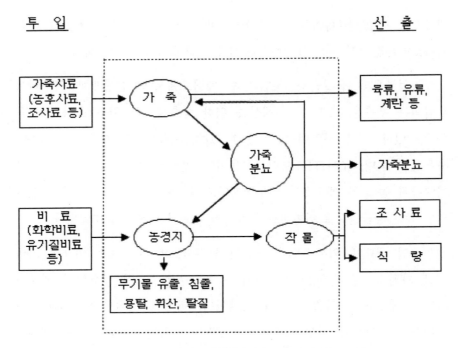

<그림 2>농업 부문의 물질순환 투입-산출의 개념도

2.2.2   농업부문의 환경부하량 산출방법

농업생태계의 물질순환 분석은 토양에서 양분물질이 여러가지 화학적 형태로 존재하기 때문에 작물에 따른 양분 이용율. 흡수율 등을 고려해야 하며, 물질흐름의 양을 산정하는 경우 시간적 차원을 반영해야 한다. 농업생태계의 물질순환 분석 절차는 우선 농업생태계의 경계(boundary)를 결정한 후, 경계 범위내에서 투입-산출되는 모든 물질흐름을 파악하며, 농업생태계의 하부 생태계 구성 요소를 결정하고 이들 요소간의 상호 작용을 파악한다.   끝으로   물질흐름을   기초로   양분지표   (질소, 인산등양분지표) 를 선택하여 분석하는 과정으로 이루어진다.

환경부하량 산출에 있어서 발생량은 오염원으로부터 생성된 아무런 정화 과정을 거치지않은 양을말하고, 정화량은 정화 시설 또는 오염원에서 지천까지의 자연정화에 의한 양을 말하며, 배출량은 발생량에서 정화량을 제외 한양으로 지천에 도달하는 양을 의미한다. 경종 부문의 발생량은 배출량이되고, 축산 부문의 발생량은 분뇨 발생원 단위(환경부고시 제 1999-110 호, 1999.7.8)에의 해서 계측되며,[6] 가축 분뇨의 비료성분량은 축종별 비료 성분 함유율에 의해 산정된다 (김창길. 강창용, 2002). 작물별, 토양별 또는 지대별 적정 시비량과 실제 시비량의 차이는 농업환경으로의 유실량으로 이는 오염원 발생량으로 고려될 수 있다. 여기서 적정 시비량 처방은 작물 양분 요구량을 충족시키고 과잉 양분축적에 따른 환경부하를 줄일 수 있는 추천 시비량을 의미한다. 실제적으로, 단위 면적당 시비량은 양분요구량에서 실제공급량을 공제한양을 비료의 이용률로 나누어계산될 수 있다. 단위면적당 작물의 양분요구량(nutrient requirement or plant uptake level)은 토양의 종류, 지역특성, 시비량 및 품종 등에따라 달라질 수 있다. 적정 시비량의 산정은 양분의 균형공급과 양분축적 경감에 의한 환경오염을 방지하기 위한 기준으로 환경친화적 추천 시비량으로볼 수 있다. 표준시비량은 작물별, 지대별로 적량시험을 통하여 결정되며, 성분별 추천량에 관한자료는 「작물별 시비 처방 기준」 (농업과학 기술원, 1999)에서 제시되고 있다.

---

⑥축종별 가축분뇨의 발생원단위의 경우 한우의 성축 1두를 기준으로 1일분뇨 배출량원단위를 보면 분은 10.1kg, 뇨가 4.5kg 발생하여 분뇨 발생량은 14.6kg이다. 또한 돼지의 경우성돈 1마리당 1일분뇨 발생량을 보면 분이 1.6kg, 뇨가 2.6kg로 분뇨 발생량은 4.2kg이며, 여기에세정수로 4.4kg이발생하여 축산폐수배출일당원단위 총량은 8.6kg이된다.

$$RNB_k = \sum_i \sum_j [CFERT_{ijk} + OFERT_{ijk}] \times ALNAD_{ij} -$$

$$\sum_i \sum_j [CREQ_{ijk} + ALAND_{ij}] - \sum_j ABSL_{ijk} \qquad (2)$$

여기서 RNB_k: 지역단위 물질균형 양분별(k) 수지

$CFERT_{ijk}$: 농가별(i) 작물재배(j)시 성분별 화학비료 투입량

$OFERT_{ijk}$: 농가별 작물 재배시 성분별 유기질비료 투입량

$ALAND_{ijk}$: 농가별 작물 재배 면적

$CREQ_{ijk}$: 작 물별 환경친화적 재배시양분요구량

$ABSL_{ik}$: 농가별 경작지의 자정작용 조정능력

위식(2)에 의해계측된 지역단위 양분수지는 환경부하 정도를 파악하는데 하나의 지표로 사용될 수 있다. 위식을 지역단위 양분별 환경부하 분석을 위한 지표산출식으로 변형시킬 수 있다.

$$RENV_{rk} = \left(\frac{CFERT_{rk} + OFERT_{rk}}{NREQ_r} \right) \times 100 - ABSL_{rk}$$

$$= \sum_r A_r X_{rk} - ABSL_{rk} \leq RENVL_{rk} \qquad (3)$$

여기서 $RENV_{rk}$: 지역단위(r) 양분성분(k)의 환경부하율(%)

$CFERT_{rk}$: 지역단위(r) 화학비료 투입 총량(성분량기준)

$OFERT_{rk}$: 지역단위(r) 가축분뇨 등 유기질퇴비의 비료성분(k) 투입 총량

$ABSL_{rk}$: 지역단위(r) 양분성분(k)의 환경부하 자정능력에 의한 조정치

A_r : 지역별(r) 환경부하 감축활동

X_{rk} : 지역별(r) 양분성분별 발생량

$RENVL_{rk}$: 지역단위(r) 양분별(k) 환경부하 기준치

위식(3)에서 환경자정능력을 초과하지않는 범위에서 물질균형이 이루어지기 위해서는 지역별 환경부하 감축을 위한 다양한 프로그램인 A_r 이 필요하다. 실제적으로 이상적인 친환경 농업체제로의 전환은 지역단위 양분별 환경부하 기준치가 초과되지않도록 농업환경자원을 관리하는 것이다. 그러나 현실적으로 환경자정 용량의 범위내에서 농업생산활동과 농업환경자원의 이용이 원활하게 이루어지는데는 상당한 어려움이 따른다. 따라서 지역별 환경부하 용량을 조절하기 위해서는 앞에서 엔트로피를 감축하기 위해 제시된 방법을 적용하여 우선 투입물량을 줄여 오염원 발생량을 줄이는 방법과, 발생된 오염원을 적절하게 처리하여 활용함으로써 오염원의 수용능력을 높이는 방법과, 발생된 오염원을 환경부하 수용력이 높은 타지역으로 이동시키는 경우등을 고려해볼 수 있다.

3 양분수지 분석 결과

농경지의 양분수지는 농경지내에 투입되는 양분량에서 농작물 생산을 위해 작물 생육 과정에서 흡수된 양분을 제외하고 토양에 남아있거나 공기중에 날아가거나 외부로 유출된 양분을 의미한다. 일정면적의 양분수지를 투입과 산출과의 관계에서 보면, 작물 요구량 수준이상으로 투입되는 잉여 양분지표를 나타내므로 양분수지가 높을 경우 환경 부하도가증가됨을 의미한다. 양분수지 접근방식은 관리 대상 물질의 적용

범위에 따라 개별농장을 기초로 양분수지가 이루어지는 농장수지 (farm-gate balance), 지역단위를 기초로 한지역 수지 (regional balance), 지역단위를 합산 한국가수지(national balance)로 나누어 산출될 수 있다. 지역별 환경 여건을 반영하여 정확한 양분수지를 산정하기 위해서는 경종 및 축산 부문별로 여러가지 파라미터가 필요하다. 경종부문의 경우 작물별 양분 요구량, 토양 특성별 유출량과 오염 부하량과의 관계식, 농법별 환경부하계수의 산출이 필요하다. 축산 부문의 경우 축종별·성장단계별 분뇨 발생원단위, 축종별 분뇨 발생량의 양분 환산계수, 가축 분뇨 처리 방법별 자원화율, 정화처리율, 해양투기율, 타지역 이동률 등의 파라미터가 필요하다.

2013 년 기준 농경지의 양분수지 분석 결과, 작물 재배 면적 173 만 ha 에 투입되는 양분의 양(질소성분량기준)은 화학비료가 약 35 만톤, 가축 분뇨가약 19 만톤이다. 이중 작물 재배를 통해 흡수되는 양은 약 31 만톤이고, 나머지 23 만톤은 과잉 양분으로 지하수나지 표수를 오염 시키는 엔트로피로 볼 수 있다<그림 3>. 농업생태계의 물질수지 측면에서 보면 축산부문에서 발생하는 가축 분뇨약 3,532 만톤 가운데 퇴비화와 액비화를 통한 자원화량 약 3,133 만톤이 농경지에 살포되나, 분뇨 발생량의 대부분이 수입사료에 의존하는 농후사료를 기초로하고 있기 때문에 가축분뇨의 배출량을 국외로 수출(또는 북한의 농경지로 이동)하는 방안에 대한 검토가 필요하다.

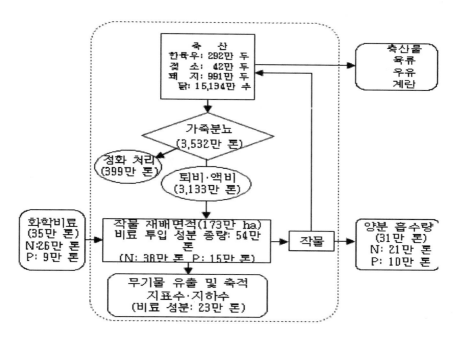

<그림 3>농경지의 양분수지 구조(2013 년기준)

자료: 김창길외 4 인(2013)의 자료를 기초로 업데이트한것임.

양분 초과량을 이용해 양분수지의 변화 추이를 살펴보면 ha 당 양분 초과량(양분수지)은 1990 년에 질소130kg, 인산52kg 에서 2001 년에 각각98.7kg, 34.4kg 수준까지 감소했다가, 이후 가축 분뇨 발생량 증가와 화학비료 사용량 증가로 인해 다시 증가하여 2004 년에 질소128.5kg, 인산46.7kg 수준인 것으로 나타났다. 이후 화학비료 사용량 감소로 인해 2009 년에는 질소 79.4kg, 인산 27.8kg 으로줄어 들었다. 이에따라 ha 당 양분초과율은 2004 년에 질소, 인산이 각각 105.8%, 78.6%(평균87.6%)로 증가하였다가 2009 년에는 각각66.0%, 46.4.%로 최저값을 보였다.최근 다시 사육 두수의 증가로 인해 가축 분뇨 성분

공급량이 2013 년에 질소 68.5kg, 인산 38.4kg 으로 2009 년에 비해 각각 9.0kg, 5.3kg 증가하였다. 그 결과 화학비료 사용량의 감소에도 불구하고 양분 초과율은 2013 년에는 질소와 인산이 각각 84.1%, 48.6%로, 2009 년에비해 각각 18.1%p, 2.2%p 증가하였다<표 1>.

<표 2>   한국 농경지의 양분수지 변화 추이

단위: kg/ha, %

| 연도 | 양분요구량 (A) | | 총양분 (B) | | 공급량 | | | | [양분수지] 양분초과량 (A-B) | | 양분초과율 (%) (A-B)/A | |
| | | | | | 화학비료 공급량 | | 가축분뇨 성분공급량 | | | | | |
	질소	인산	질소	인산	질소	인산	질소	인산	질소	인산	질소	인산
1990	112.1	56.4	242.3	108.8	211.9	90.5	30.4	18.2	130.2	52.4	116.2	92.9
1995	118.5	58.6	237.1	111.7	190.5	83.2	46.5	28.5	118.6	53.2	100.1	90.8
2000	120.5	59.7	240.4	102.8	189.4	73.8	51.0	29.0	119.9	43.1	99.5	72.2
2004	121.5	59.4	249.9	106.1	191.8	73.1	58.1	33.0	128.5	46.7	105.8	78.6
2009	120.3	59.9	199.7	87.7	140.2	54.6	59.5	33.1	79.4	27.8	66.0	46.4
2012	120.7	58.5	221.4	88.3	152.7	49.6	68.7	38.7	100.7	29.8	83.4	51.0
2013	120.1	59.2	221.1	88.0	152.6	49.6	68.5	38.4	101.0	28.8	84.1	48.6

한국은 총 질소 수지 지표는 1990~92 년 평균은 215.2kg/ha 에서 2007~2010 평균은 226.4kg/ha(1990~92 년 평균대비 5.0% 증가)로 가장 높은 수준으로 나타났다 <그림 4>. 이는 OECD 평균치인 61.5kg/ha 에 비해 3.7 배높은 수준이며, 농업 여건이 비슷한 일본의 180.2kg/ha 에 비해서도 1.3 배높은 수준이다. 대부분의 OECD 국가들의 질소잉여 집약도가 1990~92 년 평균치에 비해 2007~2010 평균이 낮거나 비슷한 수준을 보이고 있음. 특히 네덜란드는 1990~1992 년평균은 328.7kg/ha 로 가장 높은 수준이었으나, 잉여 양분관리를 위한 특단의 치를 추진하여 2007~2010 년평균은 193.3kg/ha 로 크게 감소하여, 한국 다음으로 높은 수준을 냈다.

中国农村生态治理的进展

李 周

（中国社会科学院农村发展研究所 北京 100732）

摘 要：本文在阐述资源经济学、环境经济学与生态经济学差异的基础上，建立了我国可持续发展的分析框架，从自然保护区保护、林业建设、草地建设、水环境保护、水土流失、荒漠化治理等方面详细地论述了我国农村生态建设取得的成效，从三个方面剖析了生态治理方面存在的问题，据此提出了相应的政策性建设。

关键词：农村生态治理；生态经济学；可持续发展；进展

1 资源经济学、环境经济学与生态经济学的差异

在最近国内召开的一个规格很高的经济学科建设研讨会上，一些学者认为资源经济学、环境经济学和生态经济学的研究内容有很多重叠，应将它们作为一个学科来对待。这种认识的形成显然是同现实中这些学科存在相互混淆的现象相联系的。鉴于此，在进入主题之前，先对这三个学科做一个简略的区分。

1.1 资源经济学

资源经济学旨在研究资源的有效利用和永续利用，它的关键问题是确定可再生资源的最优利用率和不可再生资源的最优替代率。虽然微观层面上的资源最优利用率和最优替代率的确定有成熟的经济学方法，但

在市场价格波动显著或异常的情形下，企业实际的资源利用率仍有可能偏离经济学理论上的资源最优利用或最优替代的均衡点。为了克服这类偏差，客观上需要在宏观层面上对资源利用和资源替代加以管理。

宏观管理的主要举措是：第一，明晰资源的产权。有关资源产权与资源利用的关系的分析是以"公地悲剧"的假设展开的。经济学家以"公地悲剧"为例，做出了如果资源没有排他性的产权必遭过度利用之厄运的结论。无论历史上还是现实中，产权界定清晰的资源会利用和保护得更好几乎是不争的事实。需要指出的是，各种资源的产权界定难度是不一样的。一般来说，大尺度资源的产权界定难于小尺度资源，弱可分性资源的产权界定难于强可分性资源，流动态资源的产权界定难于固定态资源。在难以把产权界定给私人的情形下，政府通常以发放许可证的方式把取水、采伐、放牧和捕鱼等资源利用的权利界定给特定的人群（或社区），并实施阶段性的禁伐、禁牧、禁渔等强制性管理制度，将保护和利用有效地统一起来。第二，引导技术创新，提高可再生资源的生长率和资源的利用效率与替代效率。第三，缩小资源开放尺度，降低资源利用管理的难度。例如，针对各国资源开发半径的日益扩大和海底矿产资源开发技术的不断提升，一些沿海国家将其领海扩展至200海里，其实质就是将这些资源由全球性资源改为国家性资源，降低资源管理的难度，扭转资源耗竭的局面。第四，扩大集体行动的尺度，借助于集体内部的参与式共管机制，消除私人片面追求利润最大化导致的外部不经济问题。

1.2　环境经济学

环境经济学旨在研究将污染排放控制在环境容量内的成本最小化问题。环境容量决定于环境标准。环境标准低则环境容量大，可排放的污染量相对较多，反之则相反。环境标准是由政府的管理部门制定的，具有主观性。一般来说，一个国家的经济发展水平越高，环境标准越高，可排放的污染量越少。这是环境经济学不同于资源经济学和生态经济学的地方。

污染物的管理经历了数次变化。最初采取的是"末端治理"的方式。这种做法是有效的，但存在四点不足：一是影响企业的经济效益和竞争力，以致企业缺乏治理污染的积极性；二是污染治理的管理难度大，并存在污染转移的风险；三是不能消除生产过程中的资源浪费；四是政府监督管理的成本过高。鉴于30%—40%的工业污染可以通过优化生产工艺加以解决，于是出现了以清洁生产为内涵的"过程治理"。它使污染治理成为企业发展战略的有机组成部分，而不是强加于企业的约束手段。针对企业实施清洁生产无法解决所有的工业污染问题，于是又出现了以生态产业为内涵的"园区治理"。所谓"园区治理"就是根据各个企业资源利用上的相互关联，组成一个结构与功能协调的共生园区，实现污染物在园区内的"零排放"。例如，将火力发电企业产生的废料作为建筑企业的原料，建筑企业产生的废料作为其他工业企业的原料，由此形成良性循环。"园区治理"的推出解决了难以依靠优化生产工艺解决的60%—70%的工业污染。为了实现生产领域与消费领域的连接，又出现了以循环经济为内涵的"全域治理"。所谓"全域治理"就是使生活中废弃的废旧物资通过回收加工实现再利用。

"过程治理"、"园区治理"、"全域治理"同"末端治理"具有内在的逻辑联系，它们是污染治理的三次拓展。其中，"过程治理"是污染治理的质的飞跃，"园区治理"和"全域治理"是"过程治理"的两次扩展，其中，"园区治理"使污染治理从企业拓展到企业群，"全域治理"使污染治理从生产领域拓展到消费领域。

环境经济学最有价值的创新是建立环境容量使用权（即通常所说的排污权）交易市场。环境容量使用权交易市场的运行，不仅可以降低污染治理的成本，引导流向更有效率的企业；更为重要的是，各级政府、环保组织以购入环境容量使用权不再卖出的方式减少排污总量，是以市场机制的方式促进环境质量改善的途径。

1.3　生态经济学

生态经济学是最早探索人与自然和谐关系的学科，最早阐述经济理性必须与生态理性结合，生产、生活必须与生态结合，利润最大化目标必须与生态稳健化目标结合的学科。其倡导并追求企业最优解与社会最优解结合，个体理性与集体理性结合，经济理性与生态理性结合的理论内核，是它区别于其他经济学分支的一个极为重要的特征，这一研究视角正在被越来越多的人所认同。

生态经济研究主要有三个切入点，一是以生态系统作为研究对象，采用生态模型和市场价值法、替代市场法和模拟市场法，研究人类活动对生态系统顺向演替带来的生态系统服务价值的增值和逆向演替造成的生态系统服务价值的损耗，以增量（和损耗）为依据估算向生态保护、修复和建设的贡献者（破坏者）付费（罚款）的标准，并引申出生态系统必须保护、改善的政策含义。二是从制度、组织创新入手，规范企业和人的行为，协调人与人之间的关系，将企业和个人的自利目标与利他目标统一起来，实现经济与生态协调，人与自然和谐。三是从利益相关者的协商、谈判入手，形成并实施具有共赢性质的解决生态问题的方案。引导利益相关者参与的方法的提出，使生态经济学不仅具有评价政府、企业和他人行为的工具特征，而且具有引导公众为建设和谐社会奋斗的行动纲领的特征。

2　可持续发展的分析框架

20 世纪 80 年代，由布伦特兰夫人领衔，22 位世界著名学者、政治活动家组成的世界环境与发展委员会（WCED）撰写的《我们共同的未来》提出了可持续发展概念。笔者认为可持续发展既是新的理念，也是社会经济发展必然会出现的结果。社会经济走向可持续发展可以用四条库兹涅茨曲线来勾勒。

2.1　收入分配变化的库兹涅茨曲线

库兹涅茨通过各国长时间序列的统计数据分析，发现一个国家的国民收入差距在不发达阶段很小，这个差距在经济发展初期会趋于扩大，进入经济发展成熟阶段后又会趋于缩小。收入分配变化具有倒"U"形特征是库兹涅茨曲线的原意。国民收入分配差距趋于缩小的社会，显然是可持续发展水平趋于提高的社会。

据分析，完善的分配制度的形成是收入分配变化在经济发展过程中具有倒"U"形特征的主要原因。这个分配制度包括市场遵循效率原则的第一次分配，政府遵循公平原则的第二次分配和社会遵循责任原则的第三次分配。有关文献表明，倘若没有政府讲求公平原则的第二次分配和社会讲求责任原则的第三次分配，国民收入分配的基尼系数通常会大于 0.5，即收入分配变化的库兹涅茨曲线的出现，是政府和社会共同参与分配的结果。

2.2　人口总量变化的库兹涅茨曲线

马尔萨斯以经济按照算数级数增长，人口按照几何级数增长的基本假设，做出了要维持人口增长与经济增长相协调就必须控制人口增长的结论。然而，最近的实践表明，在经济发展过程中人口总量变化也具有倒"U"形的库兹涅茨曲线的特征。人口压力趋于缩小的社会显然是可持续发展水平趋于提高的社会。

据分析，人口总量变化具有库兹涅茨曲线特征的主要原因有二：一是人口数量增加对经济增长的贡献越来越小，人口素质提高对经济增长的贡献越来越大；二是社会保障体系替代了家庭保障体系，导致人们繁衍后代的需求急剧下降。

2.3　环境状况变化的库兹涅茨曲线

在漫长的历史阶段，由于经济总量很小，人类活动对环境施加的压力并不大。这个压力逐渐加大是经济发展初级阶段特有的现象，经济发展进入成熟阶段后这个压力会趋于下降。环境压力不断减轻的社会显然是可持续发展水平趋于提高的社会。

据分析，环境状况变化具有库兹涅茨曲线特征的主要原因有二：一是形成了末端治理、过程治理、园区治理、全域治理四位一体的环境治理框架体系。二是政府的环境管理体系越来越完善，环境治理的财政支出越来越多，居民有支付能力的环境需求越来越高。非政府组织参与越来越积极，对市场机制的应用越来越充分。

2.4　资源库兹涅茨曲线

在漫长的历史阶段，由于经济总量很小，投入经济系统的自然资源是有限的。投入经济系统的自然资源快速增长是经济发展初级阶段特有的现象，经济发展进入成熟阶段后经济增长对自然资源的需求会趋于下降。资源压力不断减轻的社会显然是可持续发展水平趋于提高的社会。

据分析，资源库兹涅茨曲线出现的主要原因有三：一是资源利用效率提高；二是资源重复利用率提高；三是经济增长越来越依赖于级数进步的贡献，对自然资源的需求越来越小。

人们最初关注的是土地资源，主要举措是通过土地改革化解土地资源分配不均对经济发展的制约。20世纪50年代以来，能源成为越来越被关注的资源，主要任务是化解能源对经济发展的制约。21世纪以来，淡水成为越来越被关注的资源。鉴于此，下面以水资源为例来考察资源库兹涅茨曲线（见图1、图2、图3和图4）。

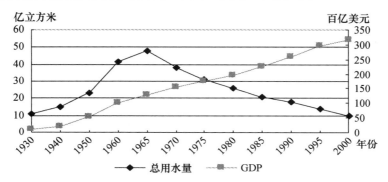

图1　瑞典用水总量和 GDP 变化态势

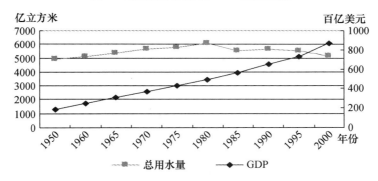

图2　美国用水总量和 GDP 变化态势

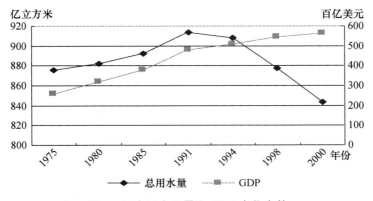

图3　日本用水总量和 GDP 变化态势

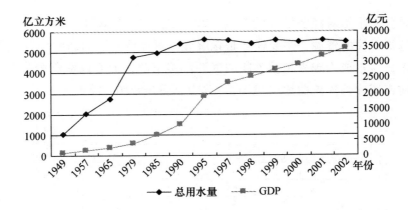

图4　中国用水总量和 GDP 变化态势

从图 1 至图 4 可以看出，一方面经济总量在持续增长，另一方面生产和生活所需的水资源量却呈现出倒"U"形变化。这是资源利用效率越来越高、资源利用结构不断提升、科学基础型经济逐步替代资源基础型经济的结果，这也是诸多计量研究得出全要素生产率对经济增长的贡献率超过 80％的结论的主要原因。

3　农村生态保护与建设

3.1　自然保护认知的进展

我国对自然保护的认知经历了三个阶段。

（1）保护物种的潜在价值。第一阶段（20 世纪 50 年代）的自然保护旨在保留科学家发现新物种的条件，所以当时划定的自然保护区都是发现新的物种的可能性比较大的地方，比如云南的西双版纳、贵州的梵净山和广东的鼎湖山等。该阶段占主流的潜在效用理论认为：人类对生物资源的认识极为有限，所利用的生物资源来自农牧业的经验，即人类祖先从数万种生物资源中筛选、驯化出来的数百种生物资源。如何利用尚未发现的物种和基因来提高农牧业生产力，是科学家必须承担的重大责任。自然保护区内的野生稻为我国著名育种专家袁隆平先生培育杂交水稻提供了支持，就是说明自然保护重要性的一个例子。

（2）保护生态系统的潜在价值。第二阶段（20世纪80年代）自然保护，旨在保留技术人员找到更有效率的资源配置方式的条件。该阶段占主流的系统生产力理论认为，若以生物量为度量指标，自然生态系统的生产力要远远大于现有农田的生产力，其主要原因是自然生态系统能充分地利用土壤中的各种资源，而单一性的作物虽然采取了农业技术措施，仍不能像自然生态系统那样"灵活地"利用光、热、水。这意味着自然生态系统从整体上指出了生物利用技术改进的方向。这是把所有具有典型意义的生态系统都划为自然保护区的理论依据。

（3）保护生物多样性的潜在价值。20世纪90年代以来，自然保护的目标转向生物多样性。此时占主流的铆钉理论认为：绝大部分物种属于功能性物种，它们成为经济性物种的可能性极小。一个功能性物种相当于飞机上的一个铆钉，它的失落对飞机整体性能的影响不会太大，但铆钉不断失落，对飞机整体性能的影响就会越来越大，总有一天会导致飞机崩溃。生态系统也是如此，物种消失越多，生态系统处于崩溃的风险越大。按照这一理论，保护自然并非因为它们具有尚未认识清楚的物种价值或生态系统价值，而是它们作为生态系统的有机组成部分具有不可或缺性。

简言之，前两个阶段的自然保护旨在促进产业发展，而第三阶段的自然保护旨在实现可持续发展。

3.2　自然保护区建设

改革开放前的30多年里，中国自然保护的进展极为缓慢。到1978年，共建了34个自然保护区，自然保护区总面积126.5万公顷，占国土总面积的份额为0.13%。改革开放后，中国自然保护的力度明显加大。到2014年年底，全国已经建立各种类型、不同级别的自然保护区2697个（不含港澳台地区），总面积为150.7万平方公里，占国土总面积的15.9%，超过了12%的世界平均水平。其中，国家级自然保护区428个，面积9466万公顷，分别占全国自然保护区总数和总面积的15.9%和64.7%。28处自然保护区加入联合国教科文组织"人与生物圈保护区网络"，20多处保护区成为世界自然遗产的组成部分。国家重点保护的野生动植物种和典型生态系统类型得到保护，以自然保护区为主体的生物多样性就地保护网络基本形成。

自然保护存在的主要问题是：保护区管理机构将周边社区的居民视为管理对象，他们对保护区管理缺乏知情权、评价权和建议权；承担保护区社会影响评估的机构缺乏公信力；保护区管理机构的日常运作经费对保护区内的自然资源有一定的依赖性。解决这一问题的主要措施是将周边社区的居民视为管理主体，使保护区与周边社区由对手关系转变为互信、互惠、互利的合作伙伴关系，通过共同管理促进和谐或化解冲突。

3.3 林业建设

（1）造林与封山育林。改革开放 30 多年来，中国造林和森林培育力度不断加大。全国第一次森林资源清查与第八次森林资源清查相比：森林覆盖率由 12.70% 增加到 21.63%。森林面积由 12186 万公顷增加到 20800 万公顷，增长了 70.7%。活立木总蓄积量由 95.3 亿立方米增加到 151.4 亿立方米，增长了 58.9%。人工林保存面积 6933 万公顷，人工林蓄积 24.8 亿立方米，人工林面积居世界首位。到 2020 年，森林面积在 2005 年的基础上增加 4000 万公顷，森林蓄积量增加 13 亿立方米。

（2）天然林保护工程。为了消除森林采伐对生态环境的负面影响，中国于 1998 年实施了天然林保护工程。该工程的实施，有效保护了 5600 万公顷天然林，营造公益林 1526.7 万公顷，森林蓄积净增 4.6 亿立方米。

（3）防护林体系建设工程。为了确保国土安全，中国政府从 1978 年起，先后开展了十大防护林工程建设。十大工程规划区总面积 705.6 万平方公里，占国土总面积的 73.5%，覆盖了中国主要的水土流失、风沙危害和台风、盐碱等生态环境脆弱区。规划造林总面积 1.2 亿公顷。

（4）退耕还林工程。退耕还林工程的实施范围包括除上海、江苏、浙江、福建、山东、广东以外的 25 个省市区。退耕还林 1467 万公顷，宜林荒山荒地造林 1734 万公顷。

3.4　草地保护的进展

中国拥有各类草原近 4 亿公顷，约占国土面积的 41.7%。通过禁牧、休牧、轮牧和种草、舍饲等措施，草原生态系统有所改善。2005 年和 2013 年，全国天然草原鲜草总产量分别为 93780 万吨和 105580 万吨，载畜能力分别为 23020 万个羊单位和 25580 万个羊单位，分别增长 12.5% 和 11.1%。从表 1 可以看出，与 20 世纪 70 年代的中国草原结构相比，2000 年中国草原等级结构出现了极为明显的恶化，而 2013 年的中国草原等级结构已经基本接近 20 世纪 70 年代的草原等级结构了。

表 1   中国草原等级的变化

年份	一、二级	三、四级	五、六级	七级	八级
20 世纪 70 年代	9%	18%	33%	18%	22%
2000	4%	12%	13%	22%	49%
2009	7%	12%	19%	22%	40%
2010	8%	13%	26%	20%	33%
2011	7%	15%	29%	19%	30%
2012	7%	18%	31%	17%	27%
2013	6%	16%	34%	18%	26%
2014	6%	15%	34%	17%	28%

注：2014 年草原等级结构不如 2013 年的主要原因是草原地区降水状况较差，而不是过牧。

资料来源：2009—2014 年全国草原监测报告和 20 世纪 70 年代的草原调查资料。20 世纪 70 年代的草原等级数据引自中国科学院生态中心欧阳志云研究员提供的研究报告。

3.5　水环境保护

经过持续多年的水环境管理和污水治理等工作，2008 年地表水中高锰酸盐指数年平均浓度降至 5.7 毫克/升，第一次达到Ⅲ类水质标准。2009 年为 5.3 毫克/升，2011 年为 4.8 毫克/升，2013 年为 4.0 毫克/升，保持了持续下降的态势。七大水系的Ⅰ至Ⅲ类水质断面占总断面的份额由 2001 年的 29.5% 提高到 2014 年的 71.2%，增加了

41.7 个百分点。同期，Ⅳ至Ⅴ类水质和劣Ⅴ类水质断面占总断面的
份额分别由 28.3%、42.2% 下降至 19.8% 和 9.0%，分别减少了 8.5
个百分点和 33.2 个百分点。

表2	中国七大水系水质结构的变化		单位:%
年份	Ⅰ至Ⅲ类水质	Ⅳ至Ⅴ类水质	劣Ⅴ类水质
2001	29.5	28.3	42.2
2002	29.1	30.0	40.9
2003	38.1	32.2	29.7
2004	41.8	30.3	27.9
2005	41.0	32.0	27.0
2006	40.0	32.0	28.0
2007	49.9	26.5	23.6
2008	55.0	24.2	20.8
2009	57.3	24.3	18.4
2010	59.9	23.7	16.4
2011	61.0	25.3	13.7
2012	68.9	20.9	10.2
2013	71.7	19.4	8.9
2014	71.2	19.8	9.0

资料来源：历年中国环境公报。

从表 3 可以看出，除人工湿地外，中国各类湿地的面积都趋于下
降，这表明湿地生态系统趋于退化。需要指出的是，在 1978 年至
1990 年期间湿地总面积减少了 21.4%，1990 年至 2000 年期间湿地面
积减少了 69.4%，即前期减少了 21.4 个百分点，后期减少了 9.2 个
百分点。湿地面积的下降主要发生在 1978—1990 年期间。这间接地
表明，我国湿地保护的力度有所加大，效果有所改进。

3.6　水土流失治理

中国的水土流失主要分布在西部的新疆、内蒙古、甘肃、青海、
四川、重庆、贵州、广西等省（市、区），每年流入长江、黄河的泥
沙量达 20 多亿吨。水土流失综合治理面积由 20 世纪 90 年代初的每
年 2 万平方公里，提高到现在的 4 万多平方公里。截至 2013 年年底，

全国累计治理水土流失面积107万平方公里。每年可保持土壤15亿吨，增加蓄水能力250多亿立方米，增产粮食180亿公斤。

表3　　　　　　　**中国湿地面积变化（1978—2008）**

单位：平方公里，%

类型	1978 年	1978—1990 年	占 1978 年份额	1990—2008 年	占 1978 年份额
滨海湿地	13104	11463	0.87	9109	0.70
内陆湿地	286399	219106	0.77	185547	0.65
人工湿地	9792	12453	1.27	19892	2.03
总面积	309295	243022	0.79	214548	0.69

资料来源：牛振国等：《1978—2008年中国湿地类型变化》，《科学通报》2012年第16期。

3.7　荒漠化治理

自2001年以来，年均治理沙化土地面积达192万公顷。目前中国已有20%的沙化土地得到不同程度治理。土地荒漠化面积由1999年的267.4万平方公里减至2009年的262.4万平方公里，缩小了5万平方公里。需要指出的是，荒漠化土地治理的成就主要表现为荒漠化程度下降，而不是荒漠化面积的减少。从表4可以看出，轻度的荒漠化面积由1999年的54.04万平方公里提高到2009年的66.58万平方公里，增加了12.54万平方公里；同期，极重度的荒漠化面积由70.06万平方公里下降为56.30万平方公里，减少了13.76万平方公里。

表4　　　　　　　　**中国荒漠化程度的变化**

荒漠化程度	1999 年		2004 年		2009 年	
	面积（万平方公里）	份额（%）	面积（万平方公里）	份额（%）	面积（万平方公里）	份额（%）
轻度	54.04	20.21	63.11	23.94	66.58	25.37
中度	86.80	32.46	98.53	37.38	96.84	36.91
重度	56.51	21.13	43.34	16.44	42.66	16.26
极重度	70.06	26.20	58.6	22.24	56.30	21.46
合计	267.41	100.00	263.62	100.00	262.38	100.00

资料来源：国家林业局第二次、第三次和第四次荒漠化防治公报。

4　存在的问题

生态系统治理中存在的问题可以从以下三个方面加以概括。

4.1　重视生态资产变现，忽视生态资产保护

总体上讲，生态治理与生态利用相结合不仅没有错，而且值得提倡，但在理念上不宜有生态资产变现的偏好。理念上有了这种偏好，就会忽视单纯保护生态系统的治理措施的必要性和重要性，在行动上就难以做到两手抓，两手硬。

4.2　重视短期目标，忽视长期目标

生态治理可以从短期目标入手，但短期目标必须服从于长期目标，至少同长期目标互洽。然而，由于部分官员急于出政绩，在现实中倾向于选择见效快的治标措施，不太乐意选择见效较慢的治本措施，出现了短期目标与长期目标不一致的问题。

4.3　重视自上而下，忽视自下而上

由于过于强调政府在生态治理中的责任，对公众和非政府组织参与生态治理的必要性和重要性的认识不到位，现实中的生态治理通常采取自上而下的做法，而很少采用自下而上的做法。生态治理对创造就业机会发挥了作用，但对形成公民生态保护意识的作用不够大。

5　政策建议

5.1　村镇生态建设纳入城乡发展总体规划，实现生态建设城乡统筹

近些年来各地农村都在做村镇建设规划。各级政府要抓住这一有利时机，将生态保护和生态治理的内容纳入村镇建设规划，并整合到城乡发展总体规划中，从而实现生态建设的城乡统筹。

5.2　抓住国家实施积极财政政策机遇，将农村生态建设项目纳入政府扩大内需范围

目前，扩大内需成为刺激经济增长的重要途径，为此，国家实施了积极的财政政策。各地农村要抓住这一机遇，将农村生态建设项目纳入政府扩大内需范围，把这项工作落到实处。

5.3　积极引入市场机制，解决农村生态治理资金匮乏问题

生态治理也是创造 GDP 的生产性活动，其所需的资金也可以利用市场机制来解决。在政府财政资金有限的情形下，更要采用市场机制的办法，而不宜等到政府有了财政支付能力后再去做。否则，就会进一步贻误时机。

5.4　尽快制定有机肥补贴和秸秆、畜禽粪便综合利用补贴政策，取消化肥补贴政策

在粮食紧缺阶段，在生产、运输和使用环节实施化肥补贴政策是促进粮食生产、维护粮食供需平衡的重要举措。粮食紧缺阶段被超越以后，尤其是在化肥农药长期过量使用对环境造成严重的负面影响的状态下，不宜继续实施化肥补贴政策了。这部分补贴用于支持秸秆、畜禽粪便综合利用，应该是适宜的政策调整。

5.5　设置一批国家科研攻关项目，解决农业污染治理关键技术难题

虽然农业污染发生在农村，但受影响者绝不仅仅限于农民。对于负外部性极大的农业污染的治理，国家应该承担应有的责任，做出应有的贡献。具体地说，就是瞄准农业污染治理关键技术，设置一批国家科研攻关项目，借全国之力来解决这一难题。

5.6　建立农村环保适用技术发布制度

为了保护农业生态环境，我国各地农村开展了一系列的技术创新。遗憾的是，由于缺乏有效的技术传播渠道，这些环保适宜技术的应用状况不够理想。政府有关部门应建立农村环保适用技术发布制度，让这些技术最大限度地发挥作用。

5.7　定期开展农民环境教育与培训，使农村环保具有广泛的群众基础

我国已经初步形成了农民培训体系。建议在就业技能培训的基础上开展环境管理的能力建设，使部分村民掌握监测生态系统和环境变化的技能，使农村环保具有广泛的群众基础。

5.8　实施"以奖促治"、"以奖代补"政策，实现要农村社区做到农村社区要做的转换

尽管生态治理具有正外部性，但生态治理的最大受益者毕竟是治理区的居民，这是纳入生态治理区的农村社区具有治理积极性的主要原因。为了充分发挥他们治理生态的积极性，需要实施"以奖促治"、"以奖代补"政策。

论增长理念转型：迈向稳态经济

潘家华

（中国社会科学院城市发展与环境研究所　北京　100028）

摘　要： 改革开放以来的中国经济快速平稳增长，使得中国经济在总量和人均水平上都有了大幅提升。高速率的增长使得国际社会和国内均对中国未来经济的走向产生极大兴趣，众说纷纭，莫衷一是：持续高速的乐观者有之，立即崩溃的悲观者有之，转速换挡调整者有之。生态文明发展范式下的中国经济增长，不可能也不必要因循工业文明发展范式下的增长路径，增长转型是必然的。顺应自然，意味着尊重人与自然和谐的边界约束，避免超越极限的各种违背规律的保增长或促增长努力。而且，生态文明范式下的经济增长，必须是真实的增长，生态和谐的增长。因而，中国经济转型的方向，只能是调整结构，提升品质，迈向人与自然和谐的稳态经济。

关键词： 经济增长；转型；稳态经济

1　增长的态势与动力

从新中国成立到 20 世纪 70 年代初，中国的经济增长经历了大起大落的过山车式的历程，从 1962 年经济下滑 27.3%，到增幅高至 1965 年的 18.3%、1971 年的 19.4%。20 世纪 70 年代总体中速平稳波动；20 世纪 80 年代到 2010 年 30 年的接近两位数的持续高速爆发式增长。中国未来走势如何？

2005 年，林毅夫撰文①称，中国经济未来可以维持 30 年左右的 8%—10% 的快速增长，2030 年前超越美国成为世界第一大经济体。2010 年，世界银行建议并与中国政府合作启动"2030 年的中国"的研究，② 认为未来 20 年的经济增速将比过去 30 年 9.9% 的平均增速下降 1/3，年均 6.6%，使中国跻身发达国家行列，在经济体量上超越美国。国务院发展研究中心③的基准情景设定，经济增速在 2010—2020 年间，6.6%，2020—2030 年间，5.4%，2030—2040 年间，4.5%，2040—2050 年间，3.4%。白泉等人④设定的中国 2050 年的经济增长情景认为，中国 2010—2020 年可达 8.0%，2020—2035 年 6.0%，2036—2050 年年均 3.8%。相对来说，国外机构对中国未来经济发展增速略显保守。例如国际能源署预测 2000—2010 年年均增速 5.7%，2010—2020 年年均 4.7%，2020—2030 年年均 3.9%。高盛公司 2003 年的一项研究认为，中国 2015—2030 年年均增速 4.35%；2030—2050 年年均 3.55%。⑤唱衰中国的悲观论者似乎以章家敦为代表，早在 2001 年就著书宣称中国行将崩溃。⑥

中国经济体量在世界银行统计中的国家排名，1980 年位居 12，在印度之后；10 年后的 1990 年勉强超过印度，排名 11；2000 年，中国位次提升到第 6；2010 年超越日本成为第二大经济体。中国人均 GDP 的排名，1980 年大约在 150 位，到 2000 年仍然排在 136 位。2010 年，中国人均 GDP 的排名已经接近 100 位，三年之后的 2013 年，中国排名位次已经提升到第 75 位。但是，在人均水平上，中国只有世界平均水平的 46%，美国的 12.16%，日本的 14.22%。

2013 年，按汇率计算，美国占世界总量的 22.43%，中国只有 12.34%，比美国低 10 个百分点。如果按购买力平价计算，美国占世

---

① 林毅夫：《2030 年中国超越美国》，《南方周末》2005 年 2 月 1 日。

② 世界银行国务院发展研究中心联合课题组：《2030 年的中国：建设现代、和谐、有创造力的高收入社会》，2011。

③ 王梦奎：《中国中长期发展的重要问题 2006—2020》，中国发展出版社 2006 年版。

④ 白泉、朱跃中、熊华文、田智宇：《中国 2050 年经济社会发展情景》，载课题组《2050 中国能源和碳排放报告》，科学出版社 2009 年版，第 893 页。

⑤ 同上书，第 644 页。

⑥ Gordan Chang, *The Coming Collapse of China*, New York：Random House, 2001.

界总量的 17.06%，中国占 16.08%，相差不到 1 个百分点。根据英国经济学人信息部预测，① 中国的经济总量按购买力平价在 2017 年超过美国，成为世界第一大经济体。2014 年 10 月，国际货币基金组织发布年度世界经济展望，在其数据库中，采用购买力平价核算国民经济总量，表明 2014 年中国经济总量会超过美国大约 2000 亿美元，比英国经济学人的预测时间提前三年，成为第一大经济体。但是，如果按汇率计算，中国经济总量大概在 2030 年与美国持平。② 但从人均水平上，中国到 2030 年，即使按购买力平价计算，中国也只有美国的 32.8%。

除了"中国崩溃论"者外，无论是中国还是国外研究均表明，中国到了一个转型期，特征就是经济增长速度要降下来，但是，人均收入水平和经济总量将不断攀升。造成这一转型的直接或表观原因，是经济增长的动力源泉出现了变化。中国经济增长，通常说是有"三驾马车"共同驱动，包括出口、投资和内需。中国经济的对外开放首先在沿海，就是因为原材料和市场两头在外，沿海地区具有区位优势。进入 21 世纪，中国加入世界贸易组织，很快融入世界经济一体化进程，低廉优质的劳动力和竞相优惠的土地供给表现出强劲的竞争优势，对外贸易成为拉动中国经济增长的火车头。在一定程度上讲，是外向型经济拉动了投资，如果说外国直接投资带动了产业的扩张，基础设施的大规模投入则是为了使对外贸易更为便捷。中国在 20 世纪 80 年代几乎没有高速公路，城市基础设施也极为有限，污水处理、地下轨道交通在许多大城市几乎都没有起步。中国的高储蓄率和强势的行政权力使得能源、交通和城市基础设施有足够的资金保障和实施效率。

相对说来，国内消费对经济的拉动较弱，与中国的城乡二元体制

---

① The Economist Information Unit，转引自 Wayne M. Morrison《中国的经济崛起：历史、趋势、挑战和对美国的影响》，美国国会研究署，2013 年 7 月。《浦东美国经济通讯》2013 年第 16 期（总第 350 期）。

② 见 Arvind Subramanian《保护开放的全球经济体系：为中国和美国设计的战略蓝图》，美国 Peterson 国际经济研究所政策简报 PB13－16。《浦东美国经济通讯》2013 年第 13 期（总第 347 期）。

和收入分配以及民生保障的制度安排关系密切。由于传统的治理方式
难以提供足够的安全保障，人们不得不压抑消费冲动，"省吃俭用"
被奉为美德，要增长，只能靠出口。中国的收入分配体制存在多重二
元体制安排，首先是城乡二元。城市居民的可支配收入是农村居民的
3 倍以上，而且这一数字包括数以亿计的统计为城市居民的农业转移
人口，由于按户籍的城市人口不足 40%，因而超过 60% 的人口的收
入水平和消费能力严重偏低。其次是国有经济与民营经济的二元分
化。国有企业多带有垄断地位，正式员工的收入、医疗、住房皆有相
应保障，而民营企业不仅缺乏医疗、住房保障，收入水平也多不足体
制内国企员工的 1/3。这就出现国有经济的员工消费意向不足，民营
经济员工的消费能力不足。中国从传统农业社会步入现代工业社会，
医疗、教育、养老、失业的社会保障程度低，社会覆盖面小，因而有
限收入也被储蓄，用以自我保障。

美国学者丹特认为，人口波动与经济波动存在相关性，人口的动
态变化是经济增长格局变化的一个内在原因，前者决定后者。[①] 从一
个人的生命周期看，丹特发现消费能力最旺盛的在 46 岁前后，因而，
他发现，消费高潮总是在 46 年后。1897—1924 年是美国生育高峰，
46 年后的 1942—1968 年，是美国经济的高速发展期，而"婴儿潮"
盛于 1937 年，1961 年达到顶峰，而 1983—2007 年美国经济空前繁
荣，相隔也是 46 年。战后日本经济增长速度惊人，被誉为"日本奇
迹"。表面上看，政府的产业扶持政策帮助企业免予严酷的国际竞争，
迅速壮大，从而在高附加值商品出口上形成竞争。但事实上，日本经
济增长与人口激增紧密相关，只是移民制度严苛，使繁荣期略晚于 46
年。这似乎不是巧合。人口学告诉我们，人类经济行为具有周期性，
美国对 600 种商品销量长期监测数据表明：年轻夫妇平均 26 岁结婚，
公寓出租量随之达到顶峰，因生儿育女，他们 31 岁左右首次置业，
孩子十几岁时，37—41 岁的夫妇会购买人生中最大的房产，孩子大学
学费支出峰值出现在父母 51 岁左右，孩子成人并离家后，夫妇们 53
岁时会购买豪华轿车……41 岁是借贷高峰，42 岁是消费最多的炸薯

---

① 哈瑞·丹特：《人口悬壁》，萧潇译，中信出版社 2014 年版。

条，而 46 岁是一生消费最高点。这意味着：出生潮加 46 年，即为下一轮繁荣高点。当然，这一周期也并不绝对，因为大规模移民也会带来人口快速变化；技术进步可以打破这一周期，但它转化为生产力需要一段时间，因此影响不会马上发生；人口寿命延长，会使消费最高点后延。人口增长为什么会带动经济增长？因为人口增加会带来消费增长，刺激生产进步，推动市场分工和专业化协作，给新技术应用提供更多的可能。

显然，外需不是无限的，是面临国际竞争的，因而存在波动性和不确定性，投资是一个长期过程，但基础设施和住房、汽车等耐用消费品的投资存在一个饱和度，一旦抵达，投资就变为维护折旧和更新，消费会随收入分配和社会保障的改善而有增加，但人口的峰值也会使消费总量趋势遭遇"天花板"。发达经济体的经济增长经历了一个从高到低再企稳的过程，中国经济增长进程，如果要避免经济危机和增长的"硬着陆"，主动调整适应进入增长的新常态。

2　外延增长的三重约束

中国经济增长转型的动力机制变化，不仅仅是因为动力因素自身，更重要的或根本的，是这些动力因子的变化，与人与自然和谐发展的外在制约有关，主要表现在三个方面：自然因子、人口要素和资本存量。

天人合一，首先必须认识天即自然，然后才能尊重并顺应之。自然因子是一种物理边界，技术进步可以舒缓某些紧约束，但对有些边界，目前的技术还难以拓展，例如地球的表面积，难以想象可以改变地球的结构和体积。即使是再先进、再有效的技术，在给定的时间和空间，其舒缓的幅度和速率也是有限的。因而，增长受制于自然的刚性约束，是经济转型的外在压力。这种压力首先来自生存环境的恶化和破坏。20 世纪 50 年代英国伦敦因大气污染而形成的光化学烟雾，超出中国当时的想象。改革开放以后，中国许多地方的信条和口号是"无工不富"，发展污染的工业制造业，能够迅速带来经济增长，因而许多地方的招商引资不设任何门槛，成为污染企业的"避风港"，吸引大量污染企业转移来到中国。就近的水源污染了，人们从更远的地方取水；浅层地下水没有了，就转向深层地下水；深层地下水没有就远距离调水；自来水不能饮用了，人们又转向矿泉水；矿泉水产量有限，人们就消耗能源净化污水工业化生产瓶装的纯净水作为饮用水。成本增加了，但是，人们收入提高了，能够支付，因而并没有介意。但是，从 2011 年开始在全国人口高度密集的大面积地区出现严重雾霾，使人们对自然的刚性约束发生了变化：我们不能瓶装空气，而空气比水更重要，每一秒钟都要呼吸新鲜空气。

　　自然约束的第二个方面是不可再生资源尤其是化石能源的价格飙升和存量快速衰减。20 世纪 70 年代初第一次石油危机前，人们没有感觉到资源的枯竭。价格的飙升给人们敲响警钟，但是，人们认为，不可再生资源的供给是一个价格问题，可以通过技术进步，探明和发现新的储量，提高效率，减少需求。实际上，过去 40 年人们所遵循的，就是这样一种应对路径。中国由于汽车产业发展滞后，对于石油的价格攀升反应并不灵敏，反而大量出口认为还是一种换取外汇的机会。因而，直到 1992 年，石油资源短缺的中国还是原油净出口国。中国一直认为储量丰富的煤炭，长期以来大量出口。进入 2010 年，中国开始大量进口煤炭，2013 年超过 3 亿吨原煤。对于可枯竭资源的开采，还不仅仅是一个资源枯竭问题。煤炭采空区塌陷问题、地下水系的破坏问题，已经成为生态灾难。页岩气似乎为化石能源的发展带来希望，但是，对于紧缺的水资源的大量消耗和对地下水的严重污染，从环境和资源的视角测算有些得不偿失。技术在不断进步，一方面，资源利用效率在不断提升，但是，技术的反弹效应和需求规模的不断扩大，使得对能源的消费总量不断增加。另一方面，探矿和开采技术的进步，使资源的极限快速逼近。不仅勘探的触角已经遍及陆地和海洋的任一角落，而且，一些低品位的矿产也得到开发。

　　第三个约束是可再生资源。可再生资源可以再生，但是，其再生的速率和总量是一定的。在很大程度上，生态文明的理念是维护和改善可再生资源的存量、速率和产出。这些资源是具有关联性质的土地、水和生物生产系统。土地面积是恒定的、不可以增长的，但是，其质量或生产力是可以经过改善而提升或造成退化而衰减的。水资源是循环再生的，但是，水资源的时间空间数量和分布并不是恒定的。水土流失使水源涵养能力下降，生态系统退化会使水循环发生改变。"竭泽而渔"、"焚薮而田"，则生产力毁灭，系统崩溃。因而，粮食安全，并不仅仅取决于土地数量，更取决于资源关联而形成的土地质量。具有一定产出水平的土地生产力，不仅是人类生存的基础，也有着支撑生物多样性、维系生态系统运行的功能。中国历史上的自然灾害，多是极端气候事件造成的土地自然生产力骤降而引发粮食严重短缺而形成的。20世纪90年代末期的退耕还林、还草、还湖，就是为了恢复自然生产力的努力。

如果说自然因子是外在极限量，人的生物学需求则是一种内在的约束。衣食住行的质量可以有巨大差异，但是，数量应该是有限的。例如营养摄取，如果每天的热量过低会引起营养不良，如果过高则会营养过剩。穿衣也是根据气候变化和身体状况而调整。在许多情况下，自然的是品质的。例如，如果让人选择自然通风和人工清风系统，自然通风更适合于作为自然一部分的人。生态文明的生活方式，并非是要多现代、多人工。马尔萨斯的"人口论"或20世纪70年代的"人口爆炸"理论试图论证人口的数量会按几何级数增长，而自然生产力产出按算术级数增长，后者速度永远赶不上前者，最终，人口增长将吞噬掉发展的成果。从现实看，几何级数的增长具有隐蔽性，比如一个池塘，荷叶每天增加1倍，30天后会将其全部覆盖，窒息其他生命，但直到第29天，我们都不会注意到危险存在，因为此时荷叶仅仅覆盖了池塘的50%。但是，这一人口的悲剧性后果在现代社会、后工业社会或生态文明社会，并不会成为一个必然威胁。发达国家的人口趋稳，一些步入后工业社会的国家人口已经长期处于负增长状态。

中国20世纪70年代末强力执行的"独生子女"政策，使中国的年人口增长率从20世纪70年代2.5%以上下降到2010年代初的0.5%以下。经过30多年的实施，国家人口计生委的统计资料表明，2011年之前，独生子女政策覆盖率大概占到全国内地总人口的35.4%；"一孩半"政策覆盖53.6%的人口；"二孩政策"覆盖

9.7%的人口（部分少数民族夫妇；夫妻双方均为独生子女的，也可生育两个孩子）；三孩及以上的政策覆盖了 1.3%的人口（主要是西藏、新疆少数民族游牧民）。2010 年 11 月进行的全国第六次人口普查数据显示，2000—2010 年年均增长率 0.57%，较之上一个十年——1990—2000 年的 1.07%年均增长率下降接近一半。2013 年，中国 60 岁及以上老人比例达到 13.26%，已经步入老龄化社会。联合国 2010 年修订的人口预测中间方案，[①] 表明中国的人口峰值将在 2025 年，总数不会超过 14 亿人口，2050 年人口降到 13 亿以内，2100 年则进一步减少到 9.4 亿。2013 年 11 月，党的十八届三中全会明确了放松人口政策的决定，多数家庭可以生育二胎。但从社会实际反应看，人口生育政策的宽松并不会影响人口长期趋势。

　　工业革命以来，由于技术创新和工程手段的进步，社会创造物质资产的能力和水平得到极大的提升和快速的扩张。这些物质资产主要包括铁路、高速公路、现代物流港口、机场、大型公民用建筑、能源服务设施、大型供水、排水和污水处理设施等。传统和历史上，中国的建筑以土木结构为特征，建筑质量差、使用寿命短，因而作为实物资产，存量有限。中国历史上具有文化特质的三大名楼——岳阳楼、黄鹤楼和滕王阁，或是火灾，或是自然损坏，总是在短时间内重建。工业文明下的技术手段，采用钢筋混凝土，寿命可在百年以上。例如武汉黄鹤楼，[②] 始建于三国时代的 223 年，屡建屡废，仅在明清两代，就被毁 7 次，重建和维修了 10 次。最后一座农业文明下的土木结构建于 1868 年，毁于 1884 年。仅存 16 年，遗址上只剩下清代黄鹤楼毁坏后唯一遗留下来的一个黄鹤楼铜铸楼顶。1981 年 10 月，黄鹤楼采用现代工程技术重建，相对于 100 年前的三层黄鹤楼，新楼高 5 层，总高度 51.4 米，由 72 根圆柱支撑，建筑面积 3219 平方米，规

[①]　United Nations, Department of Economic and Social Affairs, Population Division（2011）. World Population Prospects.

[②]　http：//baike. baidu. com/subview/1981/11187512. htm? from＿ id＝3558210&type＝syn&fromtitle＝% E6% AD% A6% E6% B1% 89% E9% BB% 84% E9% B9% A4% E6% A5% BC&fr＝aladdin.

模扩大了，防火抗震，维护投入低。自世界银行①汇集铁路总长度的数据以来，始自 1980 年，美国、欧盟等发达国家几乎就没有投资延伸铁路里程，许多国家例如英国，铁路运营里程从 1.8 万公里减少到 2012 年的 1.6 万公里。而同期中国的铁路运营长度从 5 万公里增加到 6.3 万公里。可见，在存量已经接近饱和或超过饱和的情况下，需要的只是投资维护和改造，相对于新建，对经济增长的拉动，有着巨大的差别。进入后工业社会的欧洲国家经过战后重建，房产存量已经能够基本满足甚至超过需求，房产资产存量已经饱和，因而，没有必要大规模地投资，房价也就不可能飙升或超越工薪阶层的支付能力。其他耐用消费品的实物存量也存在一个饱和度。例如小汽车，发达国家的每千人拥有量，在过去的 10 多年里，基本持恒甚至有所下降。美国每千人的小汽车数量，从 2000 年的 473 辆下降到 2011 年的 403 辆，表明美国的家庭小汽车拥有量已经饱和。

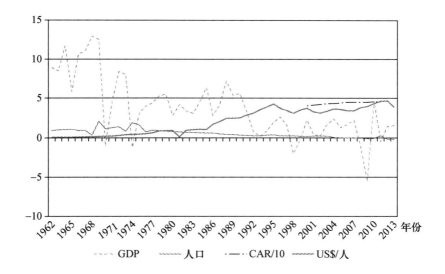

图 1　日本年均人口、经济增长率（%）和小汽车拥有量（小汽车/10 人）

和人均 GDP（万 USMYM，汇率，当年价）变化趋势（1962—2013）

资料来源：世界银行数据库。

---

① http：//data. worldbank. org/indicator/IS. RRS. TOTL. KM.

日本自 1990 年后，经济增长基本处于停滞状态，因而人们认为过去的 20 年，是日本失去的 20 年。图 1 是根据世界银行数据描述的过去 50 年间日本的年均人口、经济增长、年人均 GDP 和小汽车拥有数量的变化情况。日本的经济增长从 20 世纪 60 年代的 10%下降到 20 世纪 80 年代的 5%左右，然后陡跌至 1990 年到目前的近零乃至负增长，显然战后日本的工业扩张、城市化与物质资产积累的存量日渐饱和有着密切的关系。人口年均增长率从 20 世纪 60 年代的 1%下降到 20 世纪 90 年代的 0.3%到 2006 年以后的负增长，没有马尔萨斯的陷阱，没有人口爆炸的迹象，出现一种自然的自我极限。

从以上分析可见，工业文明下发展范式，克服和避免了农业文明发展范式下的低生产力和马尔萨斯的人口陷阱，物质财富得到极大地丰富和快速积累，经济增长遭遇"天花板"。高的生产率以物质消耗、污染物排放为代价，已经抵近乃至超出了地球的环境承载能力；在物质生活有保障和疾病控制、健康水平大幅提高的情况下，人口不仅没有爆炸，反而趋稳甚至下降，完成工业化国家的人口增长也逾越峰值。人类社会所需要和追求的物质财富，一旦进入后工业社会，进入饱和状态，进一步扩大的空间，受环境空间和社会需求的双重制约，而失去扩张的余地。

因而，工业文明发展范式下的增长极限，并非来自马尔萨斯主义的人口爆炸而形成的灾难，而是地球的刚性物理边界、人口数量封顶和实物资产存量的饱和。在这三重极限约束下，工业化的扩张型经济增长在进入后工业社会后，就成为不可能或者不必要了。既然工业外延增长遭遇三重极限的约束，社会经济发展需要或者能够实现的，是什么样的增长呢？

3　生态增长

面对经济下行，政府总是存在一种工业文明发展范式下的"需要增长，不能衰退"的惯性思维。这种关于经济增长的惯性思维背后，有一个古怪的逻辑：增长说明政策正确，而衰退则是政策失误。所以只能增长，不能衰退。这样一种增长的思维定式，在工业文明的理念下，根深蒂固。但是，对于进入后工业社会的发达国家，这一"刺激增长"的灵丹妙药，并不奏效，结果往往适得其反。

当经济周期到来时，为推卸责任，只有将其掩盖。而掩盖手法，无非是加大政府投入，结果造成社会整体效率降低，由于政府在经济运行中话语的比重越来越大，使集权度不断提升，不仅抑制民间创造力，还会将治理引入歧途。政府的外在强力干预只能短期有效，不可能持续。政府动用工业文明的制度机制，要求市场提供稳定、绝对平等、保障和治理的合法性，这其实是用牺牲未来换取暂时平安。

政府能加大投入，因为它的负债能力无与伦比，可债总是要还的，要么剥削下一代，要么靠量化宽松来稀释——钱不值钱了，债也就相对少了，这同样是花明天的钱，办今天的事。每次经济挫折，其实是淘汰旧生产力，为新生产力腾出空间，将多年积压的弊端集中释放，才能实现下一轮发展，不承认市场周期，靠欠债把问题拖下来，想象着无限的高速度的经济增长。被滥用的公权力不可能接受失败，宁可用更大的错误来掩盖曾经的错误，"量化宽松"就这样出台了，以刺激增长的名义，大量货币被投入市场。刺激消费的这一代人老去了，下一代人会长大，他们会带来新的增长。可问题在于，"量化宽松"使生活成本剧增，年轻人看不到希望，只好不结婚、不生孩子，不仅压抑了这一轮发展，连下一轮发展都被抑制了，虽然老一代人资本因此增值，可他们并不因此增加消费，财富被白白占用了。

20世纪80年代，日本经济实力大增，经济形势看好，使得日本的购买力在全世界凸显，日本国民也似都看好增长，有买下美国的预测或雄心抱负。但是，1990年陡然间，泡沫破灭。梦未圆，期盼高增长。因而日本政府自20世纪90年代初开始，一直施行低利率甚至零利率的货币政策，但是，并没有刺激多少增长。2008年金融危机后美国采取的量化宽松政策，效果也并不明显。中国在2008年金融危机后的4万亿元人民币的"强"刺激，5年以后尚难以完全消化。这就意味着，工业文明下的增长模式是有阶段性的。一旦跨越了工业化的阶段，必须转型，寻求一种新的增长范式。

英国是工业革命的发祥地，也是最早完成工业化进入后工业社会的国家。其城市化水平已经接近80%，所以没有多少依靠大规模城市化投入来保障和刺激经济增长的空间。由于基础设施房、屋、汽车等资产存量相对饱和，人口数量相对稳定，英国国内的市场空间有限，出口由于劳动力成本较高而不具备竞争优势。因而，英国早就停止了高资源消耗、高投入的工业化外延扩张方式寻求经济增长。这期间，英国的森林覆盖率在不断增加，也就是说，英国并没有为保增长而搞城市规模扩张和工业开发；相反，更多的土地用在了自然保护和森林建设。此时，英国转变增长方式，最大的特点是调整经济结构。1990年英国的第三产业在国民经济中的占比只有66.6%，到2013年，三产占比提升到79%，平均几乎每年提升1个百分点的三产比重。同期二产占比则从31.8%下降到20.3%，几乎产业结构调整的空间都来自二产和三产之间的此消彼长（见图2）。

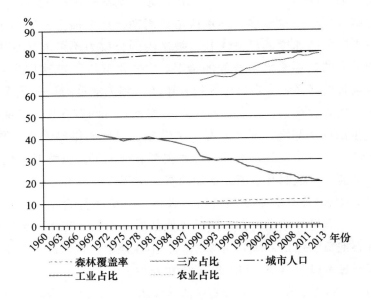

图2   英国经济社会格局和环境变化趋势（1960—2013）

资料来源：世界银行数据库。

如果说日本进入后工业社会的时间要晚于早期的工业化国家的话，其城市化进程就是一个比较好的能够说明问题的指标。英国从

1960年城市化水平接近饱和，此后基本没有任何提升。而日本在
1960年的城市化水平只有63.3%，比英国低15.1个百分点。日本的
森林覆盖率高达68.4%，应该说，如果城市拓展和工业扩张，完全有
可能将林地转化为工业或城市用地，而用以经济增长。但是，日本的
城市化水平在从77.8%增加到92.3%的情况下，其间森林覆盖率不
仅没有下降，反而还增加了0.2个百分点。同样，日本的产业结构也
发生了巨大变化，服务业占比从64.7%上升到73.2%，作为具有强
大工业竞争力、制造业高度发达的经济体，同期，二产占比从33.4%
下降到25.6%（见图3）。

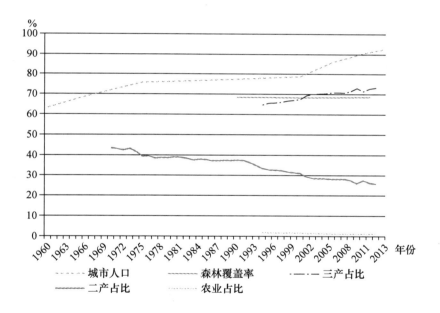

图3　日本产业结构变化趋势

资料来源：世界银行数据库。

　　英国和日本在森林覆盖率不断增加、环境污染得到治理的情况
下，完成了城市化进程和产业结构转型，在一定意义上，可以说是一
种生态转型，其增长尽管幅度低，但是，国民的社会保障和福利水平
没有降低，人均国民收入还有一定幅度的增加，因而也可以说是一种
生态友好型的增长。那么，生态增长有什么特点呢？第一，经济增长

速度低、幅度小，有时甚至为负，但是，这种增长避免大起大落的折腾式发展，经济是平稳的。第二，自然环境得到进一步改善，自然资产得到不断增值。不论是英国还是日本，陆地生态系统第一性生产力最高、生物多样性最高的森林面积在不断扩张，就是一个例证。第三，低的甚至是负的经济增长和工业、城市用地面积的减少，并没有导致国民生活品质的下降，反而得到提升。第四，认同三重极限约束，自然资产存量增加，实物资产存量趋近于饱和并得到有效维护，人口总量的自主约束得到实现，跳出了马尔萨斯的"人口陷阱"。第五，生态增长必须是真实的增长，而不是虚假的、不能够形成资产的增长。一幢大楼今天建明天拆后天又再建，均有 GDP，均引致增长，但是，这是一种徒劳的增长，折腾的增长，不真实的增长，因为并没有形成社会实物资产。但是，需要指出的是，发达国家的人均化石能源消费和碳排放，远高于保护全球气候允许排放量的碳预算额度，表明发达国家的消费模式在全球层面，超越了环境承载能力，还不是完全的生态增长。

对于尚在工业化中后期的中国，有两种选择：一是按部就班先行完成工业化进程，待全社会步入后工业化发展阶段后实施转型；二是在实现工业化的进程中同步转型，实现生态增长。作为后发的新兴工业化国家，资源环境约束不允许我们按照发达国家的工业化路径实现发展，一方面，我们还要继续工业化进程，加速实物财富的积累进程，使实物资产能够尽快接近饱和水平；另一方面，必须用生态文明对传统的工业化模式加以改造和提升。

唯 GDP 使得我们一切导向指向经济增长。不论是东部沿海，还是中西部地区，均认为工业和城市用地指标不够，摊大饼的城市发展和超大规模产业园区的圈地运动受阻，客观上要求内涵扩大再生产，抛弃外延扩张的传统路径。这就要求提升经济和生态效率，尊重自然环境承载能力的边界约束，将农业转移人口纳入城市一体发展，实现社会公正。这正是用生态文明理念对工业文明生产和生活方式的改造和提升。

首先，从增长速度上，工业化进程中的经济体与后工业化的经济体不会完全一致。中国的基础设施和其他实物资产还远没有达到饱和水平，因而我们的增长速度高于发达国家，并不意味着我们的经济增长就不是生态增长，关键要看是不是真实增长。真实增长体现在两个方面：一是看是否有真实的实物资产积累，二是看资源环境代价。许多大城市外延扩张中的城中村，其资源环境代价可能不是很大，但是，这些建筑没有规划，质量低下，基础设施不匹配，并不能形成真正意义上的实物资产，因而迟早要被拆迁、被改造。由于中国经济发展不平衡，各个地区的增长也并不必要完全一致。例如，东部发达地区受"三重极限"的约束较为明显，因而，增长的速度会低于中部和西部地区。其次，自然环境的资产存量和环境质量得到提升。由于中国的生态环境较为脆弱，承载能力相对有限，在工业化进程中，不仅需要考虑减少增长对环境的破坏，还要考虑改进环境的增长。再次，要实现社会公正。如果增长的收益不能惠及普通居民和穷人，共同富裕不能实现，社会就会有不稳定因素，这种不稳定因素对自然资产和发展而积累的实物资产都会形成威胁。这也是为什么发达水平越高，社会分配越公平，而欠发达国家和没有跳出中等收入陷阱的国家的基尼系数要远高于发达国家。这就意味着，生态增长也是以人为本的增长，不是为了少数人的增长。最后，生态增长必须是与自然相和谐、尊重自然的增长。许多城市利用现代工业文明的技术造摩天大楼，可以形成增长，也有实物资产的积累，但是，这种高楼需要消耗更多的生态资产来维护和运行，实际上不是一种顺应自然的发展。

4　稳态经济

生态文明下的经济增长，寻求生态增长，最终走向稳态经济。所谓稳态经济，有两种实现途径。一种是主动转型，另一种是被动转型。穆尔理想中的稳态经济，就是一种主动选择；而戴利所论证的稳态经济，则是一种边界约束下的被动顺应，也应该算是尊重自然的一种选择；而马尔萨斯或梅多斯极限约束，则是一种被动的、无奈的动态均衡，实际上是一种非稳态。

中国长达数千年的农业经济，具有一定的稳态属性，但是，多是一种被动的适应，而且随着农业技术进步和社会安定会有一定的增长，所以，是一种波动的稳态。由于生产力低下，生活品质低，社会物质财富匮乏，显然不是穆尔理想中所追求的稳态经济。更多的，我们或认为，具有一定马尔萨斯属性的动态稳定。新中国成立后，中国大力推进工业化，成为一个发展中的外延扩张的增长型经济。尽管出现波动，中国经济总体上一直处于增长状态。

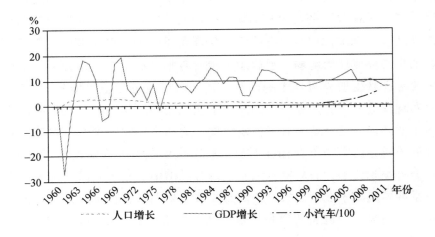

图 4   中国经济转型：迈向稳态经济

经过改革开放后 30 多年的高速增长，中国的物质财富已经有了一定的积累，但是，离发达国家的水平尚有较大差距，因而对高速经济增长的期盼还十分强烈。然而，由于环境承载能力和自然资源存量快速耗减，传统的发展方式受到质疑。中国每千人小汽车的拥有量，2000 年不足 10 辆，目前已经接近 100 辆。实物资产积累速度快。尽管小汽车拥有率只有发达国家的 1/4，中国原油对外依存度超过 60%，城市交通拥堵、雾霾严重，表明已经抵近容量极限。另一方面，中国人口发展格局发生巨大变化，20 世纪 70 年代普遍担忧的马尔萨斯人口陷阱，已经远离中国而去。而且，在 2025 年前后，中国人口就可能抵达峰值，比 10 年前预测的峰值时间提前 15 年，人口规模低 20% 左右，到 2100 年，中国的人口数量将比当前要减少约 1/3。

　　这是一些矛盾的信息。一方面，中国的物质财富积累还有一定的空间；另一方面，自然环境约束的刚性越来越明显，人口自我约束的极限也近在眼前。如果日本的增长轨迹具有借鉴意义的话：1950—1970 年年底长达近 30 年的 10% 的高位增长，到 20 世纪 80 年代的调整期或转型期 5% 的中速增长，到 20 世纪 90 年代以来的近零增长，从一个快速扩张性的经济体转变成为一个具有稳定状态的经济。日本 20 世纪 80 年代的人口增长率与当前中国的水平大致相当，在 0.5% 左右；进入近零增长的 20 世纪 90 年代，日本的人口增长率大约在 0.3%；进入 21 世纪，日本的人口增长率进一步下降，自 2006 年后进入负增长。尽管中国人口政策出现一定程度的宽松，人口变化的格局可能比日本要趋缓一些，但是，中国的人口总的发展态势与日本具有一定程度上的相似性，而且人口老龄化的速度和规模要快于日本，尤其是数以千万计的失独家庭，他们并不需要多少物质资产的积累和消费。从这一意义上讲，日本经济转向近零但是品质的增长，对中国具有借鉴意义。

　　在这样一种情况下，中国经济面临的下行态势，是一种正常趋势，或者说是一种必然。日本经济从 20 世纪 70 年代的 10% 的增长率陡然降低一半到 20 世纪 80 年代的 5% 左右是一种正常现象，那么，中国经济在"十三五"（2016—2020）期间下降到 5%，就没有必要大惊小怪了。进入 2020 年后，中国经济增长率进一步下降到 3% 或者以下，也不足为奇。

　　如果是这样，我们面临的不是一种经济增长下行的风险，而是经济增长从高速转向低速而后迈向近零增长的必然趋势。我们现在要做的，不是保增长的速度，而是保增长的质量，确保经济增长是真实的增长，有物质财富积累的增长，而不是折腾。此外，或者说更重要的，是要保障社会公正。日本的经济增长转型，时间非常短，前后不过 10 年时间，增长率从 10% 左右陡降至近零水平。日本社会没有出现社会动荡，一个主要原因就在于日本的收入分配相对来说比较公平，日本的基尼系数在发达国家是处于较低水平的。中国由于历史上形成城乡二元结构，在改革开放后快速经济增长时延伸到城市内部的户籍与非户籍二元结构，垄断性高收入的国有经济和竞争性相对低收入的民营经济的二元体制，严重阻碍了经济增长的收益公平地惠及全体国民的进程。这就使得中国社会表现出一定的脆弱性，一旦经济增长出现较大波动，社会稳定就成为难题。

最后，要保生态环境。近零增长实际上是一种生态增长，经济增长与生态系统的自然生产率的增长具有互通性，我们所消耗的，是生态系统的净增长，没有消耗生态环境的自然资产存量。保住了生态环境，就是保住了家园，保住了经济增长的基础。因而，任何破坏自然、毒化环境、危害生态的生产和生活范式，都必须严加制止。

中国的人口态势和资源环境为我们的增长转型提供了内在和外在的条件和压力。目前已经高达数以千万计的失独家庭、2020 年后进入老龄阶段的大量人口，寻求的不是物质资产的积累和占有，而是优美的生态环境和基本的社会保障。迈向稳态经济，是一种自觉，一种必然。

高效生态经济研究的理论基础[*]

张卫国

（山东社会科学院经济研究所　济南　250002）

摘　要：地球高熵化、生态经济系统是生态系统与经济系统的有机统一、生态经济的演化经历从低效到高效的历史过程；影响生态经济系统的政治、文化、社会等各种因素都可以内生化为生态经济研究模型中。高效生态经济是指在地球上存量十分有限的化石能源消耗殆尽之前，通过卓有成效地调控低熵矿石和化石燃料向高熵废物和燃烧化石燃料产生的废能转化的流量，达到既能"细水长流"又能经济效益最大化的经济形态。它也是具有最典型生态经济系统特征的发展模式。产业生态化，消费生态化，效益生态经济化，经济制度生态文明化，最终表现为生态经济体系高效运转，生态系统与经济系统有机统一，经济文明、政治文明、社会文明、文化建设、生态文明协调发展。

关键词：生态经济；高效生态；研究基础

1　引言

高效生态经济本质上是一种生态经济，那么，为什么在已有生态

---

* 本文得到了"泰山学者"建设工程专项经费的资助。

经济概念的同时，还要提出高效生态经济的概念？我们知道，在美国等市场经济发达的国家和地区，自 20 世纪 60 年代生态经济学科体系建立至今，实际上一直存在着"生态经济学"和"环境经济学"两种版本抑或两种学科体系。前者关注生态承载力，因而特别注重经济活动规模对环境退化的影响；后者则关注新古典经济学关于环境、能源等自然资源的有效配置问题，因而特别注重如何将环境污染等外部不经济问题通过价格（价值）机制内生化为使得自然服务有效或最优的理论模型中。现实是，世界各国纷纷采用迄今为止对资源配置最有效的市场机制来促进经济活动，交易许可证制度、环保税等与市场机制紧密相关的环保管理工具也已经分别在美国和欧盟运用（克洛德·热叙阿等，2013），"生态经济学"漠视市场机制配置资源有效作用的生态价值观多少有些偏离现实；而"环境经济学"撇开自然服务稀缺这一前提，也是被诟病的主要原因。此外，"环境经济学"需要与其他社会科学，如集体选择理论、社会学、心理学和正规伦理学结合起来，才能充分显示出其综合性的魅力（约翰·伊特韦尔等，1996）。进入 20 世纪 90 年代以后，随着可持续发展理论的兴起，两种理论越来越朝向同时实现生态可持续性和经济可持续性的理想状态演进，即"增加人类财富"的同时确保"生态足迹保持在全球承载能力以下"（彼得·巴斯特姆，2010）。在中国，自 20 世纪 80 年代"生态经济学"学科体系确立以来，就一直主张生态经济系统是生态系统和经济系统相结合的有机整体，应当重点研究生产力、生产关系与生态关系三个系统的结合关系及其规律，特别是着眼于这个复合系统来研究人类社会的经济关系、经济行为及其效果（许涤新等，1987），这就克服了上述"生态经济学"与"环境经济学"两种学科体系存在的生态主张理想化与市场主张极端化的两种片面的主张问题。

在"过冲"（overshoot）（德内拉·梅多斯等，2013）等人类行为的累积尚没有或远未达到使环境承载能力彻底崩溃或"增长的极限"（limits to growth）时，我们不仅应当以自己选择的范式对已经充满生态危机的地球未来进行忧思（乔根·兰德斯，2013），而且也应当探求生态系统与经济系统有机整合、协调发展的理论模式——如何既实现生态可持续发展目标，又实现经济可持续发展目标的典型模式。我们把高效生态经济发展模式或形态作为此一目标的最佳选择。

高效生态经济隶属生态经济学范畴，研究时间相对较短，是在生态经济研究逐渐成熟的背景下提出来的。有学者认为高效生态经济在20世纪60年代起端于美国（刘克英，2004；张银亭，2004），但高效生态经济的本质内涵是什么，它与生态经济有何区别，这些问题至今未得到统一共识。美国生态经济起源于20世纪60年代，但生态经济不能等同于高效生态经济。中国能追溯到的高效生态经济研究在2000年以后。考察国内高效生态经济研究历程，具有典型的实践推动理论发展的特征。1999年，山东省东营市率先提出建设"高效生态经济示范区"的设想，高效生态经济引起理论界的关注，逐渐成为生态经济研究的一个热点问题，取得一系列研究成果。2009年12月1日中华人民共和国国务院通过的《黄河三角洲高效生态经济区发展规划》，将高效生态经济界定为："高效生态经济是指具有典型生态系统特征的节约集约经济发展模式。"大部分文献集中于黄河三角洲高效生态经济区相关发展的研究。有学者对高效生态经济发展的一般性问题进行了研究，如最近有学者基于中国经济发展新常态背景，通过"环境库兹涅茨曲线"（EKC）对高效生态经济发展方式进行了实证研究，发现高效生态经济区呈现出科技创新能力与劳动生产率同步提升，以及生态环境质量与城乡居民收入同步提升的趋向（孙晓雷、何溪，2015）。总体而言，高效生态经济的理论研究还相对不足：从研究方向来看，针对黄河三角洲高效生态经济区的实践发展研究较多，基本理论研究较少；从研究深度来看，针对高效生态经济发展的规律性、深层次性研究不足；从研究内容来看，缺乏统一范式和应有共识。

本文接下来的安排是，第二部分，合理界定高效生态经济概念；第三部分，实证分析高效生态经济形态的存在，进而说明高效生态经济概念提出的合理性；第四部分，是对高效生态经济概念的进一步拓展；第五部分，全文总结。

2　概念界定

2.1　高效生态经济概念的理论前提之一：地球演化的高熵化[①]

我们先引入热力学中熵的概念，热力学第一定律和热力学第二定律。所谓熵是体系的状态函数，其改变量只决定于体系变化的始终态而与变化的途径无关。当体系的状态发生一个微小变化时，体系熵的改变量与实际过程热温熵之间有下列关系：

$$ds \geqslant \frac{\delta Q}{T} \begin{cases} > 表示实际过程是不可逆的 \\ = 表示实际过程是可逆的 \\ < 表示实际过程是不可能发生的 \end{cases} \qquad (2-1)$$

式中，ds 表示体系的熵变量，δQ 表示过程中体系从温度为 T 的环境中吸收的能量。热力学第一定律的一种说法指出，不可能制造一种机器，外界不供应能量而能不断地对外做功。热力学第二定律的开尔文（Kelvin）说法指出，从一个热源吸热，使之完全转化为功，而不产生其他变化是不可能的。[②] 在生态经济学场合，我们可以通俗地说：热力体系中，不能利用来做功的热能可以利用热能的变化量除以温度所得的商来表示，这个商叫作熵。[③] 热力学第二定律指出，孤立系统只能朝熵增加的方向发展。虽然物质和能量数量上守恒（第一定律），质量却不守恒。熵就是质的测量，它是测量利用程度、结构随机性或物质和能量的可用性的基本物理手段。假定宇宙是一个孤立系统，根据热力学第二定律，宇宙自然的趋势是走向"混乱"而不是"有序"。

---

① 关于地球演化高熵化的解释以及本部分高效生态经济概念的概括，参见张卫国主编《山东经济蓝皮书——2012 年：高效生态经济赢取未来》，山东人民出版社 2011 年版，第 16—18 页。

② 关于熵概念及其度量，热力学第一、第二规律的表述参见《大学化学手册》，山东科学技术出版社 1985 年版，第 731—732 页。

③ 中国社会科学院语言研究所词典编辑室编：《现代汉语词典》，商务印书馆 1996 年版，第 1105 页。

假定地球是一个封闭系统，则矿石和化石燃料的固定存量（低熵）通过可调节的流量（消费率）将不断转化为废物和燃烧化石燃料产生的废能（高熵）。最终，人类将越来越依赖于有限的低熵资源。即使宇宙系统中总量巨大的太阳能通过固定流量补充给地球，但太阳能最终也要变成废热，并且低熵太阳能将向外层空间辐射，地球在一定时间内只能利用其很小一部分。①

2.2   高效生态经济概念的理论前提之二：生态经济系统是生态系统与经济系统的有机统一

建立这一理论前提又必须在环境承载力或生态足迹阈值、经济增长极限等尚未或远未达到之前，同时摒弃以往"生态经济学"片面追求生态目标的生态幻想，"环境经济学"漠视生态服务短缺前提过分强调市场机制有效调节资源作用这两种不切实际的研究思维。说到底，从经济哲学的角度看，生态经济系统是生态关系、生产力与生产关系的有机结合。其中，科学技术使得生态、能源等自然资源的减量化成为可能；不断完善的市场经济体制使得对资源的高效利用成为可能，更为重要的是，"科学技术进步＋市场体制完善"使得高校生态经济模式或形态成为可能。

2.3   高效生态经济概念的理论前提之三：生态经济的演化经历从低效到高效的历史过程

不失一般性，人类社会经济发展遵循社会生产力发展规律以及相应的社会生产关系发展规律，呈现出农业经济→工业经济→知识经济的社会经济形态发展轨迹（张卫国，1998）；则人类社会生态经济发展也一定会遵循低效生态经济（传统农业经济）→生态经济（工业经济）→高效生态经济（知识经济）的发展轨迹（见图1）。这是生态系统与经济系统并行演进，生态关系、社会生产力与社会生产关系同时演进，科学技术进步与社会经济体制相伴创新的必然结果。在高熵化的地球尚没有或远未因为"过冲"达到环境承载能力极限、生态足迹阈值、经济增长极限等"崩溃"（collapse）之前，这是我们所能

---

① 参见 Herman E. Daly，Joshun Farley《生态经济学——原理及应用》中译本，黄河水利出版社 2007 年版，第 28—29 页。

够表达的"有管控的下降"（managed decline）的理论阐释。图 1 中，横坐标选择了时间变量，而不是大多数环境库兹涅茨曲线描述者所采用的人均经济总量（人均 GDP）指标，这是因为生态经济的高效化过程一旦出现，未必选择人均 GDP 增长；相反，在保持必要的人均 GDP 占有水平的前提下，获得期望效用或幸福感的目标追求可能仅仅是生态服务价值水平的不断提升。此外，低效生态经济渐近线与高效生态经济渐近线的不同在于，前者污染指标随时间变量变化的曲线趋近于一条不可避免的较低的基本污染水平线，表示人类社会经济活动所造成的环境污染程度较低；而后者污染指标随时间变量变化的曲线趋近于一条不可避免的较高的基本污染水平线，说明人类社会经济活动所造成的环境污染程度已经很高，这是地球高熵化、人类片面追求经济效益、忽视生态平衡和环境保护等因素所导致的后果，也是难以改变的恒定常量——地球演化过程不可逆，也是人类以往经济活动所必然付出的代价。

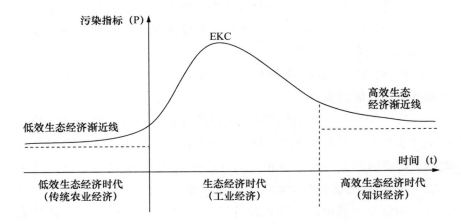

图 1　生态经济演进示意

传统农业经济时代，市场经济体制不发达，经济效益低下，但环境污染程度低，在基本污染水平线上存在一条污染随时间缓慢变化的渐近线，属于低效生态经济时代；工业经济时代，[1] 正向发达市场经

---

① 包括传统工业经济和新型工业化两大阶段。

济转型，经济效益趋于提高，环境污染随时间的变化经历先高后低的倒"U"形变化过程，属于一般生态经济时代；知识经济时代，完善的市场经济体制已经确立，经济效益稳定在高水平，环境污染程度在新的基本污染水平线上①随时间的变化更加缓慢，形成一条污染随时间变化的新的渐近线。

基于上述三个理论前提分析，我们现在可以将高效生态经济的概念定义如下：高效生态经济是指在地球上存量十分有限的化石能源消耗殆尽之前，通过卓有成效地调控低熵矿石和化石燃料向高熵废物和燃烧化石燃料产生的废能转化的流量，达到既能"细水长流"又能经济效益最大化的经济形态。它也是具有最典型生态经济系统特征的发展模式。产业生态化，消费生态化，效益生态经济化，经济制度生态文明化，最终表现为生态经济体系高效运转，生态系统与经济系统有机统一。

3　实证分析

中国是一个发展中的人口、经济总量、化石能源等自然资源消耗总量大国，这些指标相应的全球占比都排在世界前列；中国还是一个处于发展由传统工业经济向新型工业化、改革由高度集中的计划经济体制向市场经济体制转变的双重转型时期的发展中国家。研究中国高效生态经济发展的现实可能性，具有全球范围的典型意义。转型期中国也具有典型的"财政联邦主义"特点，地方政府特别是省级地方政府作为具有相对独立经济利益的经济主体，在中央政府、企业等经济主体之外，对经济活动发挥着重要作用，特别是直接参与经济活动，拥有重大经济发展事宜决策权，乃至成为起主导作用的投资主体，这一切已经成为研究共识。对于发达西方国家来说，主流经济学教科书所研究的经济主体主要是政府与企业这两种对象，而在转型期中国则

---

①　因为经济发展水平高，而同时地球高熵化演化，这一水平将比传统农业经济时代或低效生态经济时代的高。

十分有必要特别关注地方政府这一经济主体，这是一个处于政府与企业两种对象之间的特殊的研究对象。运用中国省级面板数据，分析地方政府投资行为、地区性行政垄断和经济长期增长之间的关系（模型3-1至模型3-4），我们得出了如下两个相互联系的命题：

$$gdpg_{it} = \alpha_i + \beta_1 govinvg_{it} + \beta_2 divs_{it-1} + \beta_3 divs_{it-1}^2 + \beta_4 fdin_{it} + \beta_5 fdout_{it} + \beta_6 X_{it} + \varepsilon_{it} \tag{3-1}①$$

$$pergdpg_{it} = \alpha_i + \beta_1 divs_{it-1} + \beta_2 divs_{it-1}^2 + \beta_3 perginvg_{it} + \gamma X_{it} + \varepsilon_{it} \tag{3-2}②$$

$$perginv_{it} = \alpha_i + \beta_1 pergdpg_{it} + \beta_2 divs_{it-1} + \beta_3 divs_{it-1}^2 + \beta_4 fincome_{it} + \varepsilon_{it} \tag{3-3}$$

$$divs_{it} = \alpha_i + \beta_1 pergdpg_{it}^2 + \beta_2 pergdpg_{it} + \beta_3 perginv_{it} + \gamma X_{it} + \varepsilon_{it} \tag{3-4}$$

命题1：经济长期高效增长是可能的，市场经济体制的不断完善有助于经济高效增长。运用模型3-1，基于中国29个省份1987—2007年面板数据所作的实证检验结果表明：地方政府投资行为对经济长期增长有着显著的促进作用；但现阶段市场分割对地区经济增长具有倒"U"形影响，短期内地方政府有激励实施一定程度的行政垄断，长期行政性垄断必然以损害经济的长期增长为代价（张卫国等，2010）。运用模型3-2至模型3-4，依据1994—2007年中国省级面板数据分析地方政府投资行为、地区性行政垄断及经济增长之间关系的结果表明：现阶段地方政府投资及地区性行政垄断均有效促进了地方经济增长，并且两者具有明显替代效应；但长远来看，地区性行政垄断不利于全国整体市场规模经济效应的发挥，政治租金的获得损害了经济效率（张卫国等，2011）。

命题2：在工业经济时代，环境库兹涅茨曲线（EKC）的存在是

① 模型3-1参见张卫国、任燕燕、侯永建《地方政府投资行为对经济长期增长的影响——来自中国经济转型的证据》，《中国工业经济》2010年第8期，第23—33页。
② 模型3-2至模型3-4参见张卫国、任燕燕、花小安《地方政府投资行为、地区性行政垄断与经济增长——基于转型期中国省级面板数据的分析》，《经济研究》2011年第8期，第26—37页。

现实可能的。[①]

简要的理论分析。[②] 假设经济体中的个体无差异，代表性个体在时期 t 的效用 U（·）除了取决于其消费 C_t 外也取决于其生存所处的环境水平 S_t。与消费量一样，环境水平也是个流量而非存量。进一步地，假设环境水平与 CO_2 排放量负相关，最简单的情形是

$$S_t = S_0 - ae_t$$

其中 S_0 可视为原生态自然条件下的环境水平，e_t 为 CO_2 排放量，排放每多增加一单位，环境水平便下降 a。

在社会的生产方面也考虑最简单的情形：忽略掉折旧，假设最终产品 Y_t 既可消费又可投资，这里不妨把投资分为生产性投资和致力于改善环境的减排投资 X_t。记减排投资的资本存量为 K_t^X，则生产性资本存量和减排资本存量的动态方程为

$$\dot{K}_t = Y_t - C_t - X_t - b_t$$

$$\dot{K}_t^X = X_t$$

其中 b_t 为时期 t 对减排的支出，但假定 b_t 不形成资本存量，而排放量 e_t 则是产出 Y_t，排放资本存量 K_t^X 和减排支出 b_t 的函数

$$e_t = e(Y_t, \ K_t^X, \ b_t)，\text{其中} \ e_{K^X} < 0, \ e_b < 0$$

设想地方政府决策本地区最优的生产、消费和排放配置。连续时间下其目标函数为代表性个体贴现的终生效用，该优化问题刻画为

$$\max_{\{C_t, X_t, b_t, K_t, K_t^X\}} \int_0^\infty e^{-\rho t} U(C_t, S_t) dt$$

$$s.t. \ \dot{K}_t = Y_t - C_t - X_t - b_t$$

$$\dot{K}_t^X = X_t$$

该最优控制的现值汉密尔顿函数（Current-value Hamiltonian）为

$$\hat{H} = U(C_t, \ S_t) + \lambda_{1t}(Y_t - C_t - X_t - b_t) + \lambda_{2t} X_t$$

---

① 原因已如前述，这正是生态经济由低效向高效演进的工业经济时代，科技不断进步、市场经济体制不断完善的双重结果。

② 这一命题的理论分析与计量实证参见张卫国、刘颖、韩青《地方政府投资、二氧化碳减排与二氧化碳减排——来自中国省级面板数据的证据》，《生态经济》2015 年第 7 期，第 14—21 页。

当中 λ 皆为动态拉格朗日乘子。求解一阶条件和横截条件,

$$\frac{\partial \hat{H}}{\partial C_t} = U_C - \lambda_{1t} = 0$$

$$\frac{\partial \hat{H}}{\partial X_t} = -\lambda_{1t} + \lambda_{2t} = 0$$

$$\frac{\partial \hat{H}}{\partial b_t} = -U_S a e_b - \lambda_{1t} = 0$$

$$\frac{\partial \hat{H}}{\partial K_t} = \rho \lambda_{1t} - \dot{\lambda}_{1t} = 0$$

$$\frac{\partial \hat{H}}{\partial K_t^X} = \rho \lambda_{2t} - \dot{\lambda}_{2t} = 0$$

$$\lim_{t \to \infty} e^{-\rho t} \lambda_{1t} K_t = 0, \text{ 以及 } \lim_{t \to \infty} e^{-\rho t} \lambda_{2t} K_t^X = 0$$

从第一个和第三个一阶条件得

$$a \frac{U_S}{U_C} = -\frac{1}{e_b}$$

U_S / U_C 可视之为效用最大化的消费者愿意为一单位边际环境水平支付的以消费为度量的价格,于是,$a U_S / U_C$ 为单位排放的边际社会成本。不妨定义 $\tau = -1/e_b$ 为减少排放的边际成本,于是上式表示边际减排成本等于排放的边际社会成本。从最后两个一阶条件可知

$$\frac{\dot{\lambda}_{1t}}{\lambda_{1t}} = \frac{\dot{\lambda}_{2t}}{\lambda_{2t}} = \rho$$

即两种投资的影子价格的增长率在社会最优处应恰好等于贴现率。

汉密尔顿方程中的每一个流量恰好构成度量整体经济福利(Economic Welfare)的一个合意指标,

$$EW = C_t + \dot{K}_t + \dot{K}_t^X + \frac{U_S}{U_C} S_t$$

其中 $\dot{K}_t$ 为生产投资,$\dot{K}_t^X$ 为减排投资,$\frac{U_S}{U_C} S_t$ 为经济相对价格调整后的环境水平,它除以消费的边际效用只是将环境水平转换为以消费度量。将环境水平与 CO_2 排放量的关系式代入上式得

$$EW = C_t + \dot{K}_t + \dot{K}_t^X + \frac{U_S}{U_C} S_0 - \tau e_t$$

　　由此，当前的 CO_2 排放水平降低经济福利（以边际减排成本或边际社会成本来度量），而生产性投资和减排投资均能够平衡排放拉低经济福利的力量。各地方政府在起步之初生产性投资 $\dot{K}_t$ 偏高而减排投资 $\dot{K}_t^x$ 不足时，会使得 CO_2 排放量 e_t 逐渐增高。只要生产性投资对福利的拉动超过排放效果，社会经济福利是提升的。社会福利一旦提升便难以下降，此时排放日趋严重，因此地方政府会增加减排投资 $\dot{K}_t^x$ 来缓解本地区福利下行的压力。而 CO_2 排放量 e_t 是 $\dot{K}_t^x$ 的减函数，是故 CO_2 排放在这个阶段势必增长趋缓或排量下降。因此，地方政府投资对于 CO_2 排放具有倒"U"形影响，即在地方政府投资初期生产性投资偏高而减排性投资相对不足，CO_2 排放会随着地方政府投资的增长而逐渐上升；在发展后期地方政府出于调整经济结构、转变发展方式的需要会增加减排性投资的力度，而减排性投资与排放量负相关，因此 CO_2 排放会随着地方政府投资的增长而渐趋下降。

　　计量实证结果。运用动态面板模型（模型 3 - 5、模型 3 - 6），根据中国 1995—2010 年省级面板数据分析中国地方政府投资与 CO_2 排放之间关系的结果表明，中国地方政府投资偏差与 CO_2 排放偏差显著正相关。同时，地方政府投资对于中国 CO_2 排放具有倒"U"形影响，即地方政府投资初期促进了 CO_2 排放，而随着地方政府投资的逐渐增大，CO_2 排放呈现先恶化后改善的态势。

$$C_{it} = a + \rho C_{i,t-1} + \beta_1 invest_{it} + \beta_2 invest_{it}^2 + Z_{it}\delta + u_i + \varepsilon_{it} \qquad (3-5)$$

$$\Delta C_{it} = \rho \Delta C_{i,t-1} + \beta_1 \Delta invest_{it} + \beta_2 \Delta invest_{it}^2 + \Delta Z_{it}\delta + \Delta \varepsilon_{it} \qquad (3-6)$$

4　概念拓展

4.1　理论分析

　　生态经济发展自低效走向高效是一个涉及经济、政治、文化、社会、生态发展的复杂过程。不仅需要依靠科学技术的不断进步以最大限度地延缓地球高熵化的速度，而且需要不断完善市场经济体制以最大限度地优化配置自然资源和社会经济资源；必须遵循生态关系、生产力和生产关系的演化规律，更需要遵循三者内在的必然联系；必须考虑生态系统与经济系统的有机统一，还必须充分认识政治、文化、社会等各种因素对整个生态经济系统的影响。理论上，影响生态经济系统的政治、文化、社会等各种因素都可以内生化为生态经济问题研究模型之中——生态经济研究方法的理论范式是多种多样的，这再一次说明生态经济研究魅力正在于其学科的综合性。

（1）政治因素的影响。国家与地区之间的不和谐尤其是冲突与战争，在消耗大量人类社会财富的同时，也常常伴随大规模自然资源、生态环境和生活条件的破坏，残酷的常规武器战争、核泄漏乃至核爆炸、生化武器使用、暴恐事件等，都会在很大程度上引致这一破坏。近年来，主流经济学家纷纷把可能引发冲突与战争的地缘政治因素置于经济分析模型中，就是对我们的很好启示。不同政治主体之间的利益纷争，国家治理体系和国家治理能力的现代化等，都会对生态治理产生重大影响。

（2）文化因素的影响。文化的"亨廷顿冲突"客观存在，价值观及其制度取向深深影响到对生态文明的认知水平、目标追求和制度设计；作为知识、创意、科学技术的文化，直接影响到自然资源开发利用效果、物质生产减量化、生态足迹分布及深度、环境承载力可持续性等；作为语言、媒体、文学、表演等为载体的狭义文化深深影响到生态经济信息交流、传播和共享，生态文明成果的共享。特别是，文化对于人类的经济、政治、社会等各种行为选择具有根源决定性，文化具有极大的外部经济效果，这将简化生态足迹、生态能值分析、生态服务价值等各种生态经济数量分析方法和绿色 GDP 核算体系所不能解决的大量难题，只要有真正的人类生态文明共识和行为选择，则一切数量分析方法和生态经济核算体系似乎都只有一定的参考作用了，甚至没有也可。

（3）社会因素的影响。生态经济系统是生态系统与经济系统的有机统一，本质上也是社会经济系统，而社会经济系统必须处理好人与自然、人与社会以及人与自我的关系。人与自然如何相处，目前已经克服了"人定胜天"、"征服自然"的错误观念，形成了尊重自然、与自然友好相处的理念；人与社会如何相处，目前已经形成了小家服从大家、先天之乐而乐的价值观的主流社会价值观，说到底，作为地球村居民，必须对气候变化、贫困问题、跨境污染、和平与和谐秩序等各种社会问题，提出统一的社会治理方案。广义上说，以上政治因素、文化因素等在内的各种社会因素，都将影响到生态经济发展的历史进程。

4.2　经验启示

转型发展的人口、经济总量、化石能源等自然资源消耗总量大国中国，正在努力实现国家发展道路或发展模式由市场原教旨主义的"华盛顿共识"，向以人为本，全面、协调、可持续发展转变，[①] 复又向经济建设、政治建设、文化建设、社会建设、生态文明建设"五位一体"文明发展总体布局的"北京共识"转变。进一步，党中央提出了全面建成小康社会、全面深化改革、全面依法治国、全面从严治党的战略布局，这必将引导生态经济发展由低效走向高效，并开辟出一条具有转型期发展中大国经济体特色的生态经济演进之路。

基于上述分析，我们把高效生态经济概念拓展为：高效生态经济是指在地球上存量十分有限的化石能源消耗殆尽之前，通过卓有成效地调控低熵矿石和化石燃料向高熵废物和燃烧化石燃料产生的废能转化的流量，达到既能"细水长流"又能经济效益最大化的经济形态。它应当是具有最典型生态经济系统特征的发展模式。产业生态化，消费生态化，效益生态经济化，制度生态文明化，最终表现为生态经济体系高效运转，生态系统与经济系统有机统一，经济文明、政治文明、社会文明、文化建设、生态文明协调发展。

5　全文总结

第一，统一生态经济理论研究框架，同时摒弃忽视市场经济作用，片面强调生态足迹阈值、自然资源开发利用物理规模限制、环境

---

① 　参见张卫国《从"马歇尔收敛"到"转型中自生"：中国经济转型的经验》，《学术月刊》2008 年第 12 期，第 65—70 页。

承载力极限或生态服务短缺的生态经济学研究视角，与过度强调市场机制有限调节作用，忽视地球高熵化演化，客观存在生态经济阈值、自然资源开发利用物理规模、环境承载力极限生态服务短缺的环境经济学研究视角这两种视角，建立生态系统与经济系统有机统一的生态经济系统的科学视角。探求生态系统与经济系统有机统一的生态经济系统的最佳实现形式，即生态系统与经济系统有机结合的最佳模式——高效经济形态的实现形态。

第二，因为地球高熵化、生态经济系统是生态系统与经济系统的有机统一、生态经济的演化经历从低效到高效的历史过程这三个理论前提的现实存在，我们可以把高效生态经济概念定义为：高效生态经济是指在地球上存量十分有限的化石能源消耗殆尽之前，通过卓有成效地调控低熵矿石和化石燃料向高熵废物和燃烧化石燃料产生的废能转化的流量，达到既能"细水长流"又能经济效益最大化的经济形态。它也是具有最典型生态经济系统特征的发展模式。产业生态化，消费生态化，效益生态经济化，经济制度生态文明化，最终表现为生态经济体系高效运转，生态系统与经济系统有机统一。

第三，经济长期高效增长是可能的，市场经济体制的不断完善有助于经济高效增长；在工业经济时代，环境库兹涅茨曲线（EKC）的存在是现实可能的，这两个相互联系的命题，在转型中国计量实证，进而说明上述高效生态经济概念的提出是合理的。

第四，理论上，影响生态经济系统的政治、文化、社会等各种因素都可以内生化为生态经济问题研究模型之中——生态经济研究方法的理论范式是多种多样的，这再一次说明生态经济研究魅力正在于其学科的综合性。转型中国的经验也同时启示我们：拓展的高效生态经济概念可以表述为：高效生态经济是指在地球上存量十分有限的化石能源消耗殆尽之前，通过卓有成效地调控低熵矿石和化石燃料向高熵废物和燃烧化石燃料产生的废能转化的流量，达到既能"细水长流"又能经济效益最大化的经济形态。它应当是具有最典型生态经济系统特征的发展模式。产业生态化，消费生态化，效益生态经济化，制度生态文明化，最终表现为生态经济体系高效运转，生态系统与经济系统有机统一，经济文明、政治文明、社会文明、文化建设、生态文明协调发展。这也再次说明，国内高效生态经济研究历程，具有典型的实践推动理论发展的特征。

第五，文化对于包括生态文明在内的人类文明的发展具有根源性决定作用，也许解决"亨廷顿冲突"是一个漫长的历史过程甚至永远不能获得解决，但地球村、生态危机的人类共识、全球生态治理的理念日渐深入人心，高效生态经济发展既是历史必然，也是"生态共产主义"的人类共识。

参考文献

［1］ 克洛德·热叙阿、克里斯蒂昂·拉布鲁斯、达尼埃尔·维特里、达米安·戈蒙主编：《经济学词典》，社会科学文献出版社 2013 年版，第 236—237 页。

［2］ 约翰·伊特韦尔、默里·米尔盖特、彼得·纽曼主编：《新帕尔格雷经济学大辞典》（第二卷：E－J），经济科学出版社 1996 年版，第 176 页。

［3］ ［德］彼得·巴斯特姆：《数量生态经济学——如何实现经济的可持续发展》，社会科学文献出版社 2010 年版，第 232 页。

［4］ 许涤新主编：《生态经济学》，浙江人民出版社 1987 年版，第 3—11 页。

［5］ 德内拉·梅多斯、乔根·兰德斯、丹尼斯·梅多斯：《增长的极限》，机械工业出版社 2013 年版，第 2 页。

［6］ ［挪威］乔根·兰德斯：《2052：未来四十年的中国与世界》，译林出版社 2013 年版，第 18—19 页。

［7］ 刘克英：《加快黄河三角洲高效生态经济发展的研究》，博士学位论文，普林斯顿大学，2004 年。

［8］ 张银亭：《我国高效生态经济发展存在的问题与对策》，《商业研究》2004 年第 13 期。

［9］ 孙晓雷、何溪：《新常态下高效生态经济发展方式的实证研究》，《数量经济技术经济研究》2015 年第 7 期。

［10］ 张卫国主编：《山东经济蓝皮书——2012 年：高效生态经济赢

取未来》，山东人民出版社 2011 年版，第 16—18 页。

[11]　印永嘉主编：《大学化学手册》，山东科学技术出版社 1985 年版，第 731—732 页。

[12]　中国社会科学院语言研究所词典编辑室编：《现代汉语词典》，商务印书馆 1996 年版，第 1105 页。

[13]　张卫国主编：《知识经济与未来发展》，青岛海洋大学出版社 1998 年版，第 3—5 页。

[14]　Herman E. Daly、Joshun Farley：《生态经济学——原理及应用》（中译本），黄河水利出版社 2007 年版，第 28—29 页。

[15]　张卫国、任燕燕、侯永健：《地方政府投资行为对经济长期增长的影响——来自中国经济转型的证据》，《中国工业经济》2010 年第 8 期。

[16]　张卫国、任燕燕、花小安：《地方政府投资行为、地区性行政垄断与经济增长——基于转型期中国省级面板数据的分析》，《经济研究》2011 年第 8 期。

[17]　张卫国、刘颖、韩青：《地方政府投资、二氧化碳排放与二氧化碳减排——来自中国省级面板数据的证据》，《生态经济》2015 年第 7 期。

[18]　张卫国：《从"马歇尔收敛"到"转型中自生"：中国经济转型的经验》，《学术月刊》2008 年第 12 期。

中国农村生态治理面临的资源环境形势及政策选择

于法稳

（中国社会科学院农村发展研究所　北京　100732）

摘　要： 农村生态治理是美丽乡村建设的重要内容，也是推动农村生态文明建设的重要抓手，更是事关广大农村居民的切身利益、农村社会和谐稳定的大事。本文从耕地、水资源、森林、草原四大生态系统论述了农村生态治理面临的资源状况，同时论述了水污染、耕地污染、农村固体垃圾、生活废水污染等环境状况，在此基础上，从推动政府考核机制改革、完善社会经济评价体系、实行最严格的耕地保护制度、最严格的水资源管理制度、最严格的环境保护制度、资源有偿使用及生态补偿制度、环境追责制度、环境赔偿制度等方面提出了加强农村生态治理的政策选择的思路。

关键词： 农村生态治理；资源形势；环境形势；政策选择；中国

1　引言

2013 年中央一号文件提出，要"推进农村生态文明建设，加强农村生态建设、环境保护和综合整治，努力建设美丽乡村"。自此，美丽乡村也成为学术界研究的热点问题之一，不同领域的学者从不同角度对美丽乡村建设的相关问题开展研究。农村生态治理是美丽乡村建设的重要内容，也是推动农村生态文明建设的重要抓手，更是事关广大农村居民的切身利益、农村社会和谐稳定的大事。

如何加强农村生态治理，是关系到美丽乡村建设能否成功的重要
环节，这也是本选题重要的现实意义所在。为此，需要对农村生态治
理所面临的资源、环境形势有一个全面清晰的认识，以及基于此的政
策选择。本文的逻辑框架结构如下：第二部分重点分析农村生态治理
面临的资源环境形势，从耕地、水、森林、草原四大生态系统进行论
述；第三部分探讨了加强农村生态治理的政策选择。

2 中国农村生态治理面临的
资源环境形势分析

2.1 资源形势分析

总体上来讲，生态环境的变化主要体现在耕地、水域、森林、草
原四大生态系统的变化方面，因此，本部分从数量、质量两个方面分
析上述四大生态系统的变化情况，以期对中国农村生态环境变化有个
总体认识。

2.1.1 耕地资源形势

（1）耕地占补情况。《2014 年中国国土资源公报》表明，从数量
上来讲，自 2009 年到 2013 年，我国耕地面积持续减少，从 13538.46
万公顷减少到 13516.34 万公顷，减少了 22.12 万公顷，减少 0.16%。
2013 年，净增加耕地面积为 0.49 万公顷。

2014 年共批准建设用地 40.38 万公顷，比 2013 年下降 24.4%。
其中，批准占用耕地 16.08 万公顷。进入快速工业化、城镇化阶段之
后，各地对耕地的占用将呈现强劲态势，特别是对土地生产率较高的
优质耕地占用将会有增无减。在我国耕地资源构成中，优质耕地面积
所占比例本来就相对较低，在工业化、城镇化背景下，优质耕地所占
比例将会进一步下降。从长期来看，我国农产品数量安全将会受到严
重威胁。

（2）耕地土壤污染情况。[①] 2014 年《全国土壤污染状况调查公

---

① 中华人民共和国环境保护部：《全国土壤污染状况调查公报》，2014 年。

报》表明，全国土壤环境表现出如下特点：一是总体上不容乐观；二是部分地区污染较重；三是耕地土壤质量令人担忧；四是工矿业废弃地土壤问题突出。造成土壤污染的主要原因包括：工矿业、农业等人为生产活动以及土壤环境背景值高。

从超标情况来看，全国土壤总的超标率为16.1%，土壤环境污染程度结构见图1。土壤污染主要以无机型为主，无机污染物超标的点位数占全部超标点位数的82.8%。其次是有机型污染，复合型污染所占比重较小。

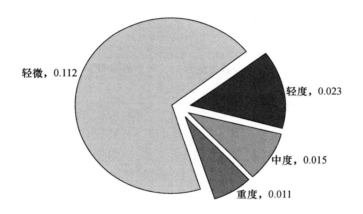

图1　土壤环境污染程度结构

此外，不同地域土壤污染的差异性较大。总体上来讲，南方地区的土壤污染比北方地区严重，西南地区、中南地区的土壤重金属超标范围较大；长江三角洲、珠江三角洲等经济较为发达的地区，以及东北老工业基地等部分区域的土壤污染也较为突出；镉、汞、砷、铅4种无机污染物含量呈现出从西北到东南、从东北到西南方向逐渐升高的态势。

耕地土壤环境质量是确保农产品安全的最重要的保障，一旦受到污染，农产品安全就失去了基础，最终损害的是国人健康。因此，水土资源等环境问题以及由此带来的农产品安全问题将是关系到国人健康的两大问题，也是中华民族自身持续发展的重大战略问题。

（3）土壤侵蚀情况。根据《第一次全国水利普查水土保持情况公报》，全国土壤侵蚀总面积为294.91万平方公里，占普查范围总面积的31.12%，其中，水力侵蚀129.32万平方公里，占43.85%；风力侵蚀165.59万平方公里，占56.15%。表1是2013年我国不同强度的水力、风力侵蚀面积及构成情况。从表中可以看出，水力侵蚀和风力侵蚀面积构成中，轻度侵蚀面积所占比例都是最高的，分别为51.62%、43.24%。侵蚀强度较为严重的极强烈、剧烈面积所占比例表现出较大的差异性，风力侵蚀远远要高于水力侵蚀，风力侵蚀的极强烈、剧烈面积所占比例分别为13.31%、17.15%，而对应的水力侵蚀面积中，这两种类型的面积所占比例分别为5.90%、2.26%。

表1　　　　　　　2013年我国不同强度的水力、风力侵蚀面积及构成

单位：万平方公里；%

侵蚀类型	总面积	轻度		中度		强烈		极强烈		剧烈	
		面积	比例	面积	比例	面积	比例	面积	比例	面积	比例
水力侵蚀	129.32	66.76	51.62	35.14	27.18	16.87	13.04	7.63	5.90	2.92	2.26
风力侵蚀	165.59	71.60	43.24	21.74	13.13	21.82	13.17	22.04	13.31	28.39	17.15

资料来源：《第一次全国水利普查水土保持情况公报》。

从流域分布来看，长江流域侵蚀总量5.551亿吨，占46.28%；黄河流域为3.826亿吨，占31.90%；二者就占据了侵蚀总量的78.18%。海河流域为0.006亿吨，占0.05%；淮河流域为0.018亿吨，占0.15%；珠江流域为0.668亿吨，占5.57%；松花江流域为0.323亿吨，占2.69%；辽河流域为0.343亿吨，占2.86%；钱塘江流域为0.148亿吨，占1.23%；闽江流域为0.0163亿吨，占0.13%；塔里木河流域为1.042亿吨，占8.69%；黑河流域为0.054亿吨，占0.45%。与1950—1995年多年平均侵蚀量相比，松花江、钱塘江流域土壤侵蚀量有所增加，其余各流域均有所减少。

长江流域、黄河流域不仅是流域下游地区的绿色生态屏障及水源区，更是我国生态安全的重要区域。因此，进一步加强两大流域生态建设，提高两大流域植被覆盖率，减少水土流失，具有重大的现实

意义。

（4）土壤沙漠化情况。① 目前，我国荒漠化及沙化土地面积依然较大。根据《第四次全国荒漠化和沙化监测结果》，截至 2009 年年底，全国荒漠化土地面积仍有 262.37 万平方公里，占国土总面积的比例为 27.33%；沙化土地面积仍有 173.11 万平方公里，占国土总面积的比例为 18.03%。这些数据表明，尽管我国土地荒漠化和沙化从整体上来看得到了一定的遏制，但仍有局部地区呈现进一步扩展的态势。

需要说明的是，我国荒漠化和沙化土地总面积实现了净减少。第四次监测期间，全国荒漠化、沙化土地面积分别减少 1.25 万平方公里、8587 平方公里，年均减少量分别为 2491 平方公里、1717 平方公里。

此外，土地荒漠化和沙化的程度有所减轻。与第三次监测结果相比，中度、重度、极重度荒漠化土地面积、沙化土地面积减少情况及结构见表 2。此外，流动沙地、半固定沙地面积也有所减少，减少面积为 0.71 万平方公里。

表 2　　　　　　　荒漠化面积、沙化土地面积减少情况及结构

单位：万平方公里

	中度	重度	极重度
荒漠化土地面积	1.69	0.68	2.34
沙化土地面积	0.99	1.04	1.56

2.1.2　水资源形势

总体上来讲，中国水资源除了人均水资源少，时空分布不均之外，还有两个明显的特点：一是资源性缺水、工程性缺水、水质性缺水并存；二是水多、水少、水脏、水浑四种现象同在。

（1）水资源分布结构。众所周知，中国水资源空间分布严重不匹配。如果以长江为界的话，长江以南地区耕地仅占 35.2%，但水资源

---

① 国家林业局：《第四次全国荒漠化和沙化监测结果》，2011 年。

所占比例高达80.4%；而长江以北地区耕地占64.8%，但水资源仅占19.6%（见图2），而这些地区多是国家粮食生产重点省市区。空间分布特点在一定程度上严重影响了国家农产品的供应。

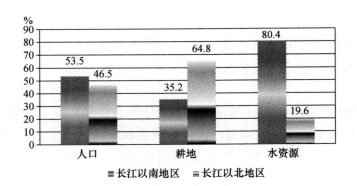

图2　中国水资源空间分布情况

（2）水资源利用及消耗情况。根据《2014年国民经济和社会发展统计公报》，2014年，中国总用水量为6220亿立方米，比2013年增长0.6%。其中，生活用水增长2.7%，工业用水增长1.0%，农业用水增长0.1%，生态补水增长0.6%。万元国内生产总值用水量为112立方米，比2013年下降6.3%；万元工业增加值用水量为64立方米，比2013年下降5.6%；人均用水量为456立方米，比2013年增长0.1%。

（3）废水及污染物排放情况。《2014年中国环境状况公报》表明，2014年，废水中化学需氧量排放总量为2294.6万吨，比2013年下降2.47%；氨氮排放总量为238.5万吨，比2013年下降2.90%。

从废水中主要污染物排放量的来源来看，在2294.6万吨化学需氧量中，来自工业源的311.3万吨，占13.57%；来自生活源的864.4万吨，占37.67%；来自农业源的1102.4万吨，占48.12%；来自集中式的16.5万吨，占0.72%。在238.5万吨氨氮中，来自工业源的23.2万吨，占9.73%；来自生活源的138.1万吨，占57.90%；来自农业源的75.5万吨，占31.66%；来自集中式的1.7

万吨，占 0.71%。

（4）水体水质监测状况。① 《2014 年中国环境状况公报》表明，全国 423 条主要河流、62 座重点湖泊（水库）的 968 个国控地表水监测断面（点位）开展了水质监测，Ⅰ、Ⅱ、Ⅲ、Ⅳ、Ⅴ、劣Ⅴ类水质断面分别占 3.4%、30.4%、29.3%、20.9%、6.8%、9.2%，主要污染物指标为化学需氧量、总磷和五日生化需氧量。

河流水质方面：2014 年，长江、黄河、珠江、松花江、淮河、海河、辽河七大流域和浙闽片河流、西北诸河、西南诸河的国控断面中，Ⅰ类水质断面占 2.8%，比 2013 年上升 1.0 个百分点；Ⅱ类水质断面占 36.9%，比 2013 年下降 0.8 个百分点；Ⅲ类水质断面占 31.5%，比 2013 年下降 0.7 个百分点；Ⅳ类水质断面占 15.0%，比 2013 年上升 0.5 个百分点；Ⅴ类水质断面、劣Ⅴ类水质断面分别占 4.8%、9.0%，与 2013 年持平。主要污染指标为化学需氧量、五日生化需氧量和总磷。

湖泊（水库）水质方面：2014 年，全国 62 个重点湖泊（水库）中，水质为Ⅰ类的湖泊（水库）有 7 个，占 11.29%；水质为Ⅱ类的湖泊（水库）有 11 个，占 17.74%；水质为Ⅲ类的湖泊（水库）有 20 个，占 32.26%；水质为Ⅳ类的湖泊（水库）有 15 个，占 24.19%；水质为Ⅴ类的湖泊（水库）有 4 个，占 6.45%；水质为劣Ⅴ类的湖泊（水库）有 5 个，占 8.06%。主要污染指标为总磷、化学需氧量和高锰酸盐指数。

地下水水质方面：2014 年，全国 202 个地级及以上城市开展了地下水水质监测工作，共有监测点 4896 个，其中国家级监测点 1000 个。监测结果表明：水质为优良级的监测点所占比例为 10.8%，水质为良好级的监测点所占比例为 25.9%，水质为较好级的监测点所占比例为 1.8%，水质为较差级的监测点所占比例为 45.4%，水质为极差级的监测点所占比例为 16.1%。主要超标指标为总硬度、溶解性总固体、铁、锰、"三氮"（亚硝酸盐氮、硝酸盐氮和氨氮）、氟化物、硫酸盐等，个别监测点有砷、铅、六价铬、镉等重（类）金属超标

---

① 中华人民共和国环境保护部：《2014 年中国环境状况公报》，2015 年。

现象。

有连续监测数据的水质监测点总数为 4501 个，分布在 195 个城市。与 2013 年相比，水质呈稳定趋势的监测点比例为 65.3%，呈变好趋势的监测点比例为 16.7%，呈变差趋势的监测点比例为 18.0%。

2.1.3　森林资源形势①

（1）森林资源总体状况。《第八次全国森林资源清查主要结果（2009—2013 年）》表明，中国森林面积为 2.08 亿公顷，森林覆盖率达到 21.63%。其中，天然林、人工林面积分别为 1.22 亿公顷、0.69亿公顷，分别占森林面积的 58.65%、33.17%。活立木总蓄积量达到164.33 亿立方米，森林蓄积量为 151.37 亿立方米，其中天然林、人工林蓄积量分别为 122.96 亿立方米、24.83 亿立方米，占森林蓄积量的比例分别为 81.23%、16.40%。

（2）森林资源的变化。与第七次全国森林资源清查结果相比，我国森林资源变化表现出如下几个特点：首先，森林资源存量持续增长。森林面积净增了 1223 万公顷；森林覆盖率提高 1.27 个百分点；森林蓄积量净增 14.16 亿立方米，在森林蓄积净增量中，天然林、人工林蓄积净增量分别占 63%、37%。其次，森林质量逐步改善。森林质量的变化可以从单位面积的森林蓄积量、森林年均生长量、单位面积的植株数量以及森林结构等方面得以反映。对比结果表明，单位面积的森林蓄积量、年均生长量分别增加了 3.91 立方米/公顷、0.28 立方米/公顷；此外，每公顷植株数量增加了 30 株，植株平均胸径增加了 0.1 厘米，近成熟林、过熟林面积占森林面积的比例增加了 3 个百分点，混交林面积比例增加了 2 个百分点。再次，天然林保护工程取得一定成效。清查结果表明，无论是天然林面积，还是天然林的蓄积量，都有一定程度的增加，分别增加了 215 万公顷、8.94 亿立方米。其中，天然林保护工程区占了主要部分，面积、蓄积量分别增加了189 万公顷、5.46 亿立方米，分别占天然林面积及蓄积量增量的87.91%、61.07%。最后，森林生态服务价值进一步提升。森林资源面积的扩大、蓄积量的增加、结构改善和质量提高，为提升森林生态

---

① 国家林业局：《第八次全国森林资源清查主要结果（2009—2013 年）》，2014 年。

系统的服务功能提供了基础。测算结果表明，我国森林植被的总生物量为170.02亿吨，总碳储量为84.27亿吨，年涵养水源量为5807.09亿立方米，年固土量为81.91亿吨，年保肥量为4.30亿吨，年吸收污染物量为0.38亿吨，年滞尘量为58.45亿吨。这些数据表明，我国森林生态系统的服务价值潜力巨大。

（3）森林资源保护与利用中存在的问题依然严重。尽管我国森林资源质量总体上有所改善，但在森林覆盖率、人均森林面积以及人均森林蓄积量等方面，与世界平均水平还相差很远，森林覆盖率远低于全球31%的平均水平，人均森林面积仅为世界人均水平的1/4，人均森林蓄积量只有世界人均水平的1/7。相对于国土面积来讲，我国森林资源总量依然相对不足，质量不高、分布不均。进一步提升森林资源质量，实现林业的发展面临着更加严峻的挑战。突出体现在如下两个方面：

首先，进一步扩大森林面积的空间越来越小，难度越来越大。第八次森林资源清查中，森林面积增量只有第七次森林资源清查时的60%，森林面积的增速开始放缓；目前，未成林造林地面积仅有650万公顷，比第七次清查时少了396万公顷；同时，现有质量好的宜林地面积仅占10%，而质量差的宜林地高达54%，其中2/3的宜林地不是分布在严重缺水的西北地区，就是立地条件差的西南地区，进一步扩大森林面积越来越难。

其次，违规占用林地现象依然严重。清查结果表明，在2005—2009年的5年间，年均占用林地面积超过200万亩，这些林地面积中，约50%是林地。可以说，这些林地面积是被各类建设违法违规占用，而且这种现象在广大的山区尤为严重。随着工业化、城镇化进程的加快，山区森林破坏将会出现更严重的现象，生态建设的空间将被进一步挤压。

2.1.4　草原资源形势[①]

（1）草原基本情况。我国国土面积约40%是草原，近4亿公顷，分别是耕地面积、森林面积的3.2倍、2.3倍；从区域分布来看，天

---

①　中华人民共和国农业部：《2014年全国草原监测报告》，2015年。

然草原主要分布在我国的北部和西部。西部地区 12 个省（区、市）
的草原面积占全国草原面积的 84.2%，有 3.31 亿公顷之多。其中，
内蒙古、新疆、西藏、青海、甘肃和四川六大牧业省（区）的草原面
积达到了 2.93 亿公顷，约占全国草原面积的 75%。南方地区的草原
大多分布在山地和丘陵地带，以草山、草坡为主，面积约为 0.67 亿
公顷，占全国草原面积的 16.75%。

根据《2014 年全国草原监测报告》，2014 年，全国草原综合植被
盖度为 53.6%，较 2013 年下降了 0.6 个百分点；全国天然草原鲜草
总产量 10.22 亿吨，较 2013 年减少 3.18%；折合干草约 3.15 亿吨，
载畜能力约为 2.48 亿羊单位，均较 2013 年减少 3.20%。但与最近十
年平均水平相比，鲜草产量增加 4.04%。

（2）草原利用与建设情况。草原利用方面，牧区各地以实施草原
补奖政策为契机，通过加大棚圈和人工饲草地建设力度、改良牲畜品
种、优化畜群结构、推广舍饲半舍饲圈养等措施，有效减轻了天然草
原的放牧压力，但仍然普遍存在着超载现象。2014 年，全国重点天然
草原的平均牲畜超载率为 15.2%，较 2013 年下降 1.6 个百分点。其
中，西藏平均牲畜超载率为 19%，内蒙古平均牲畜超载率为 9%，新
疆平均牲畜超载率为 20%，青海平均牲畜超载率为 13%，四川平均
牲畜超载率为 17%，甘肃平均牲畜超载率为 17%。

草原承包方面，在草原保护建设工程和草原补奖政策的推动下，
牧区各地加快推进草原承包工作。全国累计落实草原承包 2.83 亿公
顷。其中，承包到户 2.23 亿公顷，承包到联户 0.54 亿公顷。

退牧还草工程方面，从 2003 年开始实施，到 2014 年工程累计共
投入中央资金 215.7 亿元，通过安排禁牧、休牧、划区轮牧围栏，建
设人工饲草地，治理石漠化草地等，在保护草原生态环境、改善牧区
民生方面发挥了较大作用。2014 年，中央投入资金 20 亿元，在内蒙
古、四川、贵州、云南、西藏、甘肃、青海、宁夏、新疆、黑龙江、
吉林、辽宁 12 省（区）和新疆生产建设兵团，继续实施退牧还草工
程，安排草原围栏建设任务 308.3 万公顷、石漠化治理 8 万公顷、退
化草原补播改良 106.1 万公顷、人工饲草地建设 13.9 万公顷，以及
11.8 万户牧民牲畜舍饲棚圈建设改造。

　　总体上来讲，我国草原生态持续恶化的局面得到有效遏制，主要表现在一些典型草原地区的退化趋势有所遏制、沙化草原面积趋于缩小；从草地生态系统的成分来看，多年生牧草所占比例呈现出明显的增加趋势，群落结构也日趋稳定。

　　草原建设取得了明显的成效。据对 82 个县（旗）的退牧还草工程进行监测，2014 年工程区内的平均植被盖度为 65%，比非工程区高 6 个百分点；高度、鲜草产量分别为 18.9 厘米、3755.1 千克/公顷，比非工程区分别增加 53.6%、30.8%。

　　（3）草原利用与管理中存在的问题突出。草原生态建设一直是党中央、国务院十分关注的重大问题之一，特别是"十二五"以来，在促进草原牧区发展和生态保护方面，国家连续出台了一系列重大政策，而且持续增加投入力度，推动草原生态保护与建设。但草原建设依然面临巨大压力，突出表现在如下方面：

　　首先，恢复草原生态系统的任务依然艰巨，特别是中度和重度退化草原的恢复，二者面积仍占草原面积的 1/3 以上；同时，已初步恢复的草原生态系统质量不高，系统的脆弱性较大，一旦遇到外界扰动，将会再次退化。

　　其次，草原破坏现象依然严重。工业化、城镇化对草原资源和环境造成的压力也越来越大。一些区域，牧业对草原的过度利用、工矿业对草原非法开采等现象普遍存在，对草原生态造成了不可逆转的严重破坏。

2.2　环境形势分析

2.2.1　农业生产面源污染

　　（1）化肥施用势头强劲。[①] 在农业生产过程中，以化学肥料替代有机肥料造成的环境问题日益严重，而且施肥强度有增无减。从 2000 年的 4146.41 万吨，增加到 2012 年的 5838.85 万吨，增加 1692.44 万吨，增长 40.82%。其中农用氮肥施用量从 2000 年的 2161.56 万吨，增加到 2012 年的 2399.89 万吨，增加 238.33 万吨，增长

---

　　① 于法稳：《农村生态文明建设中的生态环境问题及其综合整治的政策性建议》，《鄱阳湖学刊》2014 年第 3 期。

11.03%；农用磷肥施用量的增加量为138.10万吨，增长20.00%；农业钾肥施用量的增加量为241.12万吨，增长64.07%；农用复合肥量增加1072.10万吨，增长116.80%。

化肥施用强度可以反映化肥的消费情况，一般采取单位播种面积的化肥施用量。上面的计算表明，从2000年到2012年，农用化肥施用量增加了40.82%，同期，农作物播种面积增长了4.55%。计算结果表明，施肥强度从2000年的265公斤/公顷，增加到2012年的357公斤/公顷，增长92公斤/公顷，增加34.69%。

（2）白色污染日益严重。统计数据表明，农用塑料薄膜施用量从1991年的64.21万吨，增加到2012年的238.30万吨，增加了174.09万吨，增长2.71倍。塑料薄膜的降解时间长达200—300年，长期使用将带来严重的白色污染。目前，世界上解决塑料薄膜白色污染的途径两个：一是回收塑料薄膜，但由于我国地膜用量和覆盖面积大，企业生产的薄膜厚度太薄，仅有6微米，低于规定的8微米，美国24微米，韩国20微米，日本15微米，回收起来异常困难，在经济上得不偿失。二是开发可降解农膜。这是农膜发展的趋势。

（3）农药等包装物污染越来越受关注。农药、杀虫剂、除草剂等包装物（特别是农药瓶）等污染日益成为农村生态环境污染的重要部分。2012年，全国农药使用量为180.61万吨，按照1斤/个的标准，全国将会产生36.1亿个包装物，如果包装标准为0.5斤/个或者0.25斤/个，产生的包装物将会翻倍或者四倍。

（4）农作物秸秆成为农村生态治理的重要内容。农作物秸秆由过去仅用作农村生活能源和牲畜饲料，逐渐拓展到肥料、饲料、食用菌基料、工业原料和燃料等用途。

根据联合国粮农组织的资料，各种农作物秸秆系数（K值）为：玉米2.5、小麦和水稻1.3、大豆2.5、薯类0.25。利用每一个作物品种的秸秆系数，和它的粮食产量之积等于它的秸秆量。由此计算得到，2012年我国农作物产生的秸秆量达到98837万吨。目前，我国农作物秸秆利用率达到69%，有68197万吨秸秆得到利用，但仍有30639万吨秸秆没有得到利用。

（5）规模化养殖污染依然没有得到重视。近几年来，农民发展起来的规模化养殖造成的污染呈现明显递增态势。调查发现，农村规模化养殖场主大都关注如何提高畜禽产量和质量以及如何增加效益，而忽视畜禽养殖产生的污染物对生态环境的影响，从而导致污染防治措施的严重滞后。污水、粪便随意排放和堆放，一方面养殖场周边的水生态环境、土壤生态环境受到严重污染；另一方面周边空气环境也会受到很大的影响。

2.2.2　农村生活污染

（1）农村生活垃圾。随着农民生活水平的提高，农村生活垃圾问题日益严重，给农村生态环境带来了巨大的压力。与过去相比，农村生活垃圾成分越来越复杂，包括厨房垃圾、妇女儿童用品、塑料制品等，垃圾产生量也越来越大。但农村生活垃圾的处理率极低，甚至没有任何处置。有关数据表明，截至 2013 年年底，全国 58.8 万个行政村中，对生活垃圾进行处理的仅有 21.8 万个，仅占 37%；有 14 个省还不到 30%，有少数省甚至不到 10%。

（2）农村生活污水。目前，广大农村居民家庭都没有下水道，生活污水任意倾倒在院外的道路上，或者与固体垃圾倾倒在一起。生活污水对生态环境造成的污染呈现出明显加重态势，日益成为农村生态环境问题的重要组成部分。

从表 3 可以看出，2012 年村庄每天产生 3220 万立方米的生活废水，但处理率仅仅为 8%，远远低于城市的 87%、县城的 75%、建制镇的 28%，尚有 2927 万立方米的生活污水没有得到处理。从中国农村生活污水的处理率变化来看，2008 年以来，我国农村生活污水的处理率每年提高一个百分点（见图 3），这表明，农村生活污水的处理日益得到关注。

表3　　　　　　　　2012 年中国生活污水排放及处理情况

类别	生活污水排放量（万立方米/天）	生活污水处理率（%）	生活污水未处理量（万立方米/天）
城市	11418	87	1450
县城	2336	75	578
建制镇	2677	28	1926
村庄	3220	8	2927

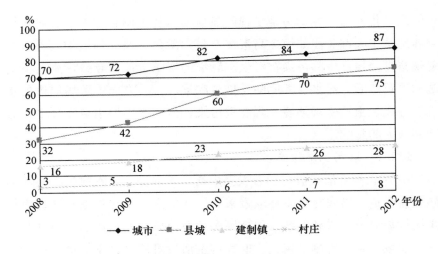

图3　中国生活污水处理率的变化

3　加强农村生态治理的政策选择

3.1　政府官员的政绩考核机制

3.1.1　变革政绩考核机制

进一步调整领导干部政绩考核内容，淡化 GDP 考核，将生态建设指标纳入考核体系，以建立体现生态文明要求的目标体系、考核办法、奖惩机制。

3.1.2　建立政府官员的资源环境审计机制

在每一届政府的任期内，进行到任、离任两次资源环境审计。任期开始之时，对区域资源、环境状况进行审计；离任时再次进行审计，根据区域经济发展水平，确定资源利用、环境水平，如果超过了应有的水平，就视为不合格。

3.2　完善经济社会发展评价体系

经济社会发展的评价体系在一定程度上是导致生态环境问题的直接原因，因此，应根据"绿水青山就是金山银山"的论述，对评价体系进行完善。为此，其一，需要将反映资源节约、环境友好的国民经济体系建设情况的指标纳入评价体系。如环保投入占财政支出的比例、全社会环保投入占国内生产总值的比例、资源的产出率、污染排放强度。其二，将反映节能减排约束性指标完成情况的指标纳入评价体系。如非化石能源占一次能源消费比重、单位 GDP 的能耗、单位 GDP 二氧化碳排放，以及单位 GDP 的污染物排放量等。其三，将生态环境和资源状况的指标纳入评价体系。如地表水水质情况、地级以上城市空气质量、森林资源状况等。其四，将反映解决突出环境问题情况的指标纳入评价体系。包括土壤的重金属污染情况、生活污水及垃圾处理及资源化利用情况等。其五，将反映公众参与环保和社会满意度情况的指标纳入评价体系。如公众参与环保情况、社会满意度情况等。

3.3　最严格的耕地保护制度

在耕地保护方面，过去一直强调 18 亿亩耕地红线，仅仅是一种数量概念，缺乏质量概念。因此，在实施最严格的耕地保护制度方面，其一，应坚持数量与质量并重，严格划定永久基本农田；其二，以土地生产率为准则，确保 18 亿亩耕地红线；其三，以提高土地生产率为目标，改善耕地质量；其四，以提高农产品质量安全为目标，加强土壤污染的生态修复；其五，要集成土地整理技术，缩短培育地力的周期；其六，应建立耕地保护的经济补偿机制。

3.4　最严格的水资源管理制度

严格执行水资源管理制度，在用水总量控制方面，应严格规划管理和水资源论证、严格控制流域和区域取用水总量、严格实施取水许可、严格水资源有偿使用、严格地下水管理和保护、强化水资源统一调度；在用水效率控制方面，应全面加强节约用水管理、强化用水定额管理、加快推进节水技术改造；在水功能区限制纳污方面，应严格水功能区监督管理、加强饮用水水源保护、推进水生态系统保护与修复。

3.5　最严格的环境保护制度

环境保护制度是一项复杂的系统工程，涉及很多部门，需要彼此加强合作，真正将其作为国策来执行。为此，需要从以下几个方面进行：一是加快最严格的环境保护制度的系统研究与顶层设计。在环境保护领域，加快最严格的环境保护制度的系统研究；在充分梳理当前环境保护制度、分析中央与地方环境管理需求的基础上，完成最严格的环境保护制度的顶层设计。二是加快环境保护相关法律法规的修订与制定。要做好《环境保护法》、《大气污染防治法》等法律法规的修订工作；同时，要抓紧制定土壤污染治理、核安全等法律法规。三是加强基层环境管理能力建设，包括组织建设、人才队伍、环保设施、技术能力。四是尽快建立农药包装物、塑料薄膜等回收机制。制定农药包装物、塑料薄膜回收奖励办法，提高农民参与的积极性，发挥销售企业在农药瓶、肥料袋等包装物回收中的作用。以部分补贴的形式，鼓励农药经营单位负责回收，由有资质的企业集中处理，减少对环境和水源的污染。五是逐步建立农村基础设施与环境管理模式的创新机制，克服重建轻管，确保工程建一处，服务一方群众的目标，明确管理主体和管理责任，加强对管理人员的技术培训，提高管理人员知识水平和管理技能。六是建立种植业、养殖业协调发展的产业体系，发展循环型农业。

3.6　资源有偿使用及生态补偿制度

一是建立资源有偿使用和生态补偿法规，建立评价体系，并且要拓宽融资渠道，可考虑发行资源有偿使用和生态补偿基金彩票；二是加快自然资源及其产品价格改革，全面反映市场供求、资源稀缺程度、生态环境损害成本和修复效益；三是坚持使用资源付费和谁污染环境、谁破坏生态谁付费原则，逐步将资源税扩展到占用各种自然生态空间；四是完善对重点生态功能区的生态补偿机制，推动地区间建立横向生态补偿制度。

3.7　生态环境保护责任追究制度

3.7.1　实施生态环境损害责任终身追究制

建立倒查机制，对发生重特大突发环境事件，任期内环境质量明显恶化，不顾生态环境盲目决策、造成严重后果，利用职权干预、阻碍环境监管执法的，要依法依纪追究有关领导和责任人的责任。应提高追责层次，谁决策谁负责，这样可以增强主要领导，特别是一把手的生态风险意识，杜绝"拍脑袋决策，拍屁股走人"！

3.7.2　实施环境损害责任主体的刑事责任

对造成重大环境污染事故的企业,应严格执法,追究其刑事责任,切不能以罚代法,否则中国的生态环境保护只能是一句空话。

3.8　环境损害赔偿制度

首先,进一步完善环保执法机构,加强独立执法权,落实赔偿制度。其次,加强重点领域立法,进一步充实完善有关生态环境保护的法律法规。通过司法途径追究污染环境和破坏生态者的责任,索取生态环境损害赔偿,维护公民环境权益健全环境损害赔偿制度。最后,将公众的环境诉求纳入制度化、法制化渠道予以保障,从而维护环境公平正义,保护公众环境权益,维护社会和谐稳定,保护自然生态环境。

城市综合承载力系统动力学
仿真模型研究

李文龙

（内蒙古财经大学资源与环境经济学院　呼和浩特　010070）

摘　要：本文在对城市综合承载力系统研究理论基础上发展了城市综合承载力仿真模型研究。运用系统动力学模型仿真了呼和浩特市未来 10 年不同社会经济情景下的城市综合承载力变化，得出相对较优方案，并根据模拟结果提出了解决呼和浩特城市承载力的对策。

关键词：城市综合承载力；系统动力学；呼和浩特市

1　引言

随着世界城镇化水平的提高，城市综合承载力相关问题的研究逐渐受到政府、专家的重视，成为近年来研究的热点。城市综合承载力不仅影响城市自身的发展，对于该区域的发展也存在重要的影响，对于城市及区域的可持续发展具有重要的意义。

"承载力"一词的来源由马萨尔斯于 1812 年在《人口原理》一书中引出，用于表述人口承载力与食物承载力之间的关系问题。国内外关于城市承载力的研究已有近百年的历史，研究的内容可以分为两部分，一部分主要研究单体资源要素的承载力问题，例如城市的土地资源承载力问题、水资源承载力问题、矿产资源承载力问题、城市人口数量承载力问题等。例如，Allan（1949）定义了土地承载力概念包含耕地承载力、林地承载力、草地承载力等内容；Millington（1973）以澳大利亚土地资源承载力为研究对象，并运用多目标决策分析方法，计算出澳大利亚土地资源的承载力大小。国内对城市承载力的研究起源于20世纪80年代，其中陈百明等以土地资源生产力与人口数量之间的关系为视角，对中国的土地资源进行了分类研究；杨晓鹏（1993）建立了土地人口承载力指标评价体系对青海省的土地人口承载力进行了研究；邓永新（1994）在此前研究承载力体系建立的基础上加入环境承载力概念，建立更加完善的承载力指标体系并对新疆塔里木地区土地人口承载力进行了研究；许新宜（1997）以华北地区多个城市为研究对象，建立了水资源承载力指标评价体系并对其水资源承载力进行了预测与评价；徐强（1996）以城市矿产资源为评价对象，建立了矿产资源评价指标体系对其城市矿产资源承载力的大小进行了研究。另一部分的研究主要集中于如何能够将城市资源单体要素集中起来进行城市资源要素综合潜力的评价与研究，例如将土地资源、水资源、矿产资源三者综合进行城市潜力评价，例如国外Schneider（1978）首先提出承载力的研究基础应该以自然或人工构成的系统为研究对象，以系统学的观点来研究城市承载力，也就是城市综合承载力；K. Oh. Jeong（2002）更丰富了城市综合承载力的内容，他提出城市综合承载力能力应该包括人口承载力、土地承载力、水资源承载力等要素构成能够使城市可持续发展的能力。国内研究主要集中在城市容量大小、城市规模适宜方面，如乔建平、吴文恒、李王鸣、唐剑武等。

由此可见，近年来随着城市化水平的提高，城市承载力研究内容也逐渐丰富起来，特别是关于城市承载力的研究主要偏重于城市综合承载力，由于城市是一个巨大的系统，城市承载力大小并不取决于城市单体资源要素承载力大小或单体资源承载力简单算术关系，城市内部要素资源搭配合理与否对城市承载力的大小具有重要的影响，因此本文以城市综合承载力为研究角度，认为城市综合承载力的研究要具有系统性、动态性、开放性等特点。尤其是近年来城市人口数量不断增加，环境质量不断下降，城市环境系统承载力对于城市综合承载力影响非常重要，因此本文从人口承载力、经济承载力、环境承载力、土地承载力综合考虑城市综合承载力，由此城市综合承载力系统由环境承载力—人口承载力—土地承载力—经济承载力四大系统组成。

由于上述对城市承载力研究角度的不同，城市综合承载力研究方法也不同，主要有以下四种研究方法：单因子评价法、多因子多目标规划法、农业生态系统评价法、系统动力学分析法。其中前三种方法主要是从单体因子角度对承载力进行研究，在城市承载力的研究发展过程中起到一定的作用，但存在一定的不足，主要表现为他们只是从单体因子进行分析，将分析的因子影响结果进行简单的数学关系处理，而没有注意到每个要素之间的关系，不能系统地、动态地研究城市综合的承载能力，因此往往研究结果与城市综合承载力的实际能力存在很大的误差。

而系统动力学模型（简称 SD 模型）是结构—功能和动态行为特征的模型，是基于系统行为与内在机制间的相互紧密的依赖关系，并且通过数学模型的建立与操弄的过程而获得的，逐步发掘出产生变化形态的因果关系，系统动力学称之为结构。它以现实存在的系统为前提，根据历史数据、实践经验和系统内在的机制关系建立动态仿真模型，对各种影响因素可能引起的系统变化进行实验，从而寻求改善系统行为的机会和途径。

呼和浩特市地处农牧交错带地区，生态系统脆弱，城市综合承载力较小，随着乡村人口的大量涌入，城市环境质量下降。系统研究呼和浩特城市综合承载力，对于呼和浩特市可持续发展具有重要的意义。因此，本文运用系统动力学模型，在不同系统状态下，仿真了呼和浩特市未来近 10 年的城市综合承载力。

2　城市综合承载力评价指标体系的构建

2.1　城市综合承载力指标体系构建原则

城市综合承载力系统是由多种构成要素构成，并且各要素之间关系复杂，为了能够正确表达这样复杂的多维矢量，评价指标的确定应该遵循以下原则：①适地适评原则，体现呼和浩特的区域自然、社会经济条件特征；②综合性原则，选取的指标能够全面地反映城市综合承载力；③普遍性原则，尽量选取具有共同特点的指标；④层次性原则，城市综合承载力是一个复杂的巨系统，依据系统构成指标的不同重要性及包含关系建立层次指标体系。

2.2　指标体系框架

依据上述指标体系构建原则，建立城市综合承载力指标体系（见表1）。

表1　　　　　　　　　城市综合承载力指标体系

目标层	准则层	因子层
城市综合承载力（D）	人口承载力	自然增长率
		育龄妇女比例
		计划生育因子
		死亡率
	经济承载力	GDP 增长率
		第二产业值
		第三产业值
		恩格尔系数
	土地承载力	耕地面积
		草地面积
		工业用地增长率
		居住用地增长率
	环境承载力	城市绿地变化率
		森林覆盖率
		水域面积变化率

3　城市综合承载力系统研究

3.1　城市综合承载力系统因素之间的关系

根据系统动力学基本原理与构成，系统解析城市承载力的构成要素（人口因素、经济因素、土地因素、环境因素）之间的相互作用程度，形成因素之间多重正负反馈多回路关系结构（见图1）。

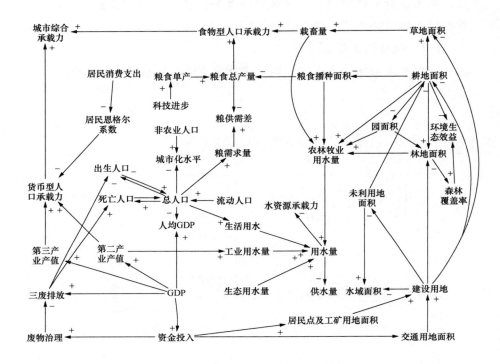

图1 城市综合承载力系统要素间的因果关系

3.2 城市综合承载力SD模型方程的建立

方程中有关符号含义如下：L为状态变量方程；R为速率方程；V为辅助变量；P为参数；G、X、J、GX、XJ作为事件用来区分事件先后顺序；G为过去某一时刻；X为现在；J为将来时刻；GX为从过去某时刻到现在这一段时间；XJ为从现在到将来某时刻这一段时间；DT为事件步长。

3.2.1 人口模块的SD模型方程

LFNRK · K = FNRK · J + DT × FNRKZL · JK

NRK · K = NRK · J + DT × NRKZL · JK

RFNRKZL · KL = FNRK · K × FNRKZR

NRKZL·KL = NRK·K × NRKZR

AZRK·K = FNRK·K + NRK·K

式中 FNRK 表示非农业人口数量，NRK 表示农业人口数量，FNRKZL 表示非农业人口每年增加量，FNRKZR 表示非农业人口年增长速率，NRKZL 表示农业人口每年增加量，NRKZR 表示农业人口年增长速率，ZRK 表示总人口数量；方程中其他符号的含义如下：L 表示状态变量方程式，R 表示速率变量方程式，A 表示辅助变量方程式；K、J、JK 作为时间下标来表示时间的先后，K 表示现在，J 表示刚过去的那一时刻，JK 表示从过去某一时刻到现在这一时间段，KL 表示现在到将来某一时间段。

3.2.2　经济模块的 SD 模型方程

LGYCZH·K = GYCZH·J + DT × GYCZHZL·JK

RGYCZHZL·KL = GYCZH·K × GYCZHZR

ALSCL·K = LSDC·K × KGGDMJ·K

式中，GYCZH 为工业产值数，GYCZHZR 为工业产值年增加值数量，GYCZHZL 为工业产值年增长速率，LSCL 为粮食产量数量，LSDC 为粮食单产数量。

3.2.3　土地模块的 SD 模型方程

LDXSL·K = DXSL·J + DT × DXSLBL·JK

DBJL·K = DBJL·J + DT × DBJLBL·JK

KGGDMJ·K = GYCZH·J + DT × （KGGDMJZ·JK – KGGDJ·JK）

RDXSLBL·KL = DXSL·K × DXSLBR

DBJLBL·KL = DBJL·K × DBJLBR

AKLSZL·K = DXSL·K + DBJL·K + LYDS·K

IWSD·K = （XSZL·K – KLSZL·K）/XSZL·K

RJGMJ·K = KGGDMJ·K/ZRK·K

式中，DXSL 为建设用地面积大小，DXSLBL 为建设用地增加量，DXSLBR 为年建设用地变化率大小。

3.2.4　环境的 SD 模型方程

LLDMJ·K = LDMJ·J + DT × LDMJBL·JK

CDMJ·K = CDMJ·J + DT × CDMJBL·JK

式中，LDMJ 为城市绿地面积大小，LDMJBL 为绿地净增面积大小，CDMJ 为草地面积大小，CDMJBL 为草地年净增面积值。

4 呼和浩特市城市综合承载力 SD 模型系统仿真结果分析

依据呼和浩特市城市综合承载力主导因子及相关因子和主导因子与相关因子之间的关系，对呼和浩特市城市综合承载力运用系统动力学模型进行了仿真，仿真结果如下。

方案 1（见表 2）。该方案为低标准投入方案，以现状城市的建设用地和城市建设用地利用效度为依据，本方案可以作为城市综合承载力的基础参考方案。模拟结果见表 3。由表 3 可见，在目前城市发展速度的情况下，呼和浩特市城市综合承载力是逐年下降，虽然可以满足小康水平，但时间较短，随着资源的大量开发与资源的破坏，城市环境质量会不断下降，承载力会越来越小，因此此种发展模式不能够满足呼和浩特市可持续发展的要求。

表 2　　　　　　呼和浩特市城市综合承载力指标体系预测结果

年份	市域总人口（万人）	城市化水平（%）	GDP（亿元）	耕地面积（平方公里）	草地面积（平方公里）	森林覆盖率（%）
2005	211.8	47.2	545.80	570876	685208	17.92
2010	271.13	60.15	1455.50	551193	656942	23.47
2014	316.50	66.52	3511.26	537550	637469	28.5
2025	375.14	72.6	10360.2	524245	618573	36.2

方案 2（见表 4）。模拟结果（见表 5）。在这种方案下，呼和浩特市城市综合承载力呈上升趋势，但城市承载力的增加速率低于人口增长速率，呼和浩特市所能承载的人口数量仍然低于预期人口数量，人口始终处于超载状态。

表3　　　呼和浩特市城市综合承载力系统动力学模型预测结果

年份	市域总人口（万人）	食物型承载力			经济型承载力			城市综合承载力		
2005	211.8	207.51	259.15	296.04	352.64	528.81	646.25	281.36	394.01	470.11
2010	271.13	213.26	266.38	304.31	694.23	1047.64	1274.35	454.90	657.12	778.20
2014	316.50	217.52	271.67	310.35	956.32	1432.12	1756.01	587.99	856.32	1024.21
2025	375.14	221.81	277.07	316.52	1229.62	1860.30	2271.99	731.21	1067.85	1287.60

表4　　　　呼和浩特市城市综合承载力指标体系预测结果

年份	市域总人口（万人）	城市化水平（%）	GDP（亿元）	耕地面积（平方公里）	草地面积（平方公里）	森林覆盖率（%）
2005	213.86	45.71	407.52	570876	685208	17.92
2010	248.13	56.24	1456.02	562932	670948	23.47
2014	276.12	62.73	3623.47	557325	660943	28.5
2025	308.23	68.11	9013.05	551774	651089	36.2

表5　　　呼和浩特市城市综合承载力系统动力学模型预测结果

年份	市域总人口（万人）	食物型承载力			经济型承载力			城市综合承载力		
2005	213.86	207.50	258.15	293.04	351.57	522.81	648.25	283.36	394.01	468.11
2010	248.13	208.26	267.95	294.10	653.23	1045.64	1274.3	454.90	657.12	772.20
2014	276.12	209.97	271.00	297.57	907.32	1437.12	1757.0	569.99	857.32	1014.21
2025	308.23	210.01	273.07	300.06	1129.62	1762.30	2270.9	724.21	1046.85	1241.60

　　方案3（见表6）。该方案为高投入方案（见表7）。在这种方案下，呼和浩特市城市综合承载力增加量速率大于城市人口增加速率。主要原因是城市不断增加了基础设施建设的投入，提高了资源开发的科学性，加大了对环境问题的整治力度。

表6 呼和浩特市城市综合承载力指标体系预测结果

年份	市域总人口（万人）	城市化水平（%）	GDP（亿元）	耕地面积（平方公里）	草地面积（平方公里）	森林覆盖率（%）
2005	218.89	45.72	406.21	570876	685208	17.98
2010	248.13	56.3	1080.25	562932	670948	23.80
2014	276.06	62.71	2178.60	557325	660943	28.5
2025	307.29	68.26	4371.55	551774	651089	36.9

表7 呼和浩特市城市综合承载力系统动力学模型预测结果

年份	市域总人口（万人）	食物型承载力			经济型承载力			城市综合承载力		
2005	218.89	207.50	259.15	296.04	352.57	528.81	646.25	280.36	394.01	470.11
2010	248.13	208.26	266.95	298.10	654.23	1047.64	1274.3	434.90	657.12	778.20
2014	276.06	209.97	271.00	299.57	906.32	1432.12	1756.0	587.99	856.32	1024.21
2025	307.29	211.01	277.07	301.06	1129.62	1760.30	2271.9	731.21	1067.85	1245.60

5 结论与建议

本文运用系统动力学原理建立起城市综合承载力模型，对呼和浩特市综合承载力进行研究后所得结论为：从2008年起呼和浩特市城市综合承载状况属于超载状态，到2014年已经达到严重超载的程度，这说明虽然呼和浩特市近年来经济得到了快速发展，特别是房地产业发展速度最快，经济效益明显，但城市人口数量也随经济的增长逐年增加，经济社会的发展与呼和浩特市可持续发展存在一定的矛盾。

为了提高呼和浩特城市综合承载力，本文建议：

（1）呼和浩特市需要严格控制城市人口数量，减轻城市环境的压力，减少城市对资源的过度消耗，这是改善呼和浩特市城市承载力超载状况的有效途径。

（2）加快呼和浩特市产业结构的优化升级和产业内部经济结构调整，发展低碳经济，循环经济，减少以资源消耗为代价的能源经济发展速度，提高资源的利用效率，增强呼和浩特市承载潜力。

（3）加快完成呼和浩特市配套截污工程和管网收集系统建设，确保污水稳定排放达标，污水处理率达到要求。重点解决工业固体废物和生活垃圾分类处理问题，并合理调整设施，解决目前部分设施超负荷运转。

参考文献

［1］余丹林、毛汉英等：《状态空间衡量区域承载状况初探——以环渤海地区为例》，《地理研究》2003 年第 2 期，第 201—211 页。

［2］A1LAN WA., Studies in African land usage in northern rhodesia, rhodes livingstone papers and No. 15, Cape Town：Oxford U – niversity Press, 1949.

［3］MILLINGTON R, GIFFORD R, et al., Energy and how we liveMAustralian UNESCO seminar, committee for man and Bio – sphere, 1973.

［4］陈百明：《基于区域制定土地可持续利用指标体系的分区方案》，《地理科学进展》2001 年第 3 期。

［5］杨晓鹏、张志良：《青海省土地资源人口承载量系统动力学研究》，《地理科学》1993 年第 1 期，第 69—77 页。

［6］邓永新：《人口承载力系统及其研究——以塔里木盆地为例》，《干旱区研究》1994 年第 2 期，第 28—34 页。

［7］许新宜：《华北地区宏观经济水资源规划理论与方法》，黄河水利出版社 1997 年版。

［8］徐强：《区域矿产资源承载能力分析几个问题的探讨》，《自然资源学报》1996 年第 2 期，第 135—144 页。

［9］SCHNEIDER D., *The Carrying Capacity Concept as a Planning Tool*, Chicago：American P1anning Association, 1978.

［10］Oh K., Jeong Y., Lee D., et al., *An Intergrated Frame Work for*

the Assessment of Urban Carrying Capacity, Korea Plan Assoc，
2002，37（5）：7 – 26.

［11］乔建平、王华昌：《城市规模问题研究》，《城市发展研究》
1997 年第 4 期，第 48—49 页。

［12］吴文恒、牛叔文、何效祖、曾明明：《西部河谷型城市人口容
量研究——以天水市为例》，《经济地理》2006 年第 4 期，第
615—618 页。

［13］李王鸣、潘蓉、祁巍锋：《基于良好环境理念下的城市人口容
量研究——以杭州市为例》，《经济地理》2003 年第 1 期，第
38—41 页。

［14］唐剑武、郭怀成、叶文虎：《环境承载力及其在环境规划中的
初步应用》，《中国环境科学》1997 年第 1 期，第 6—9 页。

基于 TAM 模型的生态文明建设公众参与机制的构建与实践[*]

翟 帅

（湖州师范学院商学院 浙江湖州 313000）

摘 要：生态文明建设在我国经济发展新常态下，有着重要的作用和意义，而公众参与机制建设虽然受到多方重视，却仍未形成系统，为了构建符合公众诉求和实际操作需要的生态文明建设公众参与机制，本文利用 TAM 模型，从公众参与的"易知性、易用性和易趣性"三个维度，分析了公众参与生态文明建设的动因，在此基础上构建基于"O2O"模式的生态文明公众参与机制，并对政府、社区和公众三个生态文明建设的重要主体，提出了相应的建议和对策。

关键词：TAM 模型；生态文明建设；公众参与机制

1 引言

党的十八大已经将生态文明上升到关系人民福祉和民族未来的关键地位，而生态文明建设也已经成为中国特色社会主义的重要组成部分。2005 年，时任中共浙江省委书记的习近平同志，在安吉考察时，提出了著名的"绿水青山就是金山银山"的重要理论，2014 年湖州又获批

---

* 本文感谢教育部留学归国人员启动基金项目、浙江省教育厅一般项目（Y201430695）资助。

"国家级生态文明先行示范区"。

生态文明建设过程中，政府是最主要的推动者，而公众是最重要的参与基础。美国"清洁空气法案"的通过、日本"节能法案"的颁布、巴西的"4000 人环境小组"和澳大利亚"环境保护运动"，这些国外经验，都说明了生态文明建设过程中，公众参与的可能性和重要性。而进入 21 世纪以来，国内学者也从公众参与的动因、可实施方案和公众参与的可能性等方面对公众参与生态文明建设进行了大量的理论和实践研究。

"两山理论"十年来，无论浙江省还是湖州市，在公众参与生态文明建设方面取得了一定成就，也总结了一定的经验，但整体上看，还未形成理论性的体系和系统性的机制，因而，探索公众参与生态文明建设的新路径、新机制，对湖州未来建设生态文明先行示范区，对浙江省构建"美丽浙江"，打造生态文明省有着重要的理论意义和现实意义。

2　文献回顾

公众参与机制的研究最早应用于政治学，在 20 世纪中期，大量应用到消费者行为学等社会经济方面的研究，王书明、杨洪星（2011）以公众参与生态文明建设的典型案例——厦门 PX 事件为例，通过揭示公众参与的内涵及其理论基础，分析了我国在生态文明建设过程中公众参与的重要性及其现状，并提出了加强生态文明建设中公众参与的对策。

裴淑娥、左戍革、王东（2010）从人口与资源之间的矛盾出发，分析经济发展与经济利益的驱动，环境教育严重滞后且公众环保意识普遍较差制约环境保护的公众参与，而在公众参与操作层面上也存在局限。李宗云（2009），王越、费艳颖（2013）对公众参与生态文明建设存在诸多制约因素进行了分析，认为目前缺乏完善的法律制度保障、政府权责缺位；非政府组织（NGO）影响和作用亟待加强；生态文明建设信息公开制度不健全。

而汤文华和段艳丰（2014）、朱晓霄（2013）、秦书生和张泓

（2014）也得出了公众参与生态文明建设的积极主动性缺乏、没有有效的激励和引导机制的结论。杨启乐（2014）从政治学的视角兼顾多元学科、多元角度来探讨和梳理政府的生态环境治理，强调了政府在引导公众参与生态文明建设中的制度建设和宣传引导作用。

郝未宁（2013）、南豪峰（2013）、刘珊和梅国平（2014）、李英和刘奔（2012）等从江西、湖南、黑龙江等地的样本调查出发，分析公众参与的动力和诉求，希望设计出以社区为单位符合公众意愿的、政府主导的综合体系。毛明芳（2009）、张佳刚（2012）和邵光学（2014）等从经济、制度、技术和思想文化四个方面加强生态文明建设，并从战略规划、法律制度和产业支撑等方面探索建立生态文明的长效机制。

TAM（Technology Acceptance Model）模型是美国学者 Davis 在 1967 年首次提出，在 TRA 模型基础之上，综合自我效能理论、期望理论，充分考虑"有用"技术在一定环境下可以提高某种绩效和某种技术的易操作性，可以提高用户的满意度等内容，所构建的"公众对于技术性机制可以接受程度和方式的解释模型"。

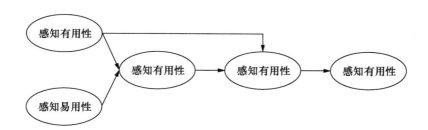

图 1　TAM 模型

TAM 模型在此之后的 50 年中，被大量用于消费者行为、电子政务机制等多方面的研究，Negash 和 Igbaria（2003）的研究指出，感知的有用性和易用性可以大大提高公众对于该技术的可接受程度，对于公众自愿参加该机制并对该机制的使用反馈，产生较大的满意度；DeLone 和 McLean（2003）认为公众对于自己参与政府主导的技术机制，要从自我的动因出发，只有自我对该机制的运行感知深刻，才能产生更大的满意度，从而增强参与度；华裔学者 Lin Hui（2007）在研究美国社区义工行为时，利用 TAM 模型对于义工参与社区公众服务机制进行了分析，认为有效的参与机制要提高增强参与者的易用性和易知性。

国内外学者的大量研究，为本文提供了大量的理论基础和实证数据，但大多数文献对生态文明的参与机制还停留在定性分析，缺少定量研究，对于机制建设的理论建议较多，实证检验较少，因此，本文从 TAM 模型为基础，实证分析公众参与生态文明建设的动因和诉求，从而结合现有理论，将从线上和线下两个维度，来构建符合我们公众诉求和政府希望的"生态文明建设的公众参与机制"。

3   模型与假设

3.1   研究模型

在借鉴已有成果的基础之上，基于公众参与理论和 TAM 模型，并在 Davis（1989）、Negash 和 Igbaria（2003）及 Lin Hui（2007）等学者对 TAM 模型改进的基础之上，加入针对公众参与趣味性评价的"易趣性"指标，构建了本研究模型，如图 2 所示，从"易用性"、"易知性"和"易趣性"三个维度，来分析公众对生态文明参与机制的满意度及公众的参与度。

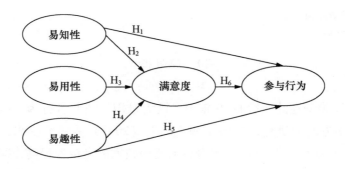

图 2   生态文明建设公众参与满意度与参与行为研究模型

其中，易知性是指生态文明建设的公共参与机制对于公众而言，具有较强的透明度，其机理和操作被公众所方便知晓；易用性是指生态文明建设的公共参与机制对于公众而言，使用该机制的难度较低，在生活和工作之中或者之余，可以较为容易地参与其中；易趣性是指生态文明建设的公众参与机制，有着较强的趣味性，可以增加公众日常工作或者生活的兴趣，对公众有着一定的吸引力。

3.2　研究假设

Grewal、Gotlieb 和 Marmorstein（1994）确认在消费者购买一种产品或者服务时，产品或者服务简单明了的说明，或者核心内容的简单掌握，是影响消费者购买意向的决定性因素。Agarwal 和 Teas（2001）指出难理解的方案会降低公众的参与度。在生态文明建设的公众参与机制中，公众对于机制的理解决定了其参与程度的大小。

H1：生态文明建设的公众参与机制的易知性同公众参与行为呈正相关。

Sun 和 Jin（2011）发现企业或者政府的信誉和感知程度可以使感知价值提升。Dawar 和 Parker（1994）发现公共机制的透明度可以帮助公众判断该机制的水平。因为公共机制的满意度建立需要花费大量的时间和费用，因此消费者相信公共政策或者公共事务的建立是体现公共部门的信誉。如果公众对于公共机制的理解透彻，认为该机制透明易懂，那么公众对于该机制的满意程度也会增加。故本文做如下假设：

H2：生态文明建设的公众参与机制的易知性同公众参与的满意度呈正相关。

根据 Davis（1989）的定义，易用性是指公众对使用目标机制的难易程度。本文将模型的易用性定义为"公众参与生态文明建设的简易度"。复杂的参与过程会降低公众参与的主动性，而简单易用的方式则更能吸引公众。故本文做如下假设：

H3：生态文明建设的公众参与机制的易用性同公众参与的满意度呈正相关。

Crespo 等（2009）分析了用户在体验过程中的趣味性所带来的影响。其研究结果得到证实：有趣的体验对公众参与体验有着积极的影响，而机制设计的机械和乏味则对公众的体验满意度呈消极影响。在本研究中，生态文明建设的公众参与机制，能否增加公众的兴趣和趣味性对提升公众参与的满意度起着重要的作用。故本文做如下假设：

H4：生态文明建设的公众参与机制的易趣性同公众参与的满意度呈正相关。

H5：生态文明建设的公众参与机制的易趣性同公众参与其中呈正相关。

根据 TPB 计划行为理论，公众的态度是行为的决定因素，对于预期行为的结果和评价的态度，决定行为的实施。而 Fishbein 和 Ajzen（1975）认为，公众的行为是一个认真思考并反复计划的过程结果。本文所述的生态文明参与机制的满意度与公众的参与行为之间，虽然是可以转换的，虽然这种转换也有一定的条件和限制，但根据 Noel（1998）和 Skovmand（2007）的研究，公众对于公共事务的满意度可以大大提高其参与度。故本文做如下假设：

H6：公众对生态文明建设参与机制的满意度同其参与行为呈正相关。

4　实证结果

4.1　描述性统计

本文所用问卷，是结合国内外相关文献和评论，针对公众参与生态文明建设的机制，经过与消费者行为、心理学和公共参与机制方面研究的专家和学者多次修改，反复斟酌后设计而成，本文所有数据来自研究团队通过线上"问卷星"网站在线调查，并在浙江湖州进行线下随机访问调查，历时近一个多月整理获得，本次调研共发放问卷 310 份，回收 307 份，剔除 28 份无效问卷，得到有效问卷 279 份，有效回收率 90%，达到本研究的需要，符合相关统计要求。

表 1　　　　生态文明建设的公众参与机制调查的描述性统计

测量	项目	频率	百分比
性别	女性	158	56.47%
	男性	121	43.53%
教育水平	高中	36	12.94%
	大学	168	59.41%
	研究生	66	23.53%
	研究生以上	11	4.12%
公共事务或公益事务参与频率	从不	0	0.00%
	两年不足 3 次	15	5.29%
	一年不足 3 次	53	18.82%
	一年 5 次以上	135	48.24%
	一年 10 次以上	77	27.65%
公共事务或公益事务从事时长	少于 1 年	10	3.53%
	1—2 年	46	16.47%
	2—3 年	67	24.12%
	3—5 年	115	41.18%
	超过 5 年	41	14.71%
合计		279	100%

　　本问卷调查内容主要包含两个部分，一是如表 1 所示的关于被调查者性别、学历、年龄、参与公共事务或者公益事务的频率和时长等人口统计指标的基本特征；二是针对生态文明建设的公共参与机制，在国内外其他学者的研究基础上，设计了考察该机制易知性、易用性和易趣性的题项，问卷主要采用李克特 5 级量表形式，按照"同意"、"满意"、"赞同"和"愿意"的程度，按照 5—1 分赋值，请被调查者根据自身的实际情况对问题进行选择。

4.2　信度和效度分析

　　本问卷主要设置易知性、易用性、易趣性、满意度和参与度五个潜在变量，又分别为每一个潜在变量设置了四个、四个、三个、三个和一个实测变量，每一个潜在变量的指标和问题来源详见表 2。

表 2　　　　　　　　　　**问卷潜在变量的指标来源**

指标	问题来源
易知性	Grewal, Gotlieb 和 Marmorstein（1994）
易用性	Dawar 和 Parker（1994）
易趣性	Crespo（2009）
满意度	Fishbein 和 Ajzen（1975）
参与度	Noel（1998）和 Skovmand（2007）

　　根据 Likert 量表法，本研究首先使用 Cornbach's α 系数法来检验问卷结果的一致性，信度是多次测验测量所得结果间的一致性或稳定性，也包括检验估计测量误差有多少，以实际反映出真实数量程度的一种检验，一般以 Peterson（1994）给出的 0.7 值作为检验通过的标准。使用 SPSS 22.0 对问卷进行初步检验，各部分的 Cronbach's α 值分别为 0.815、0.782、0.768、0.779 和 0.794，均大于 0.7，说明问卷各部分具有较好的一致性。

　　如表 3 所示，在使用 LISERL 8.7 对问卷进行检验性因子分析，各潜在变量的标准化载荷系数均大于 0.55，根据 Fidell（2006）的研究，这说明模型可以很好地解释至少 30% 的潜在变量变异数。而聚敛程度系数（AVE）也都大于 0.6，组合信度（CR）也都大于 0.8，这也说明本问卷具有较好的收敛效度。综合以上分析，本问卷的内容结构达到了本研究的要求和理论所允许的信度水平。

表 3　　　　　　　　　　**实测变量的收敛度检验**

变量	实测变量	标准化载荷系数	t-值	C.R.	AVE 值	Cornbrash's α 值
易知性	易知性1	0.9459	6.2701	0.923	0.857	0.815
	易知性2	0.9054	4.2594			
	易知性3	0.9108	3.7468			
	易知性4	0.9001	5.5920			
易用性	易用性1	0.8372	7.3516	0.867	0.766	0.782
	易用性2	0.9114	9.8514			
	易用性3	0.8978	7.9844			
	易用性4	0.9284	9.5104			

续表

变量	实测变量	标准化载荷系数	t - 值	C. R.	AVE 值	Cornbrash's α 值
易趣性	易趣性 1	0.8915	3.8731	0.908	0.831	0.768
	易趣性 2	0.9314	4.6991			
	易趣性 3	0.9147	2.2689			
满意度	满意度 1	0.8895	30.2852	0.897	0.813	0.779
	满意度 2	0.9137	29.5594			
	满意度 3	0.9101	30.7765			
参与度	参与度 1	0.8649	13.7823	0.873	0.875	0.794

　　为了测验潜在变量的理论特质和预期一致的程度，本文还使用 SPSS 22.0 软件进行问卷的建构效度的分析。利用 KMO 测度值和 Bartlett 球形检验，来确定本问卷内容是否适合进行因子分析，然后根据因子分析得到的各项目的因子结构矩阵，并与检验值进行比较。结果如表 4 所示，各潜在变量的 KMO 值均大于 0.5。Bartlett 球形检验和卡方值的结果也都达到了显著。

　　综上分析，本研究所用量表具有良好的效度和信度，达到了本研究和相关理论的相关要求。

表 4　　　　　　　实测变量的 KMO 和 Bartlett 球形检验

自变量	KMO 值	J 近似卡方值	Bartlett's Test Df.（自由度）	Sig.（显著性）
易知性	0.762	112.891	3	0
易用性	0.771	168.459	1	0
易趣性	0.687	129.397	1	0
满意度	0.735	177.356	3	0
参与度	0.804	284.428	1	0

4.3　拟合度检验

为了检验样本数据与所提出理论假设的一致性和结果的可信性，

使用最大似然法对本模型进行了拟合度检验，具体指标如表 5 所示。模型的绝对拟合度指数（$\chi^2/df = 1.548$，$GFI = 0.957$，$AGFI = 0.741$，$RMESA = 0.056$）和增量拟合度（$NFI = 0.975$，$CFI = 0.929$）相对于评价标准，基本都可以接受，部分达到良好标准，整体来看本模型的各项拟合度指标都基本可以解释前文提出的理论假设，具有良好的说服力。

表 5　　　　　　生态文明建设的公众参与机制模型拟合度检验

指标	评价标准		本模型
	可以接纳	良好	
χ^2/df	<3.0	<2.0	1.548
GFI	0.7—0.9	>0.9	0.957
AGFI	0.7—0.9	>0.9	0.741
CFI	0.7—0.9	>0.9	0.929
RMESA	<0.1	<0.08	0.056
NFI	>0.8	>0.9	0.975

4.4　路径检验

本文采用 AMOS 22.0 对本研究结构方程模型进行检验，基于 5 个潜在变量和 15 个实测变量之间的路径关系，检验各因子检验参数和彼此路径系数，如果 P 值小于 0.05，C. R. 值大于 1.96 同时路径系数符号与假设一致，则认为接受原假设，否则就拒绝原假设。

基于此，如表 6 所示的 SEM 检验结果，各假设的路径系数皆为正，且 P 值都小于 0.05，同时 C. R. 值都大于 1.96，模型解释力 R^2 为 0.697，具有较强的解释力，故可以接受本研究的六个假设。

表 6　　　生态文明建设的公众参与机制模型路径系数及模型解释力

假设	关系	Standardized Estimate	S. E.	C. R.	P 值	结果
H1	易知性→参与度	0.602	0.209	2.818	0.006	支持
H2	易知性→满意度	0.587	0.088	7.009	0.000	支持

续表

假设	关系	Standardized Estimate	S. E.	C. R.	P 值	结果
H3	易用性→满意度	0.624	0.085	3.866	0.007	支持
H4	易趣性→满意度	0.716	0.224	2.604	0.000	支持
H5	易趣性→参与度	0.728	0.097	4.207	0.021	支持
H6	满意度→参与度	0.622	0.089	2.874	0.000	支持
R²		0.697				

　　综合结构方程模型检验的结果，生态文明建设的公众参与机制研究模型路径如图 3 所示，该机制的易知性对公众参与行为的解释系数为 0.602（P < 0.01），易知性对公众参与满意度的解释系数为 0.587（P < 0.001），易用性对于公众参与满意度的解释系数为 0.624（P < 0.01），易趣性对于公众参与满意度的解释系数为 0.716（P < 0.001），易趣性对于公众参与行为的解释系数为 0.728（P < 0.05），公众对于生态文明参与机制的满意度对其参与行为的解释系数为 0.622（P < 0.001）。

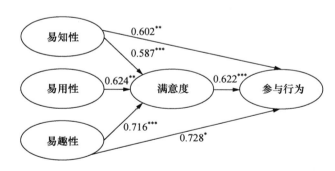

图 3　生态文明建设公众参与行为研究模型路径图

注：＊、＊＊和＊＊＊分别表示 P < 0.05、P < 0.01 和 P < 0.001。

5　参与机制的构建

　　基于生态文明建设的公众参与的满意度和参与行为模型研究，并

综合国内外其他学者对于生态文明参与机制的设计方案，本研究从
"政府—社区—公众"三个参与主体出发，充分结合公众参与的"易
知性、易用性和易趣性"，构建基于"O2O"线上和线下的综合机制
方案，如图 4 所示。

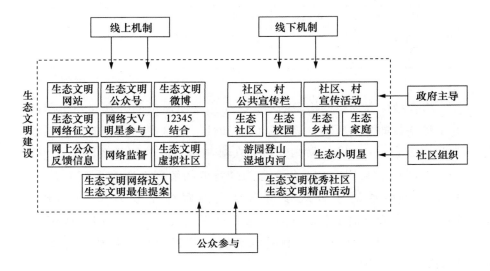

图 4　基于"O2O"模式的生态文明建设公众参与机制

　　第一，简化机制的操作程序，运用互联网和新媒体，用公众所熟
知的线上方式，开始生态文明建设的专用网站、微信公众号和微博，
提高生态文明的宣传力度，这也是作为政府，应该起到的宣传引导
作用。

　　第二，作为公众依托的基层组织，社区和村镇在公众参与机制也
需要扮演重要角色，结合公众日常生活工作的特点，在辖区宣传栏或
者公示栏进行生态文明的线下宣传，可以通过张贴海报、入户传单和
周末家庭活动等线下形式，做好生态文明建设的宣传工作。

　　第三，政府基于公众的现代生活方式，开展诸如生态文明的网络
征文活动，利用网络大 V 和网络名人效应积极开展网上名人参与生态
文明建设活动，增加公众的参与热情，特别是青年学生的参与度，利
用现在流行的 SNS 模式，建设生态文明网络社区，通过网络，将公众

日常参与生态文明建设的图片和文字相互交流，增加公众的参与黏性；同时在线下，政府和社区组织展开"生态社区、校园、乡村和家庭"等便于公众参与的简单活动，既可以活跃生态文明建设的氛围，又增加生态文明建设的公众参与热情。

第四，政府要积极利用互联网资源，积极开展网络监督和网络反馈活动，不要惧怕来自民间公众的意见，并对问题及时处理，增加政府在生态文明建设过程中的公信力，同时积极利用社区组织开展生态文明建设的效果展示，比如，参观生态文明建设示范基地，通过绿水青山的真实体验，既可以增强公众的满意度，又可以增加公众的自豪感，对于公众积极参加生态文明建设，将起到重要的作用。

第五，对于公众参与生态文明建设，除了整体上生态环境的建设和改善，提高公众的满意度外，要有一定的激励反馈，通过网络上"生态文明达人"和"生态文明建设公众提案"形式，结合线下生态文明精品活动的开展，强化公众的参与行为。

6　建议和对策

生态文明建设是我国经济发展新常态下，经济持续健康发展的关键，是应对资源约束趋紧、治理环境污染、防止生态退化的有效手段，按照十八大提出的"优、节、保、建"四大战略任务和湖州市生态文明建设的实践，在整个过程中不仅要发挥政府的主导作用，也要激发社区基层组织的动力，更要发动公众的广泛参与。为了提高公众参与的满意度、建设好公众参与机制，可以从以下几个方面入手：

6.1　制定总规划，强化生态文明建设的保障措施

生态文明建设的首要工作，就是顶层设计，从政府层面，制定总体规划，并颁布公众参与生态文明建设的一系列保障措施。保障公众参与生态文明建设的权利，通过地方立法、颁布地方条例等形式可以提升公众参与的热情，在规划和保障体系下，鼓励公众利用互联网等资源，提交关于生态文明建设的议案和活动方案，并对各级政府、企事业单位的生态文明建设活动实施监督。

6.2 利用新媒体，加强生态文明建设的宣传普及

要充分发挥各类媒体，特别是互联网新媒体的作用，设置线上专栏，开展生态文明和环境文化的网络宣传教育，倡导公众的绿色消费观念，宣传生态道德规范，结合线下活动，开展生态建设的公益活动，充分发挥学校、社区、NGO 团体的作用，提高参与生态文明建设的自觉性。此外，也要加强农村的生态文明宣传，积极推进生态文明建设的城乡协调发展。

6.3 考核加激励，提升生态文明建设的参与效果

在总体规划的基础上，加强对各级组织的考核，使生态文明建设的评估常态化，赋予公众对污染企业、环境监管部门监督的权力，公众参与到生态文明建设的评估中来，既可以发挥公众的监督力量，也可以提升公众参与的成就感。公众监督的结果，同样作为被监督单位和公众自身参与生态文明建设的激励评估参考，对开展线下"生态文明建设达人"等公众评比也可以提供一定的参考。

6.4 形式多样化，展示生态文明建设的成绩进展

积极利用生态绿色创建活动，创新方式，形成生态校园、生态社区、生态家庭等多位一体的新体制，特别要在城镇化建设、城中村建设、棚户区改造过程中，坚持舒适、整洁、宜居的环境建设理念，公众获得生态文明建设的红利，利用绿水青山的走访体验等形式，展示生态文明建设取得的新成绩，让公众真正体验到生态文明建设带来的幸福感。

参考文献

［1］王书明、杨洪星：《加强生态文明建设的公众参与——基于厦门 PX 项目抗争事件的思考》，《科学与管理》2011 年第 2 期，第 5—9 页。

［2］王越、费艳颖：《生态文明建设公众参与机制研究》，《新疆社会科学》2013 年第 5 期。

［3］裴淑娥、左戌革、王东：《公民参与环境意识与生态文明建设现状及途径研究》2010 年第 17 期，第 140—142 页。

［4］李宗云：《中国多元参与式生态文明建设机制研究》，硕士学位论文，长安大学，2009 年，第 77 页。

［5］汤文华、段艳丰：《公众参与生态建设的问题及对策》，《特区经济》2014 年第 7 期，第 120—122 页。

［6］秦书生、张泓：《公众参与生态文明建设探析》，《中州学刊》2014 年第 4 期，第 86—90 页。

［7］朱晓霄：《"长三角区域城市生态文明建设与政府责任"学术研讨会综述》，《高校社科动态》2013 年第 5 期，第 9—12 页。

［8］杨启乐：《当代中国生态文明建设中政府生态环境治理研究》，博士学位论文，华东师范大学，2014 年，第 44—50 页。

［9］郝未宁：《发动公众参与天津生态文明建设的实践与思考》，《绿叶》2013 年第 11 期，第 107—113 页。

［10］南豪峰：《生态文明建设中的社区参与探究》，《经济研究导刊》2013 年第 31 期，第 111—114 页。

［11］刘珊、梅国平：《公众参与生态文明城市建设有效表达机制的构建》，《绿色经济》2013 年第 4 期，第 34—37 页。

［12］毛明芳：《着力构建生态文明建设的长效机制》，《攀登》2009 年第 3 期，第 76—79 页。

［13］张佳刚：《建立健全公众参与机制，推进生态文明建设》，《绿色科技》2012 年第 12 期，第 96—99 页。

［14］李英、刘奔：《居民参与城市生态文明建设的影响因素分析及对策建议——以哈尔滨市问卷调查为例》，《学术交流》2012 年第 2 期，第 80—82 页。

［15］邵光学：《论生态文明建设的四个纬度》，《技术经济与管理研究》2014 年第 12 期，第 129—131 页。

［16］杜勇敏：《生态文明视域下城市社区居民参与机制的建设》，《贵州民族学院学报》（哲学社会科学版）2009 年第 3 期，第 56—59 页。

［17］Davis, F. D., Bagozzi, R. P., Warshaw, P. R., "User Acceptance of Computer Technology: A Comparison of Two Theoretical Models", *Management Science*, 1989, 35（8）: 982 – 1103.

［18］ Negash S., Ryan T., Igbaria M., "Quality and Effectiveness in Web – based Customer Support Systems", *Inform Management*, 2003, 40: 757 – 768.

［19］ DeLone, W. H. and McLean, E. R., "The DeLone and McLean Model of Information Systems Success: A Ten – Year Update", *Journal of Management Information Systems Spring*, 2003, Vol. 19, No. 4, 9 – 30.

江西资源环境绩效评价分析[*]

汤 明[1,2] 曾 芳[1] 熊 焘[1] 严 平[1,2] 胡冬冬[2]

（1. 九江学院鄱阳湖生态经济研究中心 江西九江 332000；
2. 九江学院化学与环境工程学院 江西九江 332000）

摘 要：提高资源环境绩效是江西实现可持续发展的核心和关键。本文利用资源环境绩效指数（REPI）对江西省资源环境绩效进行了系统分析。结果表明：虽然江西的资源环境综合绩效指数逐年增加，到 2012 年已经达到 215.2，排名稳定在 22 位，但是仍然低于全国平均水平。其中，能源消耗绩效指数逐渐提高，用水绩效指数在增加，建设用地绩效指数稳步提升，SO_2 排放绩效指数呈现"N"形曲线，COD 排放绩效指数有所增幅，工业固体废弃物排放绩效指数略有增多。江西省面临产业经济高速发展和生态文明建设的双重压力，提高资源环境绩效是必需的选择。本文依据近 12 年的变动态势推断，未来较长一段时间内江西仍具有较大的资源环境绩效提升空间，并提出了具体对策。

关键词：资源环境绩效；江西；评价

1 引言

资源环境绩效是理解资源与环境矛盾的一个重要途径。自然资源对经济发展的贡献及资源消耗过程中对环境的影响一直备受关注。由

---

* 基金项目：国家社科基金青年项目（编号：12CGL117）；江西省软科学项目（编号：20151BBA10007）；江西省高校人文社会科学研究项目（编号：GL1334）共同资助。

于长期的粗放式发展方式和不科学的产业结构，致使利用效率不高，造成了严重的资源浪费和环境污染。自改革开放以来，我国经济一直保持高速增长。在过去的30年间，我国GDP总量实现年均9.8%的高速增长。2013年我国GDP总量更是高达568932亿元，已经成为世界第二大经济体，人均GDP达6000美元，城镇化率超过52%，市场经济体制基本形成，总体上进入中等收入国家行列。然而，我国经济取得巨大成就的背后，也付出了沉重的环境污染代价。由于我国属于发展中国家，正处于并且将长期处于社会主义初级阶段，这一点决定了我国在发展经济的过程中为了追求经济利益难免会以资源消耗和环境污染为代价。

江西近几年的经济发展比较迅速，GDP总量由2002年的2450.8亿元增加到2011年的11702.82亿元，为2002年的4.8倍，基本实现四年翻一番，年均增长12.8%，高于全国同期GDP年均增速的2.0个百分点。三次产业所占比例由2002年的21.9∶38.5∶39.6调整到2011年的11.9∶54.6∶33.5。说明了江西的工业化水平正在提升，而农业比重却下降了。在城镇化方面，江西2011年城镇人口2051.22万人，城镇化率达到45.70%，与2002年相比，城镇人口增加了691.6万人，平均每年增加78.84万人，城镇化率上升13.5个百分点。随着人口密度的增加，工业的发展，对资源的消耗和环境的破坏也越来越严重。而江西省的发展也还处于粗放型的经济发展模式，这就意味着江西的资源环境综合绩效水平不会有很大的提高。因此，资源与环境的双重约束仍然是江西今后发展需要面对的严峻的问题。

随着经济的高速发展，我国政府也认识到生态环境问题越来越严重，并提出了建设节约型社会，环境友好型社会等政策。尽管如此，我国在大气污染和能源消耗等方面的形势依然严峻。而建设"两型社会"的核心和关键在于不断提高和改善我国各个区域的资源环境绩效水平，以此来解决我国长期以来资源环境与经济发展之间的矛盾，最终达到资源环境与经济发展协调发展的良好局面。为了实现一个新的经济和社会发展模式即资源节约型和环境友好型社会，中国需要加强环境政策实施的有效性和效率的同时，进一步将环境因素纳入区域经济综合决策与评判中。

国际上目前普遍采用资源环境综合绩效指数（REPI）进行国家或

地区的资源消耗和污染物排放的绩效评价，该指数是通过资源利用和污染物排放强度来综合反映资源节约型社会建设水平和绿色发展状况的一种相对指标。2006年，中国科学院可持续发展研究组提出了资源环境综合绩效指数；陈助锋（2007）则完全采用了中国科学院研究小组提出的 REPI 指数以及等权处理，评估了我国 2000—2005 年各省区（除西藏）资源环境绩效水平，得出我国资源环境绩效水平呈现出明显的空间差异而且有不断变好的趋势等结论；陈琳（2007）则以2003年10类资源消耗和污染物排放的数据研究了美国等12个主要国家的资源消耗情况及国际比较分析，并基于 REPI 评估我国 1980—2003年资源环境绩效水平的变化趋势，得出我国整体资源环境绩效水平在这20年间平均每年下降4.9%的结论；郭亚军（2013）等对包含时序加权平均算子（或时序几何平均算子）的动态综合评价问题模型进行了研究，采用了最小方差方法确定时间权重，并通过实例与熵值法的评价结果进行了比较分析，得出最小方差方法较优的结论。本文利用 REPI 及其相关理论知识对江西资源环境绩效进行综合分析，以期为当地政府部门建设生态文明社会的决策提供理论依据和实践指导。

2　分析方法

2.1　资源环境绩效指数计算

资源或污染物的绩效指数可以用一个国家或地区资源消耗或污染物排放量占世界或全国的份额与对应的该国或地区 GDP（或产值）占世界或全国的份额之比来表示，而整个国家、地区或部门的资源环境综合绩效指数则是各类别资源或污染物绩效指数的加权平均。即：

$$REPI_J = \frac{1}{n} \sum_{i}^{n} w_i \frac{g_j/x_{ij}}{G_0/X_{i0}}$$

式中，$REPI_J$ 是第 j 个省、直辖市、自治区的资源环境综合绩效指数；w_i 为第 i 种资源消耗或污染排放绩效的权重，并假设各类资源消耗和污染物排放绩效的权重相同；x_{ij} 为第 j 个省、直辖市、自治区第 i 种资源消耗或污染物排放总量；g_j 为第 j 个省、直辖市、自治区的 GDP 总量；X_{i0} 为全国第 i 种资源消耗或污染物排放总量；G_0 为全国的 GDP 总量。那么 g/x 和 G/X 实际上分别表征的是各省、直辖市、自治区和全国的资源消耗或污染物排放绩效。n 为所消耗的资源或所排放的污染物的种类数。换言之，根据各项指标数据统计分析，自 2000 年以来，全国的资源环境综合绩效指数总体上呈上升趋势，平均每年增长 8.3%，而江西也从 2000 年的资源环境绩效指数 84.5 增长到 2012 年的 212.5，年均增长为 8.0%，在全国的排名顺序波动在第 18—23 位，近几年更是稳定在第 22 位。全国资源环境综合绩效水平排名前十的是北京、上海、天津、广东、浙江、海南、江苏、山东、福建、重庆，其资源环境综合绩效指数高于全国平均水平，而这些省市除重庆外，几乎全部分布在东部地区。资源环境综合绩效水平排名后十位的为黑龙江、江西、山西、内蒙古、云南、贵州、甘肃、青海、新疆、宁夏，其资源环境综合绩效指数分别为全国平均水平的 0.3—0.8 倍。这些省市全部分布在中西部地区，尤其以西部地区居多。由此可见，中国的资源环境综合绩效水平呈现比较明显的时间—空间差异特征。

　　就江西而言，能源消耗绩效从 2001 年的 1.092 万元 GDP/吨标准煤，小幅度下降到 2003 年的 0.927 万元 GDP/吨标准煤，再增加到 2012 年的 1.223 万元 GDP/吨标准煤，能源消耗绩效变化出现小幅度的变动；用水绩效变化比较明显，从 2000 年的用水绩效为 10.7 元 GDP/立方米，到 2012 年时的用水绩效为 38.7 元 GDP/立方米，年均增长 2.3%；建设用地绩效一直在稳定地增加，到 2012 年建设用地绩效为 5.38 万元 GDP/亩；固定资产投资绩效不断减小，从 2000 年的 4.04 元 GDP/元减少到 2012 年的 1.15 元 GDP/元；SO_2 排放绩效变化呈现"N"形曲线；COD 排放绩效从 2000 年到 2012 年，提高了 2 倍，年均增长 10.7%；而工业固体废弃物排放绩效也在逐年增加。能源消耗总量明显增多，从 2000 年的 2505 万吨标准煤到 2012 年的 7680 万吨标准煤；用水总量先降后升，建设用地小幅度增长，SO_2 和 COD 排放总量都出现了先小幅度下降，然后再上升的趋势，工业固体废弃物产生量一直在上升。综合表明：江西省的各项指标的绩效符合全国平均的走势，进一步说明江西的发展是在国家发展战略和各项政策前提下稳步进行的。

表1

江西资源环境绩效评价

年份	2000	2001	2002	2003	2004	2005	2006	2007	2008	2009	2010	2011	2012
全国综合绩效指数	100.0	107.2	116.6	121.6	127.0	131.2	145.8	168.5	189.6	210.6	233.4	239.6	259.2
综合绩效指数	84.5	96.1	99.7	95.6	97.9	103.0	111.9	123.6	142.9	161.5	183.3	186.5	212.5
综合绩效水平排序	20	18	20	21	23	23	23	23	23	21	22	22	22
综合绩效指数变化	13.7	3.8	-4.1	2.4	5.2	8.6	10.5	15.6	13.1	13.5	1.7	14.0	8.0
能源消耗绩效（万元GDP/吨标准煤）	0.934	1.092	0.959	0.927	0.943	0.947	0.978	1.021	1.084	1.136	1.184	1.2	1.223
用水绩效（元GDP/立方米）	10.7	12.1	13.9	18.4	17.7	19.5	22.1	22.0	24.9	27.4	31.4	32.2	38.7
建设用地绩效（万元GDP/亩）	1.62	1.75	2.14	2.38	2.67	2.99	3.28	3.66	4.08	4.41	4.62	5.09	5.38
SO₂排放绩效（万元GDP/吨）	72.4	83.2	96.0	72.7	69.3	66.2	71.9	83.0	100.1	117.0	135.1	145.0	165.5
COD排放绩效（万元GDP/吨）	60.0	61.3	71.9	75.3	79.3	88.7	96.1	110.0	131.1	151.7	174.6	167.0	188.3
工业固体废弃物排放绩效（万元GDP/吨）	0.49	0.58	0.48	0.51	0.55	0.58	0.62	0.66	0.71	0.74	0.80	0.74	0.84
固定资产投资绩效（元GDP/元）	4.04	3.55	2.79	2.26	2.09	1.86	1.75	1.70	1.48	1.15	1.04	1.22	1.15
能源消耗总量（万吨标准煤）	2505	2329	2933	3426	3814	4286	4660	5053	5383	5813	6355	6928	7680
用水总量（亿立方米）	217.6	210.9	202.1	172.5	203.5	208.1	205.7	234.9	234.2	241.3	239.7	262.9	242.5
建设用地（千公顷）	964	969	876	889	896	906	927	940	954	999	1087	1110	1163
固定资产投资（亿元）	578.8	716.5	1008.2	1406.3	1721.9	2176.6	2600.4	3035.6	3951.4	5756.0	7254.1	6935.1	8142.4
SO₂排放量（万吨）	32.3	30.6	29.3	43.7	51.9	61.3	63.4	62.1	58.3	56.4	55.7	58.4	56.8
COD排放量（万吨）	39.0	41.5	39.1	42.2	45.4	45.7	47.4	46.9	44.5	43.5	43.1	50.7	49.9
工业固体废弃物产生量（万吨）	4796	4377	5850	6182	6524	7007	7393	7777	8190	8898	9407	11372	11134

注：以2000年全国各种环境绩效指数为100计算；数据经归一化系数核算。

表2　江西主要环境绩效指数

年份	2000	2001	2002	2003	2004	2005	2006	2007	2008	2009	2010	2011	2012
能源绩效指数	117.0	136.9	120.1	116.2	118.2	118.6	122.5	127.9	135.9	142.4	148.4	153.2	153.3
用水绩效指数	50.9	57.1	65.9	87.2	83.7	92.3	104.9	104.0	118.0	129.6	148.7	152.5	183.4
建设用地绩效指数	75.6	81.8	100.1	111.4	125.1	139.6	153.2	171.1	190.8	206.1	215.9	238.0	251.8
固定资产投资绩效指数	126.2	110.9	87.1	70.6	65.2	58.2	54.7	53.1	46.2	35.8	32.4	38.1	36.0
SO_2 排放绩效指数	124.4	142.9	164.9	124.8	119.1	113.7	123.5	142.7	172.0	201.1	232.2	249.1	284.3
COD 排放绩效指数	74.6	76.3	89.5	93.7	98.6	110.4	119.5	136.9	163.2	188.8	217.3	207.8	234.3
工业固体废弃物排放绩效指数	34.3	40.9	33.8	36.1	38.7	40.7	43.3	46.6	50.1	52.1	56.2	52.3	59.3

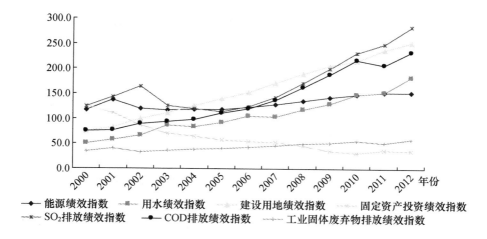

图1　江西主要环境绩效指数变动态势

　　江西在选取的几个指标中，能源绩效指数出现先增后减再增加的趋势，用水绩效指数逐步上升，建设用地绩效指数和 COD 排放绩效指数的变化很大，一直在上升，固定资产投资绩效指数呈现下降的趋势，SO₂ 排放绩效指数变化也出现先增后减，再大幅度上升，工业固体废弃物排放绩效指数处于均衡态势。

　　从各项指标绩效指数的变化中不难看出，江西这几年随着经济的发展，在资源节约和环境保护方面也做出了不少的贡献。但在中部崛起的政策下，江西在中部六省中的发展形势依然不乐观。虽然有各项环保和资源节约的政策或法规颁布，但发展形势仍然摆脱不了粗放型的经济发展模式，而这也是制约江西可持续发展的一个重要因素。

2.2　江西资源环境绩效的国内比较

　　全国资源环境综合绩效指数在 2000 年到 2002 年年均增幅为 8.0%，2003 年到 2005 年的平均增幅为 4.0%，而 2006 年到 2010 年的平均增幅却为 12.24%，再到 2011 年较 2010 年增幅下降为 2.6%，2012 年较 2011 年增幅又上升为 8.2%，上述分析表明，我国的资源环境综合绩效指数变化并不稳定，也进一步说明我国粗放型经济发展的模式还未得到根本解决。

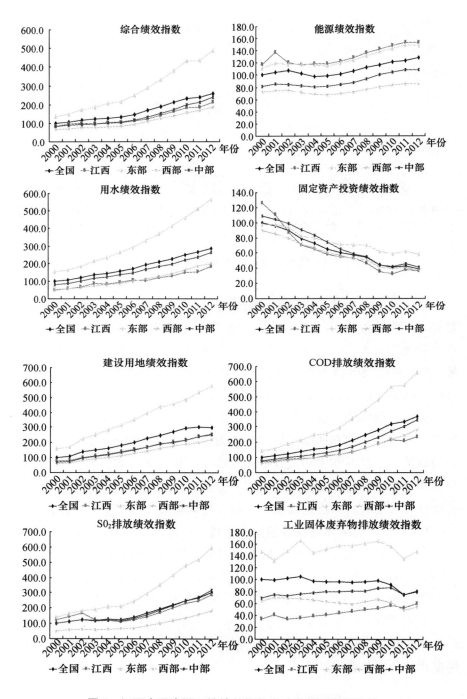

图2　江西主要资源环境绩效指数变动态势的国内比较

就江西而言，其资源环境综合绩效指数的变化趋势和全国的趋势一致，年均增幅为8.0%，低于全国平均水平，也低于东部、中部和西部地区的年均增幅。但在资源环境综合绩效指数数值上高于西部地区，也比较接近中部地区。这表明江西近几年在生态文明建设和可持续发展中的工作已经凸显效果，但还是不足以改变江西本质的经济发展趋势和综合绩效水平的走势。仔细分析可以发现，在资源节约方面，能源消耗绩效指数均高于全国、东部地区、中部地区和西部地区；在用水绩效指数上，比全国平均水平要低，也低于东部和中部地区，与西部地区相比变化不明显；建设用地绩效指数平稳增长，虽然低于全国和东部地区，但也达到了中部平均水平，而且也高于西部地区。而对于环境污染方面，SO_2 排放绩效指数呈现"N"形趋势，且低于东部，但和全国与中部平均水平相差不大，还高于西部地区；COD 排放绩效指数低于全国、东部和中部地区，与西部地区相比，在2010 年之前，两个地区无明显变化，2010 年之后，江西 COD 排放绩效指数低于西部地区；工业固体废弃物排放绩效指数的变化不大，与全国各省份相比，一直处于比较低的水平。

以上数据说明江西近十多年的经济发展处于一个高速发展状态，各种资源的消耗也逐渐增多，经济增长速度也很快，污染状况也愈加严重，从而形成以上的变化趋势。但整体而言，江西仍处于比较落后的地位，仅仅比西部地区的省份状况要良好些，而在中部六省中，江西省还需要多做努力，以东部地区为目标，把握好经济发展与可持续发展之间的平衡点，从而实现江西的高速崛起。

3 主要结论

（1）江西资源环境综合绩效指数在全国范围属于较低水平，还未达到全国中等程度，排名也大多是在全国后十位之中。这就需要江西在高速发展经济的同时也要注重资源的节约和环境的保护，以达到生态文明建设的目的。

（2）江西在资源消耗上，其能源消耗绩效指数比较大，高于全国平均水平，也比东部、中部及西部高许多；用水绩效指数和建设用地绩效指数都低于全国平均水平，增长也很缓慢。

（3）对于污染物排放方面，江西 SO_2 排放绩效指数呈现"N"形趋势，COD 排放绩效指数和工业固体废弃物排放绩效指数一直处在低于全国平均水平，无明显的增长趋势，表明江西省还处于工业发展阶段，并没有彻底地进行产业结构的调整和转型，在这方面的工作仍需努力。

4　对策建议

资源环境绩效指数与经济发展水平和发展阶段密切相关，并且已成为影响区域竞争力的重要因素。提高资源环境绩效是减缓或控制资源消耗和污染物排放增长速度、促进实现绿色发展乃至于可持续发展目标的重要前提和基础。江西作为中部欠发达的省份，本身具有许多资源和环境上得天独厚的优势，应根据自身特点，对产业进行结构调整，转变发展方式，加强科技创新力度，增强经济整体竞争力，实现江西科学发展、绿色崛起的可持续发展目标。为此，本文提出以下几点建议：

4.1　转变经济发展理念，实现机制体制创新

江西作为欠发达地区，其观念、制度和体制机制较发达地区滞后严重。要进一步解决经济发展中的矛盾和问题，提高经济发展质量，就必须从根本上破除体制和机制上的障碍，深化改革，构建并完善有利于经济科学发展的体制机制，转变经济发展方式、创新发展模式，把经济发展切实转入全面协调可持续发展的轨道。

4.2　转变工业发展路径，实现新型工业化产业体系的创新

由于江西工业基础薄弱，技术、人才和资金等要素都比较缺乏，因此新型工业化发展好，就必须有所突破，在产业发展体系方面要有所创新：一是要提升产业发展水平，不仅产业集群集约发展，还要优化产业区域布局；二是进一步改造好传统工业，实现产业的升级换代；三是抓住机遇发展战略性新兴产业，实现产业创新。

4.3　转变农业发展方式，推进农业发展现代化

由于社会主义新农村建设的提出，虽然取得了良好的效果，但在新时期也出现了不少的问题，所以应该不断转变农业发展方式，推进农业发展现代化：一是大力推进农业产业化经营；二是实施科教强农战略；三是加强农村基础设施建设；四是加大对农村企业的扶持力度。

4.4　加快生态立法，营造良好的生态文明建设法制环境

就是要以生态文明为导向，建立健全和完善各项法律制度，构建生态文明建设的法制保障机制。要从江西生态文明建设的实际情况出发，以维护环境权益和促进可持续发展为目标，对现有的环境保护法律制度进行补充和完善，真正做到生态文明有法可依。

参考文献

[1] 傅晓艺：《中国省际资源环境绩效评估及影响因素研究》，硕士学位论文，厦门大学，2014 年，第 1—49 页。

[2] 王果、薛华：《江西经济发展趋势及对策研究》，《科技广场》2012 年第 9 期，第 209—214 页。

[3] 陈劭锋：《面向节约型社会的资源环境绩效国际对比研究》，《中国可持续发展》2006 年第 3 期，第 23—26 页。

[4] 陈劭锋：《2000—2005 年中国的资源环境综合绩效评估研究》，《管理科学研究》2007 年第 6 期，第 51—53 页。

[5] 中国社会科学院可持续发展战略研究组：《2014 中国可持续发展战略报告——创建生态文明的制度体系》，科学出版社 2014 年版，第 316—358 页。

[6] 黄小勇、尹继东：《中部地区工业化水平与发展方式转变》，《华东经济管理》2010 年第 5 期。

[7] 邱爱军、王再岚、吴建军、韩雪等：《新疆资源环境绩效研究》，《中国人口·资源与环境》2009 年第 4 期，第 61—65 页。

[8] 王再岚、马中、韩雪、李静敏、任鹏等：《宁夏资源环境绩效及变动态势》，《生态学报》2009 年第 12 期，第 6490—6497 页。

［9］ 黄小勇、尹继东、唐斌：《江西经济发展水平综合评价与转变经济发展方式研究》，《华东经济管理》2012 年第 2 期，第 23—28 页。

［10］ 温珍梁、李琳：《建设富裕和谐秀美江西——江西生态文明建设的实践与路径选择》，《科技论文与案例交流》2013 年第 9 期，第 77—78 页。

［11］ 程承坪：《中国经济可持续发展的优势与挑战》，《经济增长与经济发展》2013 年第 9 期，第 84—89 页。

［12］ 牛文元：《中国可持续发展的理论与实践》，《领域进展》2012 年第 3 期，第 280—288 页。

［13］ 国家统计局：《江西统计年鉴》（2013），中国统计出版社 2014 年版。

青海省重点开发区域人口资源环境承载力问题研究[*]

诸宁扬[1] 丁生喜[1] 王晓鹏[2]

(1. 青海大学财经学院 青海西宁 810016；
2. 青海师范大学数学系 青海西宁 810008)

摘 要：本文调查分析青海省重点开发区域发展现状，采用定量分析的办法对青海省重点开发区域人口资源环境承载力水平进行动态评价和横向对比。在此基础上，分析重点开发区域存在的问题，提出青海省重点开发区域人口资源环境承载力提升的对策。

关键词：人口资源环境承载力；综合评价；对策

党的十八大提出，要大力推进生态文明建设，努力建设美丽中国，实现中华民族永续发展，区域人口资源环境承载力就是支持永续发展的基础。相关研究文献从资源环境承载力角度，对我国不同区域的资源环境承载力进行了定量评价。青海省 2014 年发布的主体功能区规划中，重点开发区域包括东部重点开发区域和柴达木重点开发区域两部分，在青海省未来社会经济发展中将承担重要的人口经济活动承载任务。本文采用定量分析方法，对西部大开发以来青海省重点开发区域人口资源环境承载力水平进行评价和对比，分析重点开发区域存在的问题，为青海省优化空间布局提供参考依据。

---

* 基金项目：国家社会科学基金项目（12BMZ－072）；国家社科基金项目（15BJY－003）。

1　青海省重点开发区域现状

青海省位于青藏高原，2012 年青海省常住人口是 573.17 万人，其中城镇人口 271.92 万人，占 47.44%。全省 GDP 达到 1893.54 亿元，三次产业占 GDP 比重为 9.3∶57.7∶33，农业与非农就业比重是 57.3∶42.8。全省森林面积 370.01 万公顷，森林覆盖率仅 5.2%。根据青海省主体功能区规划，到 2020 年，重点开发区域要聚集全省约 90% 的经济总量，人口密度达到 68 人/平方公里。要实现规划目标，必须首先对重点开发区域的综合承载力水平进行评价。

2　青海省重点开发区域人口
资源环境承载力实证分析

主成分分析旨在利用降维的思想，经过线性变换，在损失很少信息的前提下，以少数新的综合评价变量（即主成分）取代原来的多维变量，把多个指标转化为几个综合指标的多元统计方法，适合用于解决综合评价问题。因此，本文采用主成分分析方法进行人口资源环境综合承载力评价。通过对青海省重点开发区域的综合分析，建立青海省重点开发区域人口资源环境承载力评价指标体系。具体包括：X_1 总人口；X_2 人口密度；X_3 城镇化率；X_4 人口自然增长率；X_5 GDP；X_6 人均 GDP；X_7 非农产业比重；X_8 非农就业比重；X_9 农牧民人均纯收入；X_{10} 城镇人均可支配收入；X_{11} 全社会固定资产投资额；X_{12} 人均耕地面积；X_{13} 行政区域土地面积；X_{14} 森林覆盖率；X_{15} 研发支出占 GDP 比重；X_{16} 全年专利申请数；X_{17} 专业技术人员数；X_{18} 万元工业增加值 SO_2 排放量；X_{19} 单位地区生产总值电耗；X_{20} 单位耕地化肥使用量；X_{21} 民用汽车拥有量；X_{22} 工业废水排放量达标率；X_{23} 环境污染治理本年完成投资额；X_{24} 垃圾处理站数。

2.1　青海省重点开发区域人口资源环境承载力评价结果

通过查阅青海省统计年鉴（2000—2013 年），整理得到青海省重点开发区域 26 个区（县）1999—2012 年相关原始数据，对其标准化，再利用 SPSS19.0 软件中的主成分分析法，以特征值大于 1 以及累计贡献率超过 85% 的两项原则筛选得到 4 个主成分，方差贡献率分别为 56.5%、15.4%、8.4%、6.3%，累计贡献率达到 86.6%，根据各项指标的主成分载荷矩阵（略）得知，F_1 在 X_5、X_6、X_7、X_9、X_{10}、X_{11}、X_{16} 等指标上的载荷值较大，因此，F_1 命名为经济发展因子；F_2 在 X_{13}、X_{14}、X_{15}、X_{20}、X_{21} 等指标上的载荷值较大，F_2 命名为科技贡献因子；F_3 在 X_1、X_2、X_4、X_{12}、X_{17} 等指标上的载荷值较大，命名为人口素质因子；F_4 与 X_3、X_8、X_{18}、X_{19}、X_{22}、X_{23}、X_{24} 总体联系较大，命名为生态环境因子。根据各主成分方差贡献率/累计方差贡献率得到主成分权重 $f_1 = 0.652$、$f_2 = 0.177$、$f_3 = 0.097$、$f_4 = 0.072$；综合得分为 $F = F_1 \times f_1 + F_2 \times f_2 + F_3 \times f_3 + F_4 \times f_4$。

通过计算得出青海省重点开发区域 1999—2012 年的人口资源环境承载力各主成分得分以及综合得分，结果见表 1 及图 1。

表 1　青海省重点开发区域 1999—2012 年的人口资源环境承载力各主成分得分以及综合得分

年份	F_1	F_2	F_3	F_4	综合得分	年份	F_1	F_2	F_3	F_4	综合得分
1999	-2.919	0.322	0.026	0.063	-2.508	2006	1.566	-0.003	-0.055	0.082	1.590
2000	-2.389	0.339	0.022	0.075	-1.952	2007	2.636	-0.157	0.021	0.078	2.577
2001	-1.749	0.325	0.003	0.089	-1.332	2008	2.951	-0.062	-0.038	0.082	2.933
2002	-1.032	0.382	-0.027	0.147	-0.530	2009	3.059	0.008	-0.024	0.105	3.148
2003	-0.627	0.307	-0.062	0.103	-0.280	2010	3.916	0.218	0.116	0.081	4.331
2004	0.689	0.054	-0.088	0.081	0.736	2011	5.686	0.529	-0.073	0.033	6.175
2005	1.714	0.042	-0.104	0.085	1.737	2012	5.731	0.448	-0.014	0.165	6.330

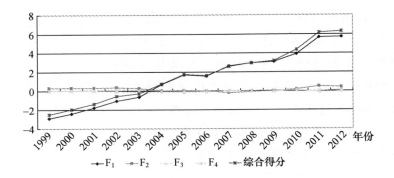

图1 青海省重点开发区域 1999—2012 年的人口
资源环境承载力综合得分变动图

从表 1 和图 1 可以直接看出，西部大开发以来，青海省重点开发区域承载力综合水平不断提高，综合得分从 1999 年的 -2.508 提高到 2012 年的 6.33，承载力水平呈现出不断上升的趋势。并且出现两个明显转变，一是在"十五"期间的 2004 年，综合得分由负转正，实现了一个突破；二是进入"十二五"以来，青海省响应国家政策要求，重视生态环境保护，重点开发区域的综合承载力水平取得明显提升。

2.2 青海省重点开发区域 26 个区（县）综合承载力水平比较

通过选取青海省重点开发区域包含的 26 个区（县）2012 年的数据，利用 SPSS19.0 软件计算出各评价单元的主因子得分，并加权求和，得到 2012 年青海省重点开发区域 26 个区（县）人口资源环境承载力综合得分（见表 2 及图 2）。

表 2 青海省 2012 年 26 个重点开发区（县）
人口资源环境承载力综合得分

地区	F_1	F_2	F_3	F_4	F	地区	F_1	F_2	F_3	F_4	F
城东区	0.869	0.402	-0.027	-0.164	1.079	海晏县	-0.614	0.260	0.178	-0.094	-0.270
城中区	1.372	0.302	0.419	-0.127	1.966	同仁县	-0.551	0.552	-0.080	-0.230	-0.308
城西区	0.816	0.264	-0.013	-0.026	1.041	尖扎县	-0.613	0.350	0.031	-0.116	-0.348
城北区	1.008	0.235	0.076	-0.106	1.214	共和县	-0.669	0.069	0.107	-0.114	-0.606

续表

地区	F_1	F_2	F_3	F_4	F	地区	F_1	F_2	F_3	F_4	F
大通县	0.056	-0.104	-0.566	-0.044	-0.658	贵德县	-0.493	0.263	-0.010	-0.145	-0.385
平安县	0.385	-0.174	-0.657	-0.088	-0.535	贵南县	-1.111	-0.171	0.191	0.068	-1.023
民和县	-0.241	0.352	-0.338	-0.142	-0.369	格尔木	0.671	0.210	-0.243	0.183	0.821
乐都市	-0.183	0.404	-0.178	-0.177	-0.134	德令哈	-0.139	0.510	-0.121	-0.170	0.079
湟中县	-0.088	0.106	-0.369	-0.179	-0.530	乌兰县	-0.261	0.589	-0.071	-0.161	0.096
湟源县	-0.104	0.285	-0.342	-0.159	-0.320	都兰县	-0.881	0.046	0.006	0.025	-0.804
互助县	-0.105	0.209	-0.347	-0.180	-0.422	茫　崖	-0.198	1.273	-0.105	-0.025	0.945
化隆县	-0.307	0.369	-0.188	-0.223	-0.349	大柴旦	-0.147	1.014	-0.076	0.071	0.862
循化县	-0.231	0.343	-0.134	-0.214	-0.236	冷　湖	-0.245	1.154	-0.114	-0.032	0.764
均值	-0.077	0.350	-0.114	-0.099	0.060						

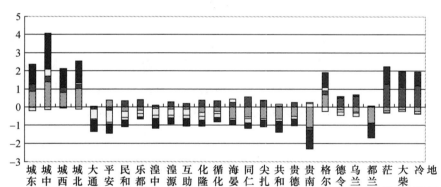

图 2　青海省重点开发区域 26 个区（县）人口资源

环境承载力综合得分示意图

从表 2 可以看出，青海省重点开发区域各地区间综合承载力水平有较大差别，如果以综合得分来聚类，可以分成三个梯度：F > 0 的第一梯度地区包括西宁市四区、格尔木市、德令哈市、乌兰县和茫崖、大柴旦、冷湖；0 > F > -0.5 的第二梯度地区包括民和县、乐都市、湟源县、互助县、化隆县、循化县、海晏县、同仁县、尖扎县、贵德县；F < − 0.5 的第三梯度地区包括大通县、湟中县、平安县、共和县、贵南县、都兰县。

从图 2 明显可以看出，青海省重点开发区域自东向西分布，其人口资源环境综合承载力水平呈"U"形，位于东部的西宁市四区和柴达木盆地的综合承载力明显较高，其余东西部之间的过渡地带综合承载力较低，远低于均值水平。

3 青海省重点开发区域人口资源环境综合承载力存在的问题

3.1 青海省重点开发区域综合承载力各主要因素影响不同

从图 1 可以看出，1999—2012 年 4 个主成分对青海省重点开发区域的综合承载力贡献并不相同，其中经济发展因子 F_1 对人口资源环境承载力起决定性作用，其余的 3 个主成分贡献值较小，总体呈现出较为稳定的发展趋势。从图 2 中可以看出，青海省东部重点开发区域中综合得分最高的是西宁市四区，其中经济因子 F_1 对综合承载力的贡献也最大，提升了西宁市的人口资源环境承载力水平。柴达木盆地重点开发区域综合得分较高的是格尔木市，区域科技因子 F_2 所占比值较高，说明在该区域中随着科技要素投入的增加，促进了经济增长方式的转变，从而提高了区域的人口资源环境承载力。

如表 1 和表 2 所示，重点开发区域人口素质因子 F_3 出现下降趋势，是导致综合承载力下降的影响因素。这是由于西部大开发以来，人口大量迁移进入重点开发区域 26 个市（县），一方面使人口密度增大；另一方面人口素质没有同时提升，使区域综合承载能力出现下降。

3.2 青海省重点开发区域人口资源环境综合承载力不平衡

如表 2 和图 2 所示，青海省重点开发区域中综合得分最高的城中区承载力指数为 1.966，最低的是贵南县承载力指数仅为 − 1.023，差距是 2.989；城中区 F_1 得分最高，达到 1.372，F_1 得分最小的贵南县

仅为 -1.111, 差距是 2.483; F_2 得分最大的是茫崖, 达到 1.273, 最小的平安县仅为 -0.174, 差距为 1.447; F_3 最大是城中区, 得分为 0.419, 最小的平安县为 -0.657, 差距为 1.076; F_4 得分最高的格尔木市, 其值为 0.183, 最小的同仁县仅为 -0.23, 差距为 0.413。这说明不仅各个区域间综合承载力相差甚远, 而且随着经济发展和区域开发, 这 26 个市 (县) 在经济、科技、人口、环境方面也有很大差异。

3.3 青海省重点开发区域发展基础差距较大

在 26 个重点开发市 (县) 中, 人口密度最大的城中区达到 11800 人/平方公里, 最小的大柴旦仅 0.478 人/平方公里; 大柴旦人均 GDP 高达 77280 元, 而海晏县人均 GDP 仅 11186 元; 贵南县人均耕地面积 0.369 公顷/人, 茫崖和冷湖耕地面积则为 0; 研发支出占 GDP 比重最大的是茫崖, 达到 2.84%, 最小的是化隆县仅为 0.03%; 万元工业增加值 SO_2 排放量最大的是贵南县为 0.086 吨, 最小的是城东区为 0; 工业废水排放量达标率最大的是城西区, 达到 100%, 互助县仅为 25%。从以上数据可以看出, 青海省重点开发区域虽然地域广阔, 但受到区域自然条件、技术水平等影响, 可开发利用面积较小, 开发基础差异大, 一定要因地制宜进行合理开发。

4 提升青海省重点开发区域 人口资源环境承载力的对策

4.1 制定科学的人口迁移政策, 促进人口合理流动

青海省重点开发区域中综合得分较高的区域人口资源环境承载力较强, 可以支撑更多的人口容量和经济活动, 具有更大的开发潜力。因此, 需要制定科学的人口迁移政策, 放宽综合承载力水平较高区域的落户标准, 促进人口从综合承载力水平较低的区域迁往综合承载力水平较高的区域。例如将非重点开发区域的人口逐步迁移到西宁市四区以及格尔木市、德令哈市等区域, 既能缓解脆弱区域人口的过度增长带来的资源、环境的压力, 又能更快地促进这些迁入地增加人口容量, 提高经济集聚效果, 促进区域经济繁荣发展。

4.2 合理规划青海省重点开发区域空间布局

青海省重点开发区域 26 个市（县）发展的经济、资源、技术条件也不均衡，由于存在发展的短板，木桶效应限制了区域自身加速的发展。因此，要根据区域特点规划特色产业发展，在注重发挥青海省重点开发区域自身优势的基础上，改进区域综合发展能力，比如增加科技要素的投入，加强环境污染治理等，促进重点开发区域各具特色，协调发展。

参考文献

［1］ 陆建芬：《环境资源承载力评价研究》，硕士学位论文，合肥工业大学，2012 年。

［2］ 汪安佑、雷涯邻、沙景华编：《资源环境经济学》，地质出版社 2005 年版。

［3］ 董文、张新、池天河：《我国省级主体功能区划的资源环境承载力指标体系与评价方法》，《地球信息科学学报》2011 年第 2 期，第 177—182 页。

［4］ 马爱锄：《西北开发资源环境承载力研究》，博士学位论文，西北农林科技大学，2003 年。

［5］ 吴振良：《基于物质流和生态足迹模型的资源环境承载力定量评价研究》，硕士学位论文，中国地质大学（北京），2012 年。

［6］ 钟世坚：《区域资源环境与经济协调发展研究》，吉林大学，2013 年。

［7］ 甘佩娟、丁生喜：《柴达木盆地经济可持续发展评价研究》，《中国农业资源与区划》2014 年第 3 期。

［8］ 秦成：《资源环境承载力评价指标研究》，《中国人口·资源与环境》2011 年第 12 期，第 335—338 页。

［9］ 王晓鹏、丁生喜等：《基于多元统计的可持续发展动态评价模型及应用》，《数理统计与管理》2011 年第 1 期。

［10］ 丁生喜等：《青海省重点开发区域人口资源环境承载力评价研究》，青海省"十三五"规划前期研究课题，2014 年。

基于成分法的北京鹫峰国家森林公园旅游生态足迹研究*

张　颖　潘　静　陈　珂

（北京林业大学经济管理学院　北京　100083）

摘　要：依据生态足迹成分法的理论、方法，计算了北京鹫峰国家森林公园旅游生态足迹。研究表明：2013年，鹫峰国家森林公园总旅游生态足迹为183.08公顷，总生态承载力为225.16公顷，总旅游生态盈余为42.07公顷，人均旅游生态盈余为0.0004公顷/人。反映了鹫峰国家森林公园旅游处于生态盈余状态，也处于生态安全的状态。但同北京森林公园整体生态赤字状态相比，研究建议应将生态赤字较大的森林公园客流量调节到处于生态盈余的森林公园去，并加强对森林公园开发的管理，提高森林游憩资源利用效率，提升旅游者的环保意识，以促进森林公园旅游的可持续发展。

关键词：森林旅游；生态足迹；生态承载力；生态赤字；国家森林公园；北京

1　引言

近年来，生态足迹分析方法在可持续发展评价研究中得到广泛重

* 基金资助：国家社科基金重点项目"我国西部林业生态建设政策评价与体系完善研究"（11&ZD042）；环保部"环境资产核算的国际经验借鉴研究"（HBXM141116）。

视。它的应用领域也不断扩大，不仅用于一般的可持续发展状况、区域资源利用的宏观评价，也用于具体的工程建设项目规划和政策评估的研究等。2002 年，生态足迹分析方法在旅游业的应用被 Hunter 提出后，经过许多专家的改进，形成了旅游生态足迹法。国外学者对该问题的研究始于对旅游要素的生态足迹分析，主要研究旅游活动对生态环境的影响，并在此基础上计算旅游活动的各种生态空间面积，进而与生态承载力比较，并判断旅游业的可持续发展状态。国内对旅游生态足迹的研究起步较晚，多为针对某一处公园的游憩状态进行研究，但对森林公园森林旅游的生态足迹的研究较少。采用的方法也与国外相同，主要计算旅游要素的生态足迹，进而判断某一公园的旅游可持续状况。本文主要采用旅游生态足迹法，研究北京鹫峰国家森林公园的森林旅游可持续状况，进而为森林公园管理和决策提供依据。

2 鹫峰国家森林公园概况及计算方法

2.1 森林公园概况

鹫峰国家森林公园位于北京海淀区北安河境内，总面积为 832.04 公顷。公园位于北纬 39′54，东经 116′28 之间，地处北京西北郊太行山北部，燕山东端，横跨北京海淀和门头沟两区。公园地处太行山脉，园内最低海拔 100 米，最高山峰 1153 米。公园年均温度 12.2℃，年降雨量近 700 毫米，植物生长期为 220 天，无霜期 180 天，晚霜在 4 月上旬，早霜在 9 月上旬。特殊的地理位置和气候条件，为公园内的动植物生长提供了适宜的环境。

公园自然资源丰富，森林覆盖率高达 96.2%。园区内植被属于温带落叶林带的山地林和油松林带，主要以天然次生山杨林、槲树和山杨混交林为主。公园共有露地植物 110 科 313 属 684 种，其中包括一些变种。公园风景资源分布特征明显，并具备一定的独立性和完整性。目前，景区约有昆虫资源 12 目 72 科 371 种，昆虫种类多达 800 余种。园区内地形变化丰富，植被条件较好，人为破坏少，拥有山鸡等多种鸟类，以及孢子、野兔等小型动物。鹫峰国家森林公园人文历史悠久并保存完好，公园内的名胜古迹有建于明朝的秀峰寺、清朝的鹫峰山庄和响塘庙、民国时期的消债寺、中国的第一座地震台——鹫峰地震台，还有朝阳观音洞、秀峰寺和金仙庵等。园内的诸多名胜古迹，使得鹫峰国家森林公园具有丰富的自然和人文资源。

鹫峰国家森林公园距北京市中心约 30 公里，距颐和园北宫门约 18 公里。2004 年被国家正式批准为国家级森林公园以来，年接待游客逾 8 万人次，并成为北京城郊距离市区最近的国家森林公园。

2.2　计算方法

旅游生态足迹有两大类计算方法：一类为综合法，主要是自上而下的计算方法，一般根据区域性或全国性的统计资料，得到旅游消费项目的总量数据，再根据旅游人数，计算旅游人均消费量。这种方法适合大尺度生态足迹的计算。另一类为成分法，即自下而上的计算方法。该方法把旅游活动过程中的消费分为食、住、行、游、购、娱等类别，再通过实地调查等方式，得到人均旅游的消费数据。这种方法适合于小尺度的生态足迹计算。本文主要采用成分法研究北京鹫峰国家森林公园的旅游生态足迹。

2.2.1　旅游生态足迹计算

旅游生态足迹计算是以生态足迹基本方法为基础，将旅游活动占用和消耗各种资源转换为生物生产性土地面积。计算中，一般将旅游活动分为交通、住宿、餐饮、购物、游览和娱乐六大类并计算出支持一定数量旅游活动所需要的资源以及吸纳旅游活动所产生的废物的土地面积。成分法计算旅游生态足迹时一般分项进行测算，具体计算公式如下：

（1）交通生态足迹

交通生态足迹的计算包括两部分：一是游客从常住地到旅游目的地往返的能源消耗和旅游交通设施占用；二是游客在各旅游目的地内旅行的能源消耗及其旅游交通设施的占用。计算中，能源消耗计算主要是游客乘坐各种交通工具所消耗的能源，旅游交通设施也主要指机场、车站、公路、铁路、轮船码头、停车场等。计算的公式为：

$$TEF_{transport} = a_1 \sum (S_i \times R_i) + a_2 \sum \left(N_j \times D_j \times C_j \times \frac{q_k}{r_k} \right) \qquad (1)$$

式（1）中：a_1 为交通设施建筑用地的均衡因子；S_i 为第 i 种交通设施的面积；R_i 为第 i 种交通设施的游客使用率；a_2 为化石能源地的均衡因子；N_j 为使用第 j 种交通工具的游客数；D_j 为使用第 j 种交通工具的游客的平均旅行距离；C_j 为使用第 j 种交通工具的游客的人均单位距离能源消耗量；q_k 为单位第 k 种能源所包含的能源量；r_k 为第 k 种世界单位化石燃料生产土地面积的平均发热量。

（2）住宿生态足迹

住宿生态足迹的计算也包括两部分：一是为游客提供住宿所占用的生态生产性土地面积。主要有不同档次的旅店、酒店、度假村、招待所等占用的生态生产性土地面积；二是为游客提供的各种服务的能源消耗，如制冷、供热、清洁、照明、上网、电视等的能源消耗。具体计算公式为：

$$TEF_{accommo} = a_1 \sum \left(N_i \times S_i \right) + a_2 \sum \left(365 \times N_i \times K_i \times \frac{C_i}{r} \right) \quad (2)$$

式（2）中：a_1 为旅游住宿设施建筑用地的均衡因子；N_i 为第 i 种旅游住宿设施的床位数；S_i 为第 i 种旅游住宿设施每个床位所占用的建筑用地面积；a_2 为化石能源用地的均衡因子；K_i 为使用第 i 种旅游住宿设施的年平均客房出租率；C_i 为第 i 种旅游住宿设施每个床位的能源消耗量；r 为世界单位化石燃料生产土地面积的平均发热量。

（3）餐饮生态足迹

餐饮生态足迹的计算主要包括三部分：一是向游客提供餐饮服务的设施所占用的建筑用地；二是游客在旅游期间所消耗的粮食、肉类、蔬菜、水果等生物资源所占用的生物资源土地；三是提供餐饮服务的能源消耗所对应的化石能源土地面积。餐饮生态足迹计算公式为：

$$TEF_{food} = a_1 \sum S + a_2 \sum \left(N_j \times D_j \times \frac{C_j}{P_i} \right) + a_3 \sum \left(N_j \times D_j \times \frac{E_j}{r_j} \right)$$

$$(3)$$

式（3）中：a_1 为餐饮设施建成地均衡因子；S 为各类餐饮设施的建成地面积；a_2 为生物资源生产土地均衡因子；N_j 为旅游人次；D_j 为游客平均旅游天数；C_j 为游客人均每日第 j 种食物的消费量；P_i 为

第 i 种食物相对应的生物生产性土地的年平均生产力；a_3 为化石能源地均衡因子；E_j 为游客人均每日第 j 种能源的消耗量；r_j 为第 j 种能源的单位化石燃料生产土地面积的平均发热量。

（4）旅游购物生态足迹

旅游购物生态足迹是旅游活动的延伸。主要指游客们在旅游地购买一些旅游纪念品、当地特色产品和其他一些生活用品等活动。旅游购物生态足迹计算也主要包括两部分：一是旅游商品生产与销售设施的建筑用地；二是游客在旅游期间购买旅游商品所消耗的生物资源、工业产品、能源等。计算中，生态生产性土地包括耕地、林地、水域和化石燃料用地等。另外，游客在旅游目的地购买的商品多种多样，千差万别，不同类型的旅游商品对应的生态生产性土地类型也不同。一般计算时，假定旅游者购买的商品集中在几种主要的商品上。同时，由于旅游商品的生产和销售的能源消耗相对较少，在生态足迹的计算中也常常忽略不计。旅游购物生态足迹计算公式为：

$$TEF_{shopping} = a_1 \sum S_i + a_2 \sum \left[\left(\frac{R_j}{P_j} \right) \div g_j \right] \tag{4}$$

式（4）中：a_1 为旅游商品生产与销售设施所占用的建筑用地均衡因子；S_i 为第 i 种旅游商品生产与销售设施的建成地面积；a_2 为化石能源地的均衡因子；R_j 为游客购买第 j 种旅游商品的消费支出；P_j 为第 j 种旅游商品的当地平均销售价格；g_j 为第 j 种单位旅游商品相对应的当地生物生产性土地的年平均生产力。

（5）旅游观光生态足迹

旅游观光生态足迹的计算，主要指游客所游览的各类景区内的游览步道、公路和观景空间等的建筑用地面积总和及能源消耗。它与景区的实际占地面积和全部的能源消耗是不同的。计算中，观景活动的能源消耗常忽略不计。旅游观光生态足迹计算公式为：

$$TEF_{visiting} = \sum P_i + \sum H_i + \sum V_i \tag{5}$$

式（5）中：P_i 为第 i 个旅游景区游览步道的建成地面积；H_i 为第 i 个旅游景区内公路的建成地面积；V_i 为第 i 个旅游景区观景空间的建成地面积。

（6）旅游娱乐生态足迹

旅游娱乐生态足迹主要计算主题公园、高尔夫球场等室外大型的休闲娱乐场所的建筑用地面积。游客室内休闲娱乐设施往往附属于住宿与餐饮设施内，因此，这部分建筑用地面积也不计算。计算中，休闲娱乐活动的能源消耗相对较少，可以忽略不计。具体的计算公式为：

$$TEF_{entertainment} = \sum S_i \tag{6}$$

式（6）中：S_i 为第 i 类游客户外休闲娱乐设施的建筑用地面积。

（7）旅游生态承载力

旅游生态承载力的计算，首先，计算景区内各类旅游生态生产性土地的面积；其次，通过均衡因子对不同类型的土地面积进行标准化，计算各类土地的平均生态承载力；最后，对各项旅游用地生态承载力进行汇总，求得总的旅游生态承载力。

2.2.2　环境容量计算

环境容量是随着旅游业发展和自然环境保护之间的矛盾的产生而提出的概念，它是指一定旅游地域内，不影响环境质量，不降低旅游效果，森林公园所允许容纳的最大旅游活动量。目前，环境容量的测算方法主要有两类：经验测量法和理论推测法。本文采用较为常用的理论推测法。公式如下：

$$R_s = S \times f / S_k \tag{7}$$

式（7）中：R_s 为环境容量；S 为森林公园面积；f 为森林公园森林覆盖率。

3　数据来源

本文所有数据均参考了近年来学者们针对鹫峰国家森林公园开展的各项研究。数据来源包括《鹫峰国家森林公园客源市场及游客行为特征研究》、《北京市香山公园和鹫峰森林公园游憩承载力对比研究》、《鹫峰国家森林公园生态效益评价研究》、《北京西山地区森林公园旅游资源因子评价》等文献。同时对于与全国水平一致的参数，本文参考了国内相关森林公园旅游生态足迹研究的有关参数的取值，如人均单位距离能源消耗量、普通床位的能源消耗量、星级床位的能源消耗量等，并参考《四川二郎山国家森林公园旅游生态足迹实证研究》的参数取值。另外，本研究计算时用到的均衡因子，均采用北京市6大土地类型的均衡因子的数值。其他数据，如鹫峰停车场使用率、景区内餐馆面积、旅游购物设施面积等指标，则是通过实际调查得到。

4　结果分析

4.1　旅游生态足迹

4.1.1　交通生态足迹

旅游交通生态足迹主要分为两部分：交通设施生态足迹和游客乘坐交通工具产生的生态足迹。鹫峰的交通设施主要是停车场，根据宋蕴娟的调查，鹫峰森林公园先后建成3座停车场，总面积将近10000平方米，交通设施占用率为76.1%。

从游客选择的交通工具上看，选择到鹫峰旅游的游客大多来自北京地区，且主要选择汽车为主要交通工具。根据陈松对鹫峰客源市场的调查，鹫峰国家森林公园的游客有99%来自北京市区，其中海淀区游客占比最大；其次是门头沟地区和西城区。本文根据该研究的客源市场比例，在计算游客平均旅行距离时，选取各区人民政府所在地到鹫峰的距离，根据各区客源所占比例，加权得到平均旅行距离。

另外，根据肖随丽等的调查，所有到达鹫峰的游客都采用汽车的交通方式，其中乘坐公交车的占47.4%，乘坐私家车比例为43.2%，乘坐单位汽车比例为3.2%和乘坐旅游巴士比例为6.2%。交通工具的能源消耗主要是汽油，其发热量和折算系数参照全球标准，具体见表1。

表 1　　　　　　　　　部分能源消费的全球平均发热量及折算系数

能源种类	发热量（CJ/hm²）	折算系数（CJ/t）
煤炭	55	20.934
原油	93	41.868
汽油	93	43.124
柴油	93	42.705
天然气	93	38.978
液化石油气	71	50.2

资料来源：肖随丽等：《北京市香山公园和鹫峰森林公园游憩承载力对比研究》，《北京林业大学学报》（社会科学版）2010 年第 4 期。

因此，按照旅游生态足迹计算公式计算的旅游交通生态足迹如表 2 所示。

表 2　　　　　　　　　　旅游交通生态足迹计算

项目	均衡因子	选择汽车人数（人）	游客平均旅行距离（公里）	人均单位距离能耗量（千克/公里·人）	单位煤炭包含的能源量（CJ/hm²）	折算系数（CJ/t）	交通生态足迹（公顷）
汽车	0.32	120000	41.02	0.02	93	43.124	14.61

计算中，交通设施用地土地类型为建筑用地，按照公式（1）计算的交通设施的生态足迹为 1.48 公顷；游客乘坐交通工具的生态足迹为 14.61 公顷，二者合计得到旅游交通的生态足迹总值为 16.08 公顷。

4.1.2　住宿生态足迹

近年来，鹫峰国家森林公园的旅游基础服务设施逐渐完善，建成了四星级标准的明代古刹接待中心及青少年科普活动区，日接待能力为 400—500 人，寨儿峪谷壑区内还修有 15 栋高档别墅，全年客房入住率平均为 42.60%。根据旅游设施评级标准和实地调查情况，确定各级各类住宿设施的能源消耗标准及每张床位占建成地面积标准，计算的旅游住宿设施占地生态足迹如表 3 所示，旅游住宿能源消耗生态足迹如表 4 所示。

表 3　　　　　　　　　　旅游住宿设施占地生态足迹

项目	均衡因子	床位面积（平方米）	床位数（张）	住宿设施生态足迹（公顷）
普通宾馆	1.94	2	400	0.16
星级宾馆	1.94	4	45	0.03
合计				0.19

表 4　　　　　　　　　　旅游住宿能源消耗生态足迹

项目	均衡因子	天数（天）	床位数（张）	客房出租率（%）	每个床位能源消耗量（兆焦/床/天）	平均发热量（107 焦/公顷）	住宿能源消耗生态足迹（公顷）
普通宾馆	0.32	365	400	42.60	30	1280.10	46.64
星级宾馆	0.32	365	45	42.60	50	1280.10	8.75
合计							55.39

因此，计算得到，住宿设施占地生态足迹为 0.19 公顷，旅游住宿能源消耗生态足迹为 55.39 公顷，总的旅游住宿生态足迹为 55.58 公顷。其中普通宾馆生态足迹为 46.80 公顷，星级宾馆生态足迹为 8.78 公顷。

4.1.3　餐饮生态足迹

旅游餐饮生态足迹主要包括餐饮设施占地面积、游客消费的食物的生物生产性土地面积和提供餐饮服务所需消耗能源的化石能源占地的面积。

根据陈松等对鹫峰国家森林公园客源的市场调查统计，有 46.2% 的游客在景区的逗留时间为 1 天，因野餐露营而在景区逗留 1—2 天的游客占 34.8%，7.8% 的学生因调研等活动逗留时间在 2 天以上，还有 11.2% 的游客只停留半天时间。因此，鹫峰国家森林公园游客平均逗留时间为 1.09 天，则日平均旅游游客数 = 全年旅游人数（120000）×

平均逗留天数 (1.09)/年平均天数 (365)，共计 300 人。另外，在
计算游客餐饮生态足迹时，食物消耗量的数据由实地调查得到。本文
只计算消费量较大的几种主要食物，而平均产量按照北京市生物资源
的单位产量计算得到（见表5）。

表5   旅游餐饮生态足迹生物资源消耗

食物类别	均衡因子	旅游人次（人）	旅游者平均天数（天）	人均消费量（千克/人/每天）	对应土地的平均生产力（千克/公顷）	餐饮食物的生态足迹（公顷）
粮食产品	1.94	300	1.09	0.14	27.30	3.34
蔬菜	1.94	300	1.09	0.17	4.99	21.94
食用油	1.94	300	1.09	0.02	6.26	2.26
水果	0.17	300	1.09	0.08	2.29	1.92
水产品	1.59	300	1.09	0.00	64.57	0.03
肉制品	31.04	300	1.09	0.13	343.12	3.72
奶制品	31.04	300	1.09	0.03	33.57	9.79
蛋类	31.04	300	1.09	0.02	20.60	7.80
合计						50.81

　　旅游餐饮的能源消耗主要是煤炭。研究中，其他消耗较少的能源
不予计算。将餐饮的能源消耗折算成化石能源土地面积。计算时，游
客人均煤炭的消耗量参考韩光伟的研究，取值为 0.78 千克/人。全球
单位化石燃料生产土地面积的平均发热量参考全球标准。因此，计算
的旅游餐饮的能源消耗生态足迹见表6。

表6   旅游餐饮的能源消耗生态足迹

项目	旅游人次（人）	平均旅游天数（天）	人均每日能源消耗量（千克/人/天）	全球平均能源占用（GJ/hm²）	折算系数（GJ/t）	能源消耗生态足迹（公顷）
煤炭	300	1.09	0.78	55	20.934	0.10

餐饮设施用地的土地类型为建筑用地。根据实地调查，鹫峰国家森林公园的餐馆面积约为 0.2 公顷。因此，计算得到餐饮占地生态足迹为 0.39 公顷；餐饮食物消耗的生态足迹为 50.81 公顷；提供餐饮的能源消耗的生态足迹为 0.1 公顷，三者合计得到的旅游餐饮生态足迹为 51.30 公顷。

4.1.4　旅游购物生态足迹

受景区服务设施和景区整体旅游资源品位的影响，北京鹫峰国家森林公园景区客源市场潜在消费能力处于中低消费水平。消费水平在 200 元以下的游客比例最大，占到了 39.6%；消费水平 200—400 元的比例为 27.9%；消费水平 400—600 元的比例为 16.9%；消费水平 600—800 元的比例为 6.9%；消费 800 元以上的比例为 8.7%。根据陈松 2007 年对游客在鹫峰国家森林公园旅游费用的调查，游客人均购物费用大约是 44.87 元。

鹫峰国家森林公园盛产松蘑、野山枣、桑葚、红果、山杏和桃子等产品。根据实地调查和对相关工作人员的调查，我们得到了这些产品的平均价格、平均生产量和消费数量：松蘑平均价格为 50 元/kg，年消费量约 500 千克左右；野山枣平均价格为 30 元/千克，年消费量约为 250—500 千克；桑葚平均价格为 40 元/千克，年消费量约为 250—500 千克；红果平均价格为 20 元/千克，年消费量约 500 千克左右；山杏平均价格为 20 元/千克，年消费量约 5000 千克左右；桃子平均价格为 9 元/千克，年消费量约为 5000—7500 千克。因此，计算得到旅游购物的生态足迹如表 7 所示。

另外，景区内购物设施建成面积大约为 0.2 公顷，购物建成地土地类型为建筑用地。因此，计算的购物建筑占地旅游生态足迹为 0.39 公顷；购物商品旅游生态足迹为 1.51 公顷，二者合计的购物旅游生态足迹为 1.9 公顷。

4.1.5　旅游观光生态足迹

鹫峰国家森林公园旅游观光生态足迹包括游览步道、游览公路和观光景点等部分。鹫峰的游览路径相对较少，且硬化程度不够，步道路径长度为 19 千米，宽 1.5 米，建成地面积为 2.85 公顷；公路总长约 8 千米，宽约 4.5 米，有柏油路也有防火公路，建成地面积约为 3.6

表7　　　　　　　　　　购物商品的旅游生态足迹

商品	均衡因子	游客购买该商品的总消费支出（元）	当地平均价格（元/千克）	平均生产量（千克/公顷）	购物商品的旅游生态足迹（公顷）
松蘑	0.17	25000	50	67.47	1.26
红果	0.17	10000	20	36750	0.002
桑葚	0.17	15000	40	13000	0.005
野山枣	0.17	11250	30	263.23	0.24
山杏	0.17	100000	20	89.74	9.47
桃子	0.17	28125	9	21240	0.05
合计					1.51

公顷；观景空间面积按照鹫峰国家森林公园内各个旅游景点可观赏面积计算，建成地面积约为16.78公顷。因此，三者合计，计算的鹫峰国家森林公园旅游观光生态足迹为23.23公顷。

4.1.6　旅游娱乐生态足迹

鹫峰国家森林公园内的娱乐项目主要有野营、狩猎、骑马以及参与性的农林生产活动。通过实地调查和走访相关工作人员，得到园内娱乐设施占地面积约为30—40公顷，计算时取中位值35公顷，土地类型为建成地。由于在娱乐过程中消耗的能源较少，故不纳入计算，所以，鹫峰国家森林公园的旅游娱乐生态足迹为35公顷。

4.1.7　旅游生态足迹合计

根据成分法旅游生态足迹的定义和计算方法，旅游生态足迹为旅游交通生态足迹、餐饮生态足迹、购物生态足迹、观光生态足迹和娱乐生态足迹的总和。因此，鹫峰国家森林公园旅游生态足迹如图1所示。

从图1可以看出，住宿旅游生态足迹占比最大，达到了30.36%；其次是餐饮旅游生态足迹，占比为28.01%；购物旅游生态足迹最小，仅为1.9公顷，只占总旅游生态足迹的1.04%。

另外，根据鹫峰国家森林公园年平均旅游人数，计算得到人均旅游生态足迹为0.0015公顷/人。

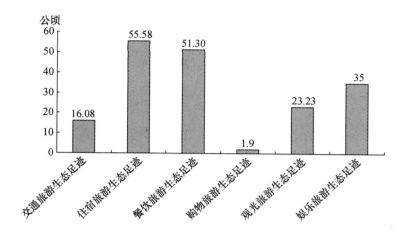

图1　旅游生态足迹构成

4.2　旅游生态承载力计算

旅游生态承载力主要取决于研究区域的生态生产性土地面积和类型。通过实地调查得到鹫峰国家森林公园各类土地面积的相关数据。鹫峰国家森林公园属于典型的山岳型森林公园，公园拥有极佳的山体，植物资源丰富，但水资源十分匮乏，动物资源状况也一般。

按照北京各类土地均衡因子、产量因子的数据，具体计算的鹫峰国家森林公园旅游生态承载力如表8所示。

表8　　　　　　　　鹫峰国家森林公园旅游生态承载力

土地类型	面积（公顷）	均衡因子	产量因子	旅游生态承载力（公顷）
耕地	6.7	1.94	1.66	21.58
林地	800.42	0.17	0.91	123.83
建筑用地	24.62	1.94	1.66	79.28
水域	0.3	1.59	1	0.48
合计	832.04			225.16

因此，计算结果显示，鹫峰国家森林公园的旅游生态承载力为225.16公顷，2013年的人均生态承载力为0.0019公顷/人。

5　结论与建议

5.1　主要结论

（1）鹫峰国家森林公园 2013 年的总旅游生态足迹为 183.08 公顷，总生态承载力为 225.16 公顷，处于生态盈余状态，总旅游生态盈余为 42.08 公顷，人均旅游生态盈余为 0.0004 公顷/人。说明鹫峰国家森林公园尚能承载更多的游客，满足森林旅游的游客需求，处于生态安全的状态。

（2）虽然鹫峰国家森林公园旅游生态足迹处于生态盈余状态，但根据有关调查研究，北京市森林公园整体呈现生态赤字状态，且每个森林公园的生态赤字/盈余状况不一致。因此，应将生态赤字较大的森林公园客流量调节到处于生态盈余的森林公园去。这也是北京森林公园管理应该努力的一个方向。

5.2　政策性建议

（1）加强对森林公园开发的管理

大气、水、固体、噪声等污染是北京目前森林旅游的一大危害，这主要是由于北京部分公园的客流量过大引起的。另外，部分公园的客流量过大，也对公园的生物多样性和生物栖息地造成破坏，导致公园生态系统超载等。因此，在对森林公园进行开发时，应考虑保持森林生态功能和结构的完整性，在生态容量允许范围内发展，同时兼顾经济效益、生态效益和社会效益。对游客量超载的热门旅游区采取限流措施，或采取森林游憩区域分区轮流开放的方式，尽可能减少森林公园超负荷的运作状态，从旅游人口数量上降低总生态足迹。对景区内建造的旅游配套设施，如娱乐、食、宿等设施，要求不重复建造，并进行限制，将建筑过程中可能的生态破坏降到最低，对受到严重破坏的森林生态系统，加大生态恢复的投入，防止生态状况进一步恶化。

（2）提高森林游憩资源利用效率

缓解北京市森林游憩的生态赤字状态，不仅要控制旅游人数，更应合理地提高森林游憩资源的利用效率。加大对森林资源丰富但游客承载量相对较少的森林公园的宣传力度，在不对环境造成破坏的前提下，完善相关的旅游配套设施，合理安排便民的旅游线路，以分散有关森林公园的游客量，缓解超负荷运营森林公园的压力。同时，由于森林旅游具有明显的季节性特点，还可以利用丰富的森林资源开展各类主题活动，调节不同季节的游客量，以达到提高森林游憩资源利用效率的目的。

（3）提升旅游者的环保意识

相关部门要倡导绿色消费模式，提升旅游者的环保意识，引导旅游者改变传统的旅游消费模式，唤起旅游者对生态赤字会给生态系统带来不可持续发展状态的警觉，自觉减少对生态系统的破坏，这是从根本上减少生态足迹的途径。

参考文献

［1］张颖：《北京市生态足迹变化和可持续发展的影响研究》，《中国地质大学学报》2006 年第 7 期，第 47—55 页。

［2］Hunter C., "Sustainable Tourism and the Touristic Ecological Footprint, Environment", *Development and Sustainability*, 2002 (4)：7–20.

［3］周国忠：《旅游生态足迹研究进展》，《生态经济》2007 年第 2 期，第 92—95 页。

［4］章景河、张捷：《国内生态足迹模型研究进展与启示》，《地域研究与开发》2007 年第 2 期，第 90—96 页。

［5］武巧英、陈丽华、于景金、马志林、周彬：《北京鹫峰国家森林公园健康评价研究》，《中国农学通报》2010 年第 12 期。

［6］王琦、黄义雄：《福州国家森林公园环境容量评估及其管理策略研究》，《福建林业科技》2007 年第 12 期，第 170—175 页。

［7］陈松、李吉跃、姜金璞、陈大为：《鹫峰国家森林公园客源市场

及游客行为特征研究》,《河北林果研究》2007 年第 1 期,第 111—116 页。

[8] 肖随丽、贾黎明、杜建军、唐殿珂、汪平、李江婧:《北京市香山公园和鹫峰森林公园游憩承载力对比研究》,《北京林业大学学报》(社会科学版) 2010 年第 4 期,第 38—43 页。

[9] 严密:《鹫峰国家森林公园生态效益评价研究》,硕士学位论文,北京林业大学,2005 年。

[10] 陈大为:《北京西山地区森林公园旅游资源因子评价》,硕士学位论文,北京林业大学,2007 年。

[11] 马娟、姚娟、唐承财:《国家森林公园低碳旅游发展水平测度——以贾登峪国家森林公园为例》,《广东农业科学》2014 年第 6 期,第 226—230 页。

[12] 韩光伟:《四川二郎山国家森林公园旅游生态足迹实证研究》,硕士学位论文,四川农业大学,2008 年。

[13] 宋蕴娟:《我国森林公园体验设计初探——以鹫峰国家森林公园为例》,硕士学位论文,北京林业大学,2008 年。

[14] 何爱红:《中国中部地区的生态足迹与可持续发展研究》,中国社会科学出版社 2013 年版,第 14—15 页。

[15] 陈成忠、林振山、贾敦新:《基于生态足迹指数的全球生态可持续性时空分析》,《地理与地理信息科学》2007 年第 11 期,第 68—72 页。

[16] 刘宇辉:《中国 1961—2001 年人地协调度演变分析——基于生态足迹模型的研究》,《经济地理》2005 年第 2 期,第 219—222 页。

[17] 赵先贵、马彩虹、高利峰等:《基于生态压力指数的不同尺度区域生态安全评价》,《中国生态农业学报》2007 年第 11 期,第 135—138 页。

[18] 刘建兴、顾晓薇、李广军、王青、刘浩:《中国经济发展与生态足迹的关系研究》,《资源科学》2005 年第 5 期,第 33—39 页。

开放经济环境下区域工业污染排放的 EKC 特征研究[*]

赵桂梅　陈丽珍　孙华平

（江苏大学　财经学院　江苏镇江　212013）

摘　要： 本文以非线性科学基本原理及研究假设为基础，基于 2002—2013 年江苏省统计数据，对工业污染排放状况及程度进行度量，研究开放经济环境下工业污染排放的 EKC 特征，进一步展开环境规制理论与方法的探讨。

关键词： 区域经济增长；出口贸易；工业污染排放；EKC 曲线；环境规制

1　引言

中国在经济增长、对外开放的过程中恶化的环境问题已经成为一个不争的客观事实，随着日益重视环境在发展过程中的重要性和对可持续性发展定义的普遍认识，中国政府已经明确提出了"加强能源资源节约和生态环境保护，增强可持续性发展能力"的战略方

---

　　* 基金项目：全国统计科学研究项目：碳排放空间转移对区域协同发展的影响效应研究（2014LY036）；江苏省研究生科研创新计划项目：基于复杂适应系统的区域产业结构调整的关键因素与引导策略研究（KYZZ_ 0293）；江苏省高校自然科学研究项目：基于计算实验的碳排放空间转移的经济结构效应研究（14KJB170002）。

针，而在学术界对如何在更加开放的政策下实现经济增长而又不引起环境的严重恶化和失去未来的潜在增长能力，成为研究中国经济发展问题的主要论题之一。

Grossman 和 Krueger（1995）对经济增长与环境污染的关系给出了各种有利和不利的量化证据。他们量化的结果表明，在经济发展的初期，如果没有一定的环境政策干预，人均收入的提高会导致环境恶化；当经济进一步增长，人均收入达到一定水平后（年人均国民收入超过 5000 美元），收入将伴随环境的改善而提高。环境污染与实际收入水平之间这种对应关系称为"环境库兹涅茨曲线"（Environment Kuznets Curve，EKC）。在 Grossman 和 Krueger 的研究之后，很多学者都认为环境污染程度和人均国民经济收入之间呈倒"U"形曲线关系。本文在以往的研究基础上更加关注于 EKC 假说在特定地区表现出的曲线特征，以及加入出口贸易变量后的 EKC 曲线的变动状况，因而运用非线性科学理论及方法来研究开放经济环境下工业污染排放的 EKC 曲线特征，揭示区域经济增长与对外贸易影响环境的复杂机制，进一步展开环境规制理论与方法的探讨。

2　研究设计

2.1　模型的构建

由于大量非线性问题并不能通过线性化来解决，因而需要研究者直接研究复杂事物，以便更准确、更全面地反映问题的实质，由此，研究复杂现象的非线性科学便应运而生。通过相关文献的梳理，EKC 模型的基本函数有二次函数、三次函数，二次、三次与对数相结合的混合模型。构建工业污染排放量 Q 和人均收入水平 A 的二次与三次函数模型如下：

$$Q = \beta_0 + \beta_1 A + \beta_2 A^2 + \varepsilon \tag{1}$$

$$Q = \beta_0 + \beta_1 A + \beta_2 A^2 + \beta_3 A^3 + \varepsilon \tag{2}$$

在式（1）和式（2）中，工业污染排放量用大写字母 Q 来描述，其内在地包含工业废气、废水和固体废弃物的子指标。经济水平变化情况用大写字母 A 来描述，除环境质量以外的所有能够对经济水平产生影响的控制因素用 ε 来描述。根据数学分析方法得出如下结论：

（1）若 $\beta_1 > 0$，$\beta_2 = 0$，$\beta_3 = 0$，说明环境质量与经济发展水平之间存在线性关系，正相关，经济发展水平的提高带来环境的恶化；

（2）若 $\beta_1 < 0$，$\beta_1 = 0$，$\beta_3 = 0$，说明环境质量与经济发展水平之间存在线性关系，负相关，经济发展水平的提高带来环境的改善；

（3）若 $\beta_1 > 0$，$\beta_1 < 0$，$\beta_3 = 0$，说明环境质量会随着经济增长先好转再恶化，即正"U"形的非线性关系；

（4）若 $\beta_1 > 0$，$\beta_1 < 0$，$\beta_3 > 0$，说明环境污染状况与经济发展水平之间存在非线性关系，呈现出正 N 形的曲线特征；

（5）若 $\beta_1 < 0$，$\beta_1 > 0$，$\beta_3 < 0$，说明环境污染状况与经济发展水平之间存在非线性关系，呈现出倒"N"形的曲线特征；

（6）若 $\beta_1 = 0$，$\beta_1 = 0$，$\beta_3 = 0$，说明环境污染程度和经济发展水平之间没有任何关系，即 EKC 曲线不存在。

为进一步分析区域经济增长、出口贸易与工业污染排放的关系，建立工业污染排放量 Q、人均收入水平 A 和出口总额 EX 的二次与三次函数模型，将出口总额 EX 作为变量加入到原有的二次与三次模型（1）、模型（2）中，得到模型（3）、模型（4）：

$$Q = \beta_0 + \beta_1 A + \beta_2 A^2 + \beta_3 EX + \varepsilon \tag{3}$$

$$Q = \beta_0 + \beta_1 A + \beta_2 A^2 + \beta_3 A^3 + \beta_4 EX + \varepsilon \tag{4}$$

2.2　变量测量与数据来源

工业污染排放的指标分解为工业废水排放量、工业废气排放量和工业固体废物产生量三个指标。出口贸易指标以对外出口总额为标准，区域经济增长指标则采用以 1990 年为基期计算的年实际人均 GDP 为标准。数据来源根据《中国统计年鉴》、《江苏省统计年鉴》、《江苏省环境状况公报》计算整理。

表 1 　　　　　　　2002—2013 年江苏省实际人均 GDP、
出口总额及工业三废统计数据

年份	人均 GDP（人民币元）	出口总额（亿美元）	工业废水排放量（亿吨）	工业废气排放量（亿标立方米）	工业固废产生量（万吨）
2002	14369	384.80	26.27	14287.00	3796.00
2003	16743	591.40	22.35	14617.93	3596.72
2004	20031	874.97	25.88	24286.00	5774.00
2005	24616	1229.82	26.58	20196.58	5424.39
2006	28526	1604.19	25.84	24880.86	6672.71
2007	33837	2037.33	23.60	23547.12	6689.84
2008	40014	2380.36	25.93	25244.70	7091.33
2009	44253	1992.43	23.67	27431.75	7345.84
2010	52840	2705.5	26.38	24435	9062.5
2011	62290	3126.23	24.96	27464.03	10398.9
2012	68347	3285.4	23.52	23967	10189.4
2013	74607	3288.5	22.06	31212.9	11443.77

资料来源：《江苏省统计年鉴》（2002—2014），江苏省统计局网站。

3　实证分析

　　根据江苏省 2002—2013 年的工业三废排放量、人均实际 GDP 以及出口总额构建 EKC 曲线模型，运用 Eviews 6.0 软件，对工业污染排放、区域经济增长以及出口贸易的关系分别做二次和三次线性回归检验和判断：（1）根据人均 GDP 和人均 GDP 平方项的系数判断江苏省的工业污染排放状况是否符合环境 EKC 曲线，如果符合，判断 EKC 曲线呈现的形状；（2）加入贸易变量之后，依据二次和三次拟合的结果，判断出口贸易对工业污染排放的影响状况，判断 EKC 曲线的形状与特征。

3.1　模型回归

表2　　　　　　　工业污染排放量与经济增长总额的二次回归

工业污染排放物	常数项	A	A^2	$R^2 \& A - R^2$	F 统计值
工业废水	23.4203	0.0001	$-1.72E-09$	0.2802	1.7514
	(10.1735)	(0.9692)	(-1.2449)	(0.1202)	(0.2278)
工业废气	9386.495	0.5744	$-4.48E-06$	0.6697	9.1236
	(1.9727)	(2.2684)	(-1.5705)	(0.5963)	(0.0068)
工业固体废物	1913.264	0.1528	$-3.73E-07$	0.9587	104.3260
	(2.2263)	(3.3419)	(-0.7240)	(0.9495)	(0.0000)

根据表 2 数据判断工业三废排放量与人均 GDP 的关系曲线形状为：

工业废水排放量：

$Q_{water} = 23.4203 + 0.0001A - 1.72E - 09A^2$（非线性关系，"U"形）

工业废气排放量：

$Q_{gas} = 9386.495 + 0.5744A - 4.48E - 06A^2$（非线性关系，"U"形）

工业固体废物排放量：

$Q_{solid} = 1913.264 + 0.1528A - 3.73E - 07A^2$（非线性关系，"U"形）

表3　　　　　　　工业污染排放量与经济增长总额的三次回归

工业污染排放物	常数项	A	A^2	A^3	$R^2 \& A - R^2$	F 统计值
工业废水	27.1331	-0.0002	$7.08E-09$	$-6.70E-14$	0.3249	1.2833
	(4.8267)	(-0.4573)	(0.5819)	(-0.7280)	(0.0717)	(0.3444)
工业废气	-10125.81	2.3600	$-5.07E-05$	$3.52E-10$	0.8024	10.8272
	(-1.0911)	(2.9576)	(-2.5248)	(2.3176)	(0.7283)	(0.0034)
工业固体废物	307.6863	0.2998	$-4.18E-06$	$2.90E-11$	0.9621	67.6888
	(0.1483)	(1.6804)	(-0.9303)	(0.8530)	(0.9479)	(0.0000)

根据表 3 数据判断工业三废排放量与人均 GDP 的关系曲线形状为：

工业废水排放量：

$Q_{water} = 27.1331 - 0.0002A + 7.08E - 09A^2 - 6.70E - 14A^3$（非线性关系，倒"N"形）

工业废气排放量：

$Q_{gas} = -10.125.81 + 2.3600A - 5.07E - 05A^2 + 3.52E - 10A^3$（非线性关系，正"N"形）

工业固体废物排放量：

$Q_{solid} = 307.6863 + 0.2998A - 4.18E - 06A^2 + 2.90E - 11A^3$（非线性关系，正"N"形）

表4　工业污染排放量、经济增长总额与出口贸易总额的二次回归

工业污染排放物	常数项	A	A^2	EX	$R^2 \& A - R^2$	F 统计值
工业废水	24.7857 (6.8020)	-3.56E-05 (-0.1063)	-7.99E-10 (-0.3422)	0.0015 (0.4987)	0.3019 (0.0401)	1.1530 (0.3855)
工业废气	8303.256 (1.0882)	0.6969 (0.9936)	-5.20E-06 (-1.0637)	-1.2099 (-0.1889)	0.6712 (0.5478)	5.4426 (0.0247)
工业固体废物	2790.195 (2.1167)	0.0537 (0.4433)	2.16E-07 (0.8854)	0.9795 (0.8854)	0.9623 (0.9482)	68.1423 (0.0000)

根据表4数据判断工业三废排放量、人均GDP与出口总额的关系曲线形状为：

工业废水排放量：

$Q_{water} = 24.7857 - 3.56E - 05A - 7.99E - 10A^2 + 0.0015EX$（非线性关系，倒"U"形）

工业废气排放量：

$Q_{gas} = 8303.256 + 0.6969A - 5.20E - 06A^2 - 1.2099EX$（非线性关系，正"U"形）

工业固废排放量：

$Q_{solid} = 2790.195 + 0.0537A + 2.016E - 07A^2 + 0.9795EX$（非线性关系，正"U"形）

表 5　　工业污染排放量、经济增长总额与出口贸易总额的三次回归

工业污染排放物	常数项	A	A²	A³	EX	R²&A - R²	F 统计值
工业废水	30. 2768	- 0.00056	1. 10E - 08	- 8. 65E - 14	0.0023	0.3707	1.0309
	(4. 1567)	(- 0.8109)	(0.8036)	(- 0.8751)	(0.7139)	(0.0111)	(0.4542)
工业废气	- 16601.81	3.0442	- 5. 88E - 05	3.93E - 10	- 4. 7492	0.8233	8. 1518
	(- 1.4096)	(2.7598)	(- 2.6522)	(2.4545)	(- 0.9095)	(0.7223)	(0.0090)
工业固体废物	1367. 666	0. 1878	- 2. 85E - 06	2. 24E - 11	0.7773	0.9642	47. 1933
	(0. 5057)	(0.7415)	(- 0.5589)	(0.6106)	(0.6483)	(0.9438)	(0.0000)

根据表 5 数据判断工业三废排放量、人均 GDP 与出口总额的关系曲线形状为：

工业废水排放量：

$$Q_{water} = 30. 2768 - 0. 00056A + 1. 10E - 08A^2 - 8. 65E - 14A^3 + 0. 0023EX$$

（非线性关系，倒 "N" 形）

工业废气排放量：

$$Q_{gas} = - 16601. 81 + 3. 0442A - 5. 880E - 05A^2 + 3. 93E - 10A^3 - 4. 7492EX$$

（非线性关系，正 "N" 形）

工业固废排放量：

$$Q_{solid} = 1367. 666 + 0. 1878A - 2. 85E - 06A^2 + 2. 24E - 11A^3 + 0. 7773EX$$

（非线性关系，正 "N" 形）

3.2　回归结果

（1）工业废水排放量分别与人均 GDP 及出口总额的关系

根据图 1 和图 2，在分别对工业废水与人均 GDP 和出口总额进行回归后，可以看到工业废水与出口总额的相关性要高于其与人均 GDP 的相关性。对工业废水排放量与人均 GDP 以及工业废水排放量和出口总额进行二次和三次回归，判断工业废水排放量与出口总额的相关性要高于工业废水排放量与人均 GDP 的相关性。由表 2 可见，$R^2 = 0.2802$，$F = 1.7514$，不符合置信区间 95% 以上的要求，判断工业废水排放量与人均 GDP 的二次回归拟合结果较差；由表 3 可见，$R^2 = 0.3249$，$F = 1.2833$，工业废水排放量与人均 GDP 的三次拟合效果仍然较差，但三次拟合效果要优于二次回归结果。工业废水排放量与人

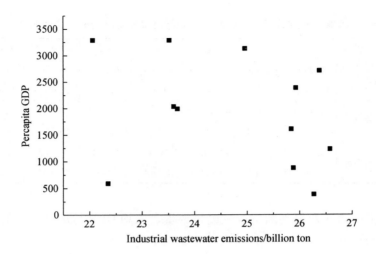

图1　工业废水排放量与人均 GDP 关系的散点图

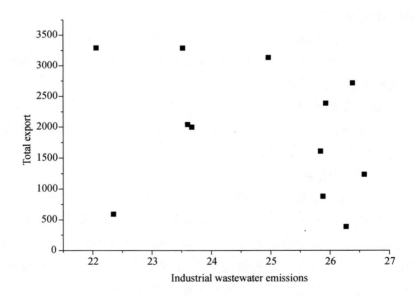

图2　工业废水排放量与出口总额关系的散点图

均 GDP 的二次曲线呈非线性关系，"U"形，符合 EKC 曲线的基本形状；根据近十年工业废水排放量数据发现，伴随人均 GDP 的提高，工业废水排放量呈波动变化趋势，并且工业废水排放量与人均 GDP

三次曲线呈倒 N 形，说明工业废水排放量与人均 GDP 之间呈现较为复杂的非线性关系。由表 4 和表 5 可见，在加入了贸易变量后，工业废水排放量与出口总额二次拟合的结果为 $R^2 = 0.3019$，$F = 1.1530$，三次拟合的结果为 $R^2 = 0.3707$，$F = 1.0309$，说明工业废水排放量与出口总额三次拟合结果比二次曲线效果好。

（2）工业废气污染量分别与人均 GDP 及出口总额的关系

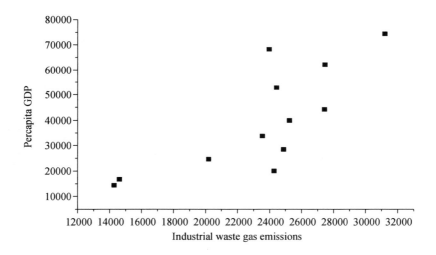

图 3　工业废气排放量与人均 GDP 关系的散点图

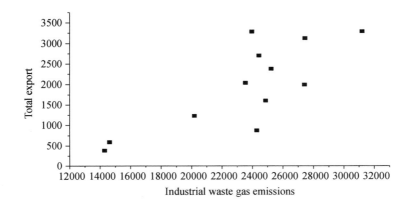

图 4　工业废气污染量与出口总额关系的散点图

　　根据图 3 和图 4，在分别对工业废气与人均 GDP 和出口总额进行回归后，可以看到工业废气与出口总额的相关性要低于其与人均 GDP 的相关性。对工业废气排放量与人均 GDP 以及工业废气和出口总额进行回归后，可以看到工业废气排放量与出口总额的相关性要低于工业废气排放量与人均 GDP 的相关性。由表 2 可见，$R^2 = 0.6697$，$F = 9.1236$，虽然不符合置信区间 95% 以上的要求，但工业废气排放量与人均 GDP 的二次拟合效果较好；由表 3 可见，$R^2 = 0.8024$，$F = 10.8272$，三次拟合效果仍然没有达到 95% 以上，但说明工业废气排放量与人均 GDP 的三次拟合效果要优于二次回归拟合结果。回归后，工业废气排放量与人均 GDP 的二次曲线呈非线性关系，"U" 形，符合 EKC 曲线的基本形状，三次曲线呈正 "N" 形，说明工业废气排放量与人均 GDP 之间呈现较为复杂的非线性关系。由表 4 和表 5 可见，在模型中加入了贸易变量后，工业废气排放量与出口总额二次曲线拟合结果为 $R^2 = 0.6712$，$F = 5.4426$，三次曲线拟合结果为 $R^2 = 0.8233$，$F = 8.1518$，工业废气排放量与出口总额三次曲线拟合结果比二次曲线效果好。

　　（3）工业固体废物排放量分别与人均 GDP 及出口总额的关系

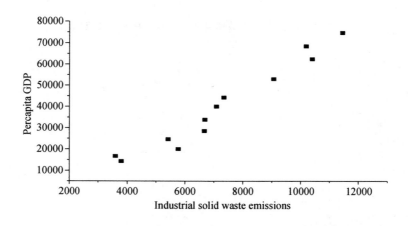

图 5　工业固体废物排放量与人均 GDP 关系的散点图

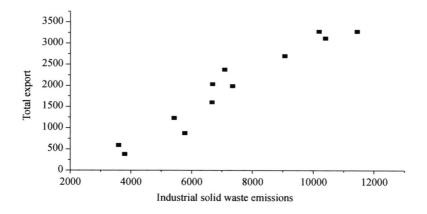

图 6　工业固体废物排放量与出口总额关系的散点图

　　根据图 5 和图 6，在分别对工业固体废物与人均 GDP 和出口总额
进行回归后，可以看到工业固体废物与出口总额的相关性要低于其与
人均 GDP 的相关性。对工业固体废物排放量与人均 GDP 以及工业固
体废物排放量和出口总额进行回归后，可以判断工业固体废物排放量
与出口总额的相关性要低于工业固体废物排放量与人均 GDP 的相关
性。由表 2 可知，$R^2 = 0.9587$，$F = 104.3260$，虽然不符合置信区间
95% 以上的要求，但工业固体废物排放量与人均 GDP 的二次拟合结
果最好；由表 3 可知，$R^2 = 0.9621$，$F = 67.6888$，工业固体废物排放
量与人均 GDP 的三次拟合效果比二次曲线效果好，拟合效果达到
95% 以上，回归后，工业固体废物排放量与人均 GDP 的二次曲线呈
非线性关系，"U"形，符合 EKC 曲线的基本形状，三次曲线呈正
"N"形，说明工业固体废物排放量与人均 GDP 之间呈现较为复杂的
非线性关系。由表 4 和表 5 可见，在加入贸易变量后，二次曲线拟合
结果为 $R^2 = 0.9623$，$F = 68.1423$，三次曲线拟合结果为 $R^2 = 0.9642$，
$F = 47.1933$，三次曲线拟合效果比二次曲线好，同时，工业固体废物
排放量与人均 GDP 和出口贸易的拟合效果在工业三废中是最好的，
均达到 95% 以上，并且通过二次和三次模型 F 检验。

4　结论与启示

　　基于非线性视角及研究假设，构建区域经济增长、出口贸易与工业污染排放关系的理论模型，并通过江苏省统计数据对理论模型与假设进行实证检验，具体研究结论如下：

　　第一，区域经济增长、出口贸易与工业污染排放的关系具有非线性特征。在加入了贸易变量之后，工业废水、工业废气和工业固体废物排放量与出口贸易的回归拟合度全部都要优于人均 GDP 同工业三废的拟合度。证明出口贸易对工业污染排放的影响较区域经济增长对工业污染排放的影响更显著，而且对工业污染排放的影响也呈现非线性特征。一方面是因为规模效应、结构效应和技术效应的作用；另一方面是因为出口贸易除了直接通过增加国内生产总值对环境产生影响，还会通过环境规制、贸易壁垒以及污染产业转移等路径对环境产生影响。

　　第二，区域经济增长、出口贸易与工业污染排放的关系具有动态性特征。在对工业三废排放量与人均 GDP、出口贸易分别进行二次和三次曲线回归模拟后，发现 EKC 曲线形状呈现出线性至非线性以及简单非线性到复杂非线性的动态变化特征。研究表明，在短期内，生态环境保护所带来的正效应具有显著性影响，但是，长期来看，伴随人均 GDP 和出口量的提高，工业三废的排放量将继续增加，环境可能进一步恶化，区域经济增长、出口贸易对工业污染排放的外部性影响将更加显著。

　　第三，区域经济增长、出口贸易与工业污染排放的关系具有复杂性特征。倒 U 形是环境 EKC 曲线的基本形状，说明在 GDP 达到临界值之后，环境状况会陪伴着 GDP 的增长而改善。然而，经过对工业三废污染量与人均 GDP、出口贸易三次曲线的回归之后，证明环境 EKC 曲线并不是简单的倒"U"形，而是存在"N"形和倒"N"形更复杂的情况。所以环境污染的改善要靠技术的进步、生产的优化和经济的发展，不能单纯地认为人均 GDP 或是出口贸易额达到一定程度环境就可以自我改善。

参考文献

[1] 毛晖：《工业污染的环境库兹涅茨曲线检验：基于省际面板数据的实证研究》，《宏观经济研究》2013 年第 3 期，第 89—97 页。

[2] 周茜、胡慧源：《中国经济增长对环境质量影响的实证检验》，《统计与决策》2014 年第 1 期，第 120—124 页。

[3] 赵桂梅：《区域经济发展对生态环境质量的动态影响实证研究》，《生态经济》2014 年第 3 期，第 100—102 页。

[4] Swati S. B., Soumyendra K. D., "The Relevance of Environmental Kuznets Curve (EKC) in a Framework of Broad – based Environmental Degradation and Modified Measure of Growth – a Pooled Data Analysis", *International Journal of Sustainable Development & World Ecology*, 2013, 20 (4): 309 – 316.

[5] ［美］哈里尔著：《非线性系统》，朱义胜译，电子工业出版社 2011 年版。

[6] Grossman, G. M. and Krueger, A. B., "Economic Growth and the Environment", *Quarterly Journal Economics*, 1995, 110 (2): 353 – 377.

[7] 布莱恩·科普兰、斯科特·泰勒尔：《贸易与环境——理论及实证》，人民出版社 2009 年版。

[8] 汪长球：《国际贸易与区域经济增长研究》，博士学位论文，华中科技大学，2012 年。

[9] Copeland B. P., Taylor M. S., "North – south Trade and the Environment", *Quarterly Journal Economics*, 1994, 109 (3): 755 – 787.

[10] 高远东：《中国区域经济增长的空间计量研究》，博士学位论文，重庆大学，2010 年。

经济增长、环境保护和民族地区可持续发展研究[*]

——少数民族地区环境库兹涅茨曲线存在的再验证

薛曜祖

（山西财经大学资源型经济发展研究院　山西太原　030006）

摘　要： 经济发展与环境保护之间关系的研究为少数民族地区可持续发展提供理论依据。本文选取新疆维吾尔自治区历年经济与环境数据（实证分析），应用统计模型和数理分析法，计算得出经济发展与环境质量演替的轨迹，以建立经济发展与环境污染物排放之间的计量模型，目的在于压平环境库兹涅茨曲线（EKC），走一条酷似隧道空间的"低污染"的路子。研究结果表明民族地区工业"三废"污染物排放量和经济增长之间的关系基本符合环境库兹涅茨曲线（EKC）的要求，并且趋于上升趋势。工业发展所具有的潜力应以环境污染最小化为前提，努力压平环境库兹涅茨曲线，走可持续发展的道路。

关键词： 可持续发展；废水；废气；固体废弃物；生态经济；环境库兹涅茨曲线（EKC）

　　*　基金项目：国家社会科学基金项目（12CJY057），山西省统计学会课题（2013Y096）。

1　引言

18 世纪英国工业革命以后，世界的目光转向对经济增长的关注。在经济增长、人均收入不断增加的同时也带来了一系列的社会和环境问题，其表现为自然资源受到前所未有的破坏，资源日益破坏；环境污染现象日趋严重以及引发的社会贫富不均和失业、健康以及教育状况的不断恶化，导致了经济增长在某种程度上也受到了限制。20 世纪70 年代开始，产生了一种崭新的发展理念——可持续发展即"满足当前需要，而又不削弱子孙后代满足需要能力的发展"，这一理念成为国际社会普遍接受的可持续发展的概念。其核心思想是，健康的经济发展应建立在生态可持续能力、社会公正和人们积极参与自身发展决策的基础上。可持续发展强调经济、社会发展和环境相协调，其中经济增长与环境污染之间的关系，尤其是有经济增长的同时产生的工业"三废"及治理是当前学术界研究的重要内容。

20 世纪 90 年代以后，学术界逐步开始定量研究环境与经济之间的关系，环境库兹涅茨曲线（Environmental Kuznets Curve，EKC）就是其中的一种研究方法。财富分配的不平等程度起初拉大，之后伴随着经济的增长，收入差距会减小，收入不平等的长期变动出现"先恶化，后改进"的倒"U"形轨迹。库兹涅茨对美、英、德等国的有关数据进行分析，验证了这一假说。1991 年，Grossman 和 Kruege 开创性地将库兹涅茨曲线引入经济增长和环境污染关系的研究，并发现 SO_2 排放量和经济增长的关系符合库兹涅茨假说，并且创造性地用纵轴表示污染排放量，横轴表示经济增长，即得到环境库兹涅茨曲线，表明污染水平与经济增长之间的散点曲线呈倒"U"形。随后，Shafik 等在 1992 年《世界发展报告》中运用 EKC 对不同国家经济增长和环境质量关系进行了数据计量分析研究。环境库兹涅茨曲线的存在性研究之后的第二阶段主要是其影响因素的研究，分别从环境经济和经济增长（理论经济）两个角度进行。本文侧重于定量的手段分析经济增长对环境治理的影响，根据少数民族地区的具体情况对理论模型加以修正和分析，寻求少数民族地区经济增长与环境污染间的具体联系，进而找到最优的环境政策和经济政策的着手点，从而为民族地区的可持续发展道路的具体选取提供可行性的建议。

2　民族地区可持续发展的内在机理分析

在人类工业化的进程当中，经济与环境之间的矛盾一直是人与环境系统的各种矛盾群中的根本矛盾。在少数民族地区，工业化起步晚，经济基础薄弱，由于受少数民族传统思想文化的影响，科技普及和运用相对困难，工业化进程发展缓慢，长期经济增长滞缓，并由此带来的民族地区相对贫困导致人口增长和生态环境趋向脆弱；而人口增加又加剧贫困，并致使生态环境更加脆弱；脆弱的生态环境使贫困程度进一步加深，从而最终形成民族地区经济相对落后、工业化，"逆城市化"的出现、贫困以及生态环境恶化的循环、"资源诅咒"（资源型地区而言）效应。1998 年以来，我国产业结构的区域性转移开始，转移过程中依照要素禀赋形成产业集群。随着 2000 年西部大开发战略的提出，西部地区承接东中部地区形成新的支柱产业，西部边疆少数民族地区进入新型工业化发展的新阶段，与此同时，国家也加大对民族地区的转移支付力度，在基础设施建设方面给予西部民族地区更多的支持，由此带来民族地区经济的高速增长。而在此过程中，区域间的资源配置和产业承接，虽然充分发挥了地方与企业的自主性，但是率先向西部民族地区转移的主要是污染性企业，如原材料加工、化学加工、食品加工等行业，与产业向西转移同步，污染源也进入西部民族地区，由此带来生态破坏、环境污染，影响了当地人民群众的正常生产、生活，尤其是在民族地区，少数民族群众逐水、草而居的生产、生活习性和传统的具有民族特色的思维方式，使得这一影响更为严重。因此，在民族地区处理好经济增长和其对生态环境的影响，直接关系到民族地区的可持续发展能力。

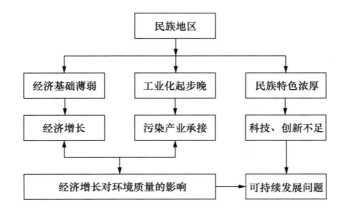

图1   民族地区可持续发展的内在机理关系图

依照国内外经济增长和环境破坏（可能存在）的关系呈"先恶化，后改进"的倒"U"形轨迹，我国民族地区尚处于工业化发展初期（产业转移的初始阶段），面对经济增长与可能带来的环境污染之间的关系不能仍走以往的倒"U"形轨迹，而是在工业化之初先寻找一条经济增长的"安全警戒线"，如图2所示。

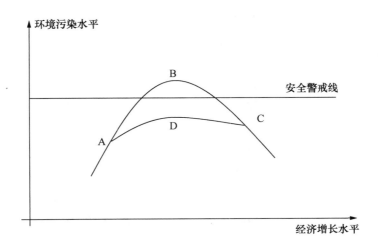

图2   经济增长、环境保护与民族地区可持续发展理论图示

在民族地区的工业化进程中，经济的增长轨迹要寻求环境库兹涅茨曲线（EKC）的最优点，即寻找最优集即该图中酷似"隧道"空间的 ADC 途径。

3 民族地区经济增长对环境影响的实证分析

3.1 研究区域选择

本文研究的民族地区，主要包括位于我国西部地区的少数民族集中区，包括甘肃、宁夏、青海、新疆、云南、贵州、西藏、广西、内蒙古等少数民族地区，尤其是边疆少数民族地区。基于数据的可得性，本文以新疆维吾尔自治区为例，解放以来，新疆经济和社会发生了翻天覆地的变化，尤其是通过30多年的改革开放和西部大开发使得新疆的发展更加迅速。2012年GDP达7500亿元，同比增长12%，高于全国4.2个百分点。新疆矿产优势里面最突出的就是石油、天然气和煤炭，石油和石油化工产值占工业产值的60%以上。新疆近几年经济发展速度快，2012年完成城镇工业投资2988亿元，较上年增长33%，工业增加值预计完成2940亿元，增长12.7%，引领新型工业发展的电力、化工、煤炭、有色等行业均实现两位数增长，其中非石油工业增加值所占比例升至50.6%。2013年，政府工作报告中指出：新疆将进一步大力推进新型工业化进程，工业化水平仍将不断提升。

与此同时，新疆的环境污染也逐渐严重。据2012年统计年鉴数据显示：2011年新疆工业废水排放量达2.67亿吨；工业废气排放量为11867.98亿立方米，其中二氧化硫排放量达到64万吨，工业（烟）粉尘排放量达到40.68万吨，工业氮氧化物排放量达到43.9万吨；工业固体废物排放量为5018.01万吨。新疆内环境污染治理投资总额为231693万元（其中治理废气投资总额为36028万元，治理废气投资总额为195202万元）。环境污染治理投资总额相当于生产总值的2.95%（2010年约为1.2%）。可见，新疆的环境污染逐渐开始加剧，政府对环境污染开始重视，治理的投资支出也逐年加大。因此，研究新疆经济发展与环境污染之间的关系，为政府在新型工业化进程中逐步重视环境污染问题，协调好新型工业化发展与环境污染之间的关系，走一条可持续发展的道路具有重要的现实意义。

3.2　研究指标的选取与模型构建

本文主要选取的区域可持续发展指标主要包括经济增长类指标和工业"三废"的环境污染类统计指标，具体的工业"三废"包括（废水排放量、废气排放量和固体废弃物排放量）；经济增长指标主要选取新疆维吾尔自治区人均 GDP；经济增长与环境污染时间序列数据选取为 1992—2013 年。所有数据均来自《新疆统计年鉴》、《中国环境统计年鉴》。

根据图 2 中构建的新型经济增长、环境污染与民族地区可持续发展模式，本文将新疆人均国内生产总值与工业"三废"之间的关系建立模型为：

$$E = a_0 + a_1 Y + a_2 Y^2 + a_3 Y^3 + \mu$$

该式中，E 代表工业废水总排放量（人均）、工业废气总排放量（人均）或者固体废弃物总排放量（人均），Y 为人均 GDP，a_0、a_1、a_2、a_3 为参数模型，其值可正可负，μ 为误差项。利用 SPSS 统计软件和 Excel 统计软件对工业废水、废气和固体废弃物的排放总量和人均排放量进行统计分析，所得结果如图 3—图 8 所示。

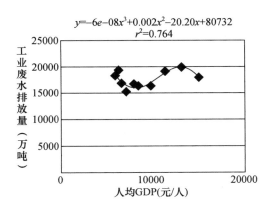

$$y = -6e - 08x^3 + 0.002x^2 - 20.20x + 80732$$
$$r^2 = 0.764$$

图 3　人均 GDP 与工业废水排放总量关系

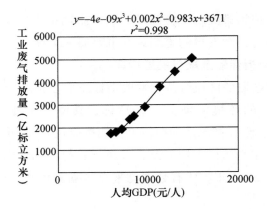

图 4　人均 GDP 与工业废气排放总量关系

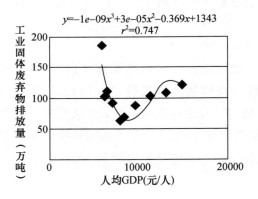

图 5　人均 GDP 与工业固体废弃物排放总量关系

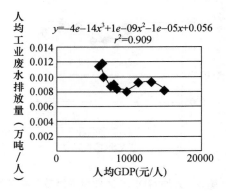

图 6　人均 GDP 与人均工业废水排放量关系

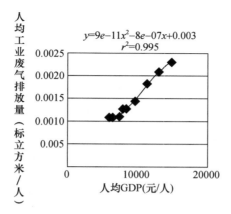

图7　人均 GDP 与人均工业废气排放量关系

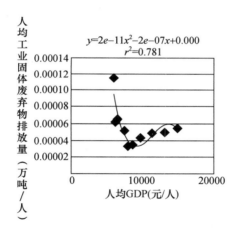

图8　人均 GDP 与人均工业固体废弃物排放量关系

表 1			模型检验结果			
回归值	a_0	a_1	a_2	a_3	R^2	F 值
工业废水排放总量（万吨）	80732 (4.9768)	−20.202 (−3.9238)	0.002 (3.8973)	−6E−08 (−3.814)	0.7642	6.482954
人均工业废水排放量（万吨/人）	0.056 (6.9483)	−1.00E−05 (−5.3762)	1.00E−09 (4.9933)	−4.00E−14 (−4.6908)	0.9092	20.02128

回归值	a_0	a_1	a_2	a_3	R^2	F 值
工业废气排放总量（万亿标立方米）	3671 (3.5370)	−0.983 (−2.9841)	0.0001 (4.0995)	−4.00E−09 (−4.0263)	0.9984	1224.537
人均工业废气排放量（万亿标立方米/人）	0.0032 (4.8540)	−8.00E−07 (−3.8491)	9.00E−11 (4.3814)	−3.00E−15 (−4.2002)	0.995	412.4695
工业固体废弃物排放总量（万吨）	1343.6 (3.6871)	−0.3692 (−3.1925)	3.00E−05 (2.9483)	−1.00E−09 (−2.7065)	0.7479	5.931955
人均工业固体废弃物排放量（万吨/人）	0.0008 (3.6403)	−2.00E−07 (−3.1020)	2.00E−11 (2.8061)	−6.00E−16 (−2.5473)	0.781	7.13127

　　根据统计后所得数据：各回归方程的拟合优度在 0.75—0.99，这充分说明模型拟合较好；模型也顺利通过了 F 值检验，说明方程线性显著，在某种程度上可以有效地说明经济增长和环境污染之间存在的问题。进一步对计量模型的图形进行分析：

表 2　　　　　　　　　　计量模型的图形分析

数值	极大值	极小值	拐点
工业废水排放总量（万吨）	20052	16796.74	16796.74
人均工业废水排放总量（万吨/人）	0.0117	0.008723	0.009311
工业废气排放总量（万亿标立方米）	5052.97	1746.25	—
人均工业废气排放总量（万亿标立方米/人）	0.002293	0.001081	—
工业固体废弃物排放总量（万吨）	185.37	62.53	88.19
人均工业固体废弃物排放量（万吨/人）	0.000115	3.00E−05	3.00E−05

3.3　结果分析

　　根据经验表明：任何一个国家或地区，其经济的发展都要经过一个环境污染水平和人均 GDP 同步上升的过程。作为实证分析，新疆作为我国西部民族地区的一个较大的省份如果不加以人为干预也不例外。目前，新疆维吾尔自治区尚处于工业化发展的起步期，工业发展正趋于"朝阳型"的迅速崛起阶段，从以上分析中可以看出新疆

1992—2013 年人均 GDP 和工业"三废"排放总量与人均工业"三废"排放量的回归分析和极值表，分析结果可以看出：随着人均 GDP 的增长，工业废气排放总量和人均工业废气排放量呈逐渐上升的趋势，且上升的速度正逐年加快，呈倒"U"形；工业废水排放总量和人均工业废水排放量、工业固体废弃物排放总量和人均工业固体废弃物排放量先下降，后又迅速上升，呈"'U'+倒'U'"形。

根据环境库兹涅茨曲线的预测，随着新疆新型工业化程度进一步发展，环境污染将继续趋于上升，即人均 GDP 的增长与环境污染水平的提高同步进行。鉴于西方发达国家和我国改革开放较早城市的工业发展中存在的突出问题，此时，政府和企业应通过采取有关方式探索形成一条新的"高增长，低污染"的可持续发展道路。

4　对策与建议

新型经济增长、环境污染与民族地区可持续发展模式是在环境库兹涅茨曲线的基础上加以完善，提出在不突破环境污染安全线的前提条件下，走一条区别于传统的"高污染，高增长"的 ABC 型曲线路径，而类似于隧道的"较低污染"的道路，即图 2 中 ADC 路径。

4.1　工业发展的"速度"与"质量"并重

目前，西部民族地区已进入新型工业发展的新的历史时期，各个地区都大力引入外资，承接东中部产业转移，提高地区工业增加值，并将工业企业的建设和发展作为区域经济发展的重要任务。少数民族地区，如新疆具有得天独厚的丰富的矿产资源，极大地促进了工业化发展的步伐，但与此同时带来的环境污染也不可忽视。据数据显示，2000 年以后新疆环境污染和"三废"排放均开始急速上升，政府治理环境污染的投资也在逐年上升，这一客观事实要求政府在工业发展的同时应先对环境污染做出预算，在某一特定区域内引入新型的工业企业时首先要做好区域规划，对工业企业的选址、污染处理、地区贡献率等进行全面的考察。在工业发展的同时，有条件的地区可以考虑产业结构的调整和转型。此外，民族地区的三大产业分布不平衡，第三产业占 GDP 的比重较低，且第三产业是民族地区最具潜力的产业，民族地区丰富的旅游资源和独特的地质、地貌、植被和气候条件适合优先发展第三产业，实现产业结构的跨越式调整，是提升区域可持续发展能力的有利途径。

4.2　工业企业的"鼓励"与"监督"并重

"先污染，后治理"的工业发展路子被多数国家和地区的实践证明是行不通的，要实现可持续发展就要在发展工业的同时进行污染的有效治理，使得两者互为补充，共同发展，在这一过程当中需要少数民族地区各级地方政府，尤其是环保部门认真行使其职权，发挥监督和督促环境治理的作用，对经济效益高但是环境污染严重的企业要坚决规范其行为，督促其引进污染处理系统，将污染物治理后再进行排放；对不听劝阻，仍进行高污染作业的工业企业要依法进行关停等处理，当其污染物排放符合标准时再进行生产。

4.3　增强环保意识，使环保理念深入人心

受地理、文化和语言等因素的影响，少数民族地区居民的环保意识相对比较淡薄且环保理念真正落实在实际行动上的比较少。近几年随着各级政府对环境污染治理投资的加大，更多的人逐渐意识到了环境保护的重要性，但是继续宣传环保思想，使得环保理念深入人心仍是民族地区可持续发展需要解决的重大课题。应通过宣传教育的手段进行普及，经常性开展以环境保护为主题的宣传教育活动，利用海报宣传、电视节目宣传以及口头教育等方式定期对当地群众的环保意识进行深化；通过具体案例或实际的宣传片让少数民族群众真正认识到环境污染的严重性和环境保护的迫切性，发挥群众的力量对污染行为进行监督，真正使环保理念深入人心。

参考文献

［1］曲福田：《资源经济学》，中国农业出版社 2002 年版。

［2］新疆统计局：《新疆统计年鉴（1997—2007）》，中国统计出版社。

［3］陶在朴：《生态包袱与生态足迹》，经济科学出版社 2003 年版。

［4］吴玉萍、董锁成、宋键峰：《北京市经济增长与环境污染水平计

量模型研究》,《地理研究》2002 年第 2 期, 第 239—246 页。

[5] 刘利:《广东省环境库兹涅茨特征分析》,《环境科学研究》2005
年第 6 期, 第 7—11 页。

[6] 邢秀凤、曹洪军、胡世明:《青岛市"三废"排放的环境库兹涅
茨特征分析》,《城市环境与城市生态》2005 年第 5 期, 第 33—
37 页。

[7] 沈满洪、许云华:《一种新型的环境库兹涅茨曲线——浙江省工
业化进程中经济增长与环境变迁的关系研究》,《浙江社会科学》
2000 年第 4 期, 第 53—57 页。

[8] 郝东恒、丁欣等:《河北省可持续发展隧道的实证研究》,《特区
经济》2007 年第 3 期, 第 62—63 页。

[9] Magnani E., The Environmental Kuznets Curve: Development Path or
Policy Result Environmental Modelling and Soft – ware with Environ-
ment Data News, 2001, 16 (2): 157 – 165.

[10] Grossman G. M., Krueger A. B., "Economic Growth and Environ-
ment", *National Bureau of Economic Research Working Paper Series*,
1994 (2).

[11] Selden T., Song D., "Environmental Quality and Development: Is
There a Kuznets Curve for Air Pollution Estimates?" *Journal of Envi-
ronmental Economics and Management*, 1994, 27: 147 – 162.

生态治理背景下生态资本投资研究[*]

杨　珣　　曲聪睿　邓远建

（中南财经政法大学工商管理学院　湖北武汉　430073）

摘　要： 生态资本是一种十分重要的资本形态，更是未来经济社会可持续发展的基础资本。实行生态资本的良性运营，维持生态资本存量的非减性，是建设资源节约型、环境友好型、人口均衡型社会的前提条件和重要基础。本文在充分认识生态治理背景的前提下，探讨了生态资本投资机理：将生态资源通过产权的界定、资产化形成生态资本，继而由投资主体对生态资产进行投资，使其产品化形成生态产品，生态产品又由一定的生态投资模式形成生态收益，生态收益最终通过生态补偿等制度，保证生态资源的非减性。并据此提出生态资本投资的具体路径，包括生态化路径与经济化路径。

关键词： 生态治理；生态资本投资；路径选择

1　引言

随着人口的增长，人类对资源的需求正在不断增加，给地球的生物多样性带来了巨大压力。与此同时，环境破坏也十分严重，主要表

---

* 基金项目：国家自然科学基金项目"生态脆弱地区生态资本运营式扶贫研究"（71303261）；教育部人文社会科学基金项目"生态资本运营的安全问题研究：基于生态脆弱性的分析"（12YJC790029）；中央高校基本科研业务费专项资金资助项目"主体功能区规划背景下绿色农业生态补偿研究"（2012063）。

现在全国地表水污染较重、水土流失面积不断加剧、雾霾天气频发、部分城市空气重度污染、心脏病和肺病患者数量显著增加、生物多样性下降趋势明显。我国在过去 30 多年里创造了经济增长的世界奇迹。然而，"先污染，后治理"的工业社会发展道路在我国同样未能避免，传统的以牺牲环境、破坏资源为代价的粗放型增长方式，已经给经济社会增添了巨大的生态环境压力。

幸运的是，我国在反思中觉醒并迅速展开救赎行动，生态治理运动应运而生。2012 年中共十八大提出"把生态文明建设放在突出地位，融入经济建设、政治建设、文化建设、社会建设各方面和全过程，努力建设美丽中国，实现中华民族永续发展"。2015 年 3 月 24 日，中共中央政治局召开会议，审议通过《关于加快推进生态文明建设的意见》，《意见》特别强调要加大自然生态系统和环境保护力度、推动利用方式根本转变、生态治理不断推进的同时，对生态资本投资也提出了新的要求。

在生态治理不断推进的过程中，如何实现生态资源的有序利用，如何实现经济的可持续发展，如何在社会主义市场经济环境下保持生态资源的非减性等一系列问题，都是生态治理下亟待解决的问题。在生态经济学的视野中，生态资本是一种十分重要的资本形态，任何可持续的经济社会发展模式都必须将生态方面的成本和效益放在头等重要的位置。探讨生态资本投资问题，对于树立生态文明理念，缓解我国经济社会可持续发展面临的资源环境约束，具有重要的意义。

2　生态资本投资机理分析

生态资本投资是在可持续发展框架下，完成一个生态环境建设的良性循环。由图 1 可知，生态资本投资的基础是生态资源，其通过产权的界定即资产化形成生态资本，生态资本通过主体的生态投资产品化形成生态产品，生态产品由一定的生态投资模式形成生态收益，生态收益最终通过生态补偿等制度，保证生态资源的非减性。

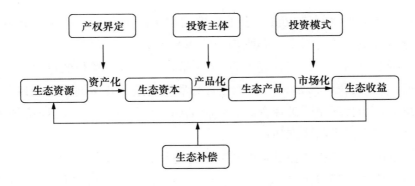

图 1　生态资本循环

2.1　农业生态资本投资基本要素

2.1.1　投资主体

生态资本投资主体的格局，反映着生态资本投资的性质。依据投资学理论，生态资本投资主体必须具有以下三个特征：（1）拥有投资权利，能相对独立地做出投资决策；（2）作为生态资本投资主体，必须承担相应的投资风险和责任；（3）投资主体必须享受一定的投资收益。从公共投资与私人投资的层次划分上，生态资本投资主体主要包括两类：

一是生态资本公共投资主体。政府是生态资本投资的宏观主体，这是由生态资本的属性与政府职责共同决定的。从生态资本属性角度来看，生态资本具有公共性和基础性，生态资本投资肩负着为社会提供公共生态产品的任务，而政府是提供公共生态产品的责任主体；从生态资本的产权特征来看，绝大部分生态环境资源属于国家所有或集体所有，政府是代表国家或集体行使生态资本权益的法定主体；从生态环境建设的角度来看，由于生态资本投资的周期长、涉及范围广、利益主体多，任何企业或个体都难以持续有效进行，而政府拥有的宏观调控和统筹协调能力是保障生态资本投资全面有序进行的关键。生态资本投资过程中，政府的宏观主体作用表现得尤为重要。

二是生态资本私人投资主体。企业是生态资本投资的中观主体，资本投资的过程就是企业对其可以支配的资源和生产要素进行统筹谋划与优化配置，以实现最大限度的资本增值目标的过程。生态资本投资过程中，作为市场主体和法人实体的企业，既是生态资本生息和价值创造的场所，又是生态资本集结的载体。

家庭（含个人）是生态资本投资的微观主体，绝大多数家庭是一个相对独立的经济单位。家庭在保护生态环境、节约生态资源过程中起着重要作用，广大家庭的参与是生态资本投资的群众基础和重要力量。此外，非政府组织（NGO）的主动参与也是生态资本投资的强大动力。促进生态资本保值增值是集体理性的选择，是集体决策的结果，从根本上来说，社会公众是良好生态环境的直接受益者，而且对政府和企业具有根本性的监督作用。

2.1.2　生态资本投资的客体

生态资本投资的客体包括三类，首先是生态资源型资本。这里所说的"生态资源型资本"，是一种直观性的特征概括提法，指的是以生产资源状态而存在的一类生态资本，与资源经济学中的"资源资本"存在区别，后者一般是指矿产资源等具体有形资源，前者则包括了有形资源和大量无形资源，其功能主要表现在"生产"，即支持生产系统方面。其次是生态环境型资本。"生态环境型资本"是一种描述性提法，指的是具备环境特征并以客观环境状态而存在的一类生态资本，与环境经济学中的"环境资本"有着明显区别，相比之下，前者内涵更具体，外延更小。每种生态环境质量要素内部的品质、流量、变换速度，以及各种生态环境质量要素之间的结构与组合，共同构成生态环境质量要素系统，其功能主要表现在"生活"，即满足人们精神文化层面的需求方面。最后是生态服务型资本。"生态服务型资本"是一种形象性的功能归纳提法，指的是以生态服务流状态而存在的一类生态资本，如清新的空气、洁净的水质、宜人的气候等，其功能主要表现在"生存"，即支撑生命系统方面。与第三产业中的"服务资本"存在范围上的区别，前者仅限于生态系统，后者则涉及经济系统和社会系统，包括金融资本、物质资本、人力资本和社会资本等。

2.2　生态资本投资的主要模式

2.2.1　BOT模式

BOT模式，即"建设—经营—移交"模式，是最典型的政府资本与民间资本合作融资模式，也最具有代表性，特别是对具有自然垄断性产权、区域性的生态资本项目，更能契合政府的偏好。在 BOT 模式下，政府通过招标筛选出信誉良好的民间经营主体，并将特定的生态资本项目的经营权授予这些主体，这些经营主体对该生态资本项目进行融资建设，并拥有在规定期限内的特许经营权，至期满后收回该生态资本项目投资和获得相应投资回报后，该生态资本项目的所有权就移交给所属政府或其指定的经营机构。运用这种生态资本项目合作模式，不仅可以节约政府对生态资本项目投资的财政支出，弥补生态资本项目投资的不足，提高生态资本项目运营效率；还能防止生态资本项目的自然垄断性所有权被民间资本永久垄断，给社会福利造成一定损失。因此，这种生态资本项目合作模式备受政府青睐。

2.2.2　TOT 模式

对盘活生态资本项目来说，政府要适度退出，回收历史沉淀资本，应该做好两项最基本的前提工作：首先要转变政府运营机制，即政府应该逐步退出具体的经营活动；其次要实现沉淀生态资产的收益性，即不但要重视收费性生态资产，特别要培育好生态资产项目。实现了这两个基本条件，追求个人利益最大化的民间资本和社会力量才愿意介入生态资本项目，才能保障民间资本投资收益的可能性及法制化。在此基础上，形成了政府与民间资本双赢的生态资本项目合作 TOT（Transfer – Operate – Transfer）模式，即"移交—经营—移交"模式。在这种模式下，通过出售一定期限内已经形成的生态资本项目的现金流量，获取新建扩建生态资本项目的资金，从而实现滚动发展。具体而言，政府将已经投资建成的生态资本项目，通过签订合约将其某一期限内的特许经营权授予民间经营主体，以在约定期限内的该生态资本项目现金流量为标的，一次性从民间经营主体获得相应资金，从而实现政府财政沉淀资金的回笼或新（扩）建生态资本项目投资，至期满后重新移交给所属政府。

2.2.3　其他模式

除了上述典型的市场化生态资本项目融资经营模式，关于生态资本项目尤其是区域性生态资本项目投资政府与民间资本合作的模式，还包括管理合同模式（Management Contract，MC）、租赁式合作开发经营模式（Lease – Develop – Operate，LDO）、暂时私营化模式（Temporary Privatization，TP）、股权转让模式（Divestiture）、所有权永久转让专营模式或私营化模式（Perpetual Franchise Model，PFM），等等。因此，要根据区域特点和生态经济协调发展要求，采取符合区域实际的生态资本项目运营模式。

2.3　生态资本投资的价值构成

2.3.1　生态资本投资的生态价值

生态系统是基于实践活动而形成的人工生态经济系统，该系统存在于自然系统之中，其生态价值的确立首先必须遵循生态服务价值的一般原理，其次必须符合自然生态系统整体服务功能的规定，最后还应反映生态服务功能的特殊实现类型和方式。为此，根据生态服务功能反映生态价值的一般途径，结合生态服务价值的表现形式和实现途径，生态资本投资的生态价值可以分为生物生产价值、气候调节价值、土壤保持价值和环境净化价值。

2.3.2　生态资本投资的经济价值

生态资本投资通过生态产品和生态服务实现生态环境资源的经济价值，这种价值转化最终是通过生态市场的生态交易来完成，其价值直观地表现为交换价值，于生产者来说就是直接的经济价值，生态资本投资的经济价值，除具备传统资本投资和生态资本投资的一般经济价值以外，还应遵循经济价值的特殊规定。生态资本投资的经济价值，是指在进行生产、交换、分配过程中所产生的各种价值的总称。以生态产品生产与再生产的各个环节为划分依据，生态资本投资的经济价值可以分为产品开发价值、市场营销价值和生态产品消费价值。

2.3.3　生态资本投资的社会价值

资本投资的社会价值包括增加资本积累、优化资本结构、保障资本增值、促进财富增长、提高社会福利等。作为资本投资的一种，生态资本投资也同样具有上述社会价值。然而，生态资本投资毕竟是一种崭新的生产方式和资本投资模式，还具有传统生产和企业资本投资所不具有的特殊的社会价值，突出地表现在生态资本投资对社会发展的多维度贡献，这些贡献抽象概括起来包括三个方面，即"两型社会"促进价值、就业机会增加价值与生态文化培育价值。

2.4　生态资本投资价值的转化过程

2.4.1　价值创造过程：生态资源的资产化

生态资源是相对于人类的生产经济过程而言的，凡是可用于生态生产能够满足人们生态需要的物质和服务都是生态资源。从广义角度讲，生态资源包括自然生态资源、经济生态资源和社会生态资源等；从狭义角度讲，生态资源通常指自然资源。从经济学角度划分，按稀缺程度可将生态资源分为经济生态资源和自由取用资源，相对于人的需求来说，经济生态资源是稀缺的，自由取用资源是富裕的，但生态资源的稀缺也是动态的。

生态资产是具有市场价值或交换价值的一种实体，是生态资产所有者的财富或财产的构成部分。因此，生态资产的定义包含两个核心要素：具有市场价值和所有者（或产权）明晰，本研究界定的生态资产主要是指生态资源型资产。生态资源型资产是指国家、企业和个人所拥有的，具有市场价值或潜在交换价值的，以生态资源形式存在的有形和无形资产。

2.4.2　价值增值过程：生态资产的资本化

财富的生产力比之财富本身，不晓得重要多少倍。它不但可以使已有的和已经增加的财富获得保障，而且可以使已经消失的财富获得补偿。生态资产的基本含义是能够带来比自身价值更大的价值。可转让性是实现生态资产增值的根本手段，如果不能自由转让，任何生态资产和财富都不可能为其所有者带来收入或剩余价值，由此也就不可能成为生态资本。一旦生态资产的自用权利可以有偿放弃和让渡，生态资产所有者就拥有一个未来收入来源，此时，生态资产就转变成了生态资本。

从生态资产与生态资本的定义可以看出，两者的经济含义是不同的。由生态资产转变为生态资本，需要具备相应的条件，即生态资产必须以生产要素形式投入到生产过程中去，生态资产闲置或仅仅用于消费，则不能成为生产要素，不可能为资产所有者带来收入和剩余价值，当然也就不能成为生态资本。只有在生态资产以具体生产要素形式进入生产过程，并与其余生产要素相结合生产出生态产品时，生态资产才能够转变为生态资本。

2.4.3　价值转换过程：生态资本的产品化

生态经济的实践表明：生态型产品之所以比普通产品更受欢迎，原因在于生态型产品具有优质、安全、营养、无污染的特征，包含着较高的生态附加值，这些生态附加值皆由生态资本转化而来。这种转化包含两个方面：一是生态资本的形态变换，如充足的阳光、洁净的水质、丰富的养分转移到绿色食品中，将以自然状态而存在的有形或无形的生态环境资源凝结到具体的生态型产品之中；二是生态资本价值的转换，生态资本的价值通过人类劳动或生物自然生产过程转化到生态产品中，由此演变为产品的生态附加值。从生态资本投资的角度看，生态产品的产出过程就是生态资本投资价值转换的过程。

在生态资本投资过程中，生态资本产品化的关键就是要不断地采用新的生态技术。一方面，通过发明新的生态技术，不断地发现新的生态资源型生产要素，与其余生产要素相结合生产出满足人们"生态需求"的新型绿色生态产品，提供优质安全多样化的生态服务功能。另一方面，通过技术的生态化创新，提高生态资源的利用率和产出率，降低资源消耗，减少污染排放，实现降低产品生产成本、增加产品生态附加值、维持较高投资收益率的目的。

2.4.4　价值实现过程：生态产品的市场化

资本作为一种生产要素，在其逐利性的支配下必然会投入到一定的社会生产活动中去，在生产过程中与其余生产要素相结合生产出特定的产品，然后通过产品在市场上出售，以交换价值即价格的形式实现其货币价值。可见，生态市场是生态资本价值最终得以实现的载体。生态市场是生态商品经济的必然产物，包括生态投资市场、生态技术市场和生态资本市场，分别对应于生态资本积累、生态资本投放和生态资本扩张，与一般商品市场一样，生态市场同样按竞争规律运行，受价值规律支配，生态产品的提供和消费是生态市场形成的基础，生态管理是生态市场良性运行的保障。与一般商品市场不同的是，由于生态资本是"天然"的资本，生态市场的运行除受经济规律支配外，还要遵循生态规律，这就必然要求生态市场主体在双重规律的协同作用下能动地发挥作用。

3 农业生态资本投资路径选择

3.1 生态化途径

生态资本投资要以生态系统的良性发展为前提。生态系统是经济系统的基础，自然再生产是经济再生产的前提。可持续发展直接指向的是经济再生产的可持续性和经济系统的可持续性，但深层反映的则是自然再生产的可持续性和生态系统的良性发展。在生态资本投资的主体方面，生态系统的良性发展取决于投资主体对生态资本的认知，因此，经济社会能否实现可持续发展取决于人们的经营活动是否合乎生态规律、是否能够维系生态系统功能的稳定发挥，即经济模式是否属于生态友好型。这就要求人们在社会经济活动中融合环境目标与生态规律，对传统经济模式进行生态化改造，走生态导向的现代化发展之路，将工业文明与生态文明结合在一起建设，使经济发展与环境退化相"脱钩"，努力完成现代化模式的生态转型，生态环境的管理要从"应急反应型"转变为"预防创新型"，实施"绿色工业化"、"绿色城市化"战略。经济生态化是把生态学的基本原则渗透到人们的全部活动范围中，用人和自然协调发展的观点去谋划经济社会发展，经济社会发展要遵循生态规律，并且根据生态、经济与社会的具体可能性，最优地处理人与自然的关系，增加社会经济的生态成分，积累自然价值和自然财富。具体到生态资本投资机制中，就需要采取有效措施保障生态资本投资的各个环节：一是明晰生态资源的产权；二是保障投资主体利益；三是拓宽投资模式。通过上述策略，促进生态资源的三重转变，具体包括：经济增长目标从追求最大化 GDP 转变到可持续发展；从单纯追求物质量的增加转变为物质生产与生态环境建设同时进行；从单纯提供有形产品转变为同时提供产品和生态服务。

3.2 经济化路径

对于生态资源丰富而经济发展水平较低的地区，要通过生态资本投资，不断把生态资源资本化，将生态优势转化为经济优势，并把经济活动所得的收益用于生态系统保护、修复和补偿，实现生态资本化与资本生态化的良性互动，促进生态效益与经济效益的统一和生态资本存量的增加。这一过程包括生态系统（即生态资源及其环境）的资产化、生态资产的价值化、生态价值的要素化、生态要素的资本化和资本的生态化等步骤。生态系统的资产化是指对人类来说，生态系统本身具有使用价值和稀缺性，是一种资产，因此，如果生态系统被消耗或使用就应对其给予补偿和投资，即建立健全生态补偿机制。生态资产的价值化是指生态系统作为一种资产是有价值的，这种价值不仅体现在生态产品的品质方面，还体现在生态系统服务功能方面。生态价值的要素化是指生态价值内部化，即将生态资产的价值要素化，应运用经济学的成本—效益分析理论探讨其价值实现问题，其途径是将其价值内化到生态产品和生态服务中。生态要素的资本化是指生态要素具有资本的一般属性，能够创造和带来独特的"剩余价值"或"剩余收益"，其价值（或收益）用货币表示。资本的生态化是指将生态资本所产生的"剩余价值"或"剩余收益"一部分用于扩大再生产，另一部分用于生态环境建设，促进区域生态环境改善和资源的循环利用。

参考文献

［1］张帆、李东：《环境与自然资源经济学》，上海人民出版社 2007年版。

［2］诸大建：《生态文明与绿色发展》，上海人民出版社 2008 年版。

［3］陈光炬、严立冬：《民族地区"生态特区"发展论——一个基于生态资本运营的分析框架》，《湖北民族学院学报》2009 年第 6 期。

［4］严立冬、陈光炬、刘加林、邓远建：《生态资本构成要素解析——基于生态经济学文献的综述》，《中南财经政法大学学报》2010 年第 5 期。

［5］严立冬、郝文杰、邓远建：《绿色财政政策与生态资源可持续利用》，《财政研究》2009 年第 12 期。

［6］严立冬、刘加林、陈光炬：《生态资本运营价值问题研究》，《中

国人口·资源与环境》2011 年第 1 期。

[7] 严立冬、刘加林:《生态资本运营与相关资本运营的关联性分析》,《吉首大学学报》2009 年第 7 期。

[8] 严立冬、谭波、刘加林:《生态资本化:生态资源的价值实现》,《中南财经政法大学学报》2009 年第 2 期。

[9] 严立冬、张亦工、邓远建:《农业生态资本价值评估与定价模型》,《中国人口·资源与环境》2009 年第 4 期。

[10] 严立冬:《经济可持续发展的生态创新》,中国环境科学出版社 2002 年版。

[11] 张军连、李宪文:《生态资产估价方法研究进展》,《中国土地科学》2003 年第 3 期。

[12] 中国 21 世纪议程管理中心可持续发展战略研究组:《生态补偿:国际经验与中国实践》,社会科学文献出版社 2007 年版。

[13] Hawken P., Lovins A., Lovins L. H., *Natural Capitalism*: *Creating the Next Industrial Revolution*, Boston, Back Bay Books, 1999.

[14] Daly, H. E. & Joshua Farley, *Ecological Economics*: *Principles and Applications*, Island Press, 2004.

生态工业园区的建设结构及策略研究[*]

伍国勇

（贵州大学管理学院 贵州贵阳 550025）

（中国西部发展能力研究中心 贵州贵阳 550025）

摘 要：生态工业园区是欠发达地区推进工业化进程的重要模式和关键路径。本文从产业链结构分析了园区产业链关系、各类因子流动模型、参量流动模型；从空间结构的角度分析了园区建设的 W、G 和 H 三种建设模式；从功能结构的角度分析了生产型园区（网）、流通型园区（网）、还原型园区（网）和服务型园区（网）的建设模式的基本特征，并从经济个体（企业）、经济集体（园区）、经济群体（园区网、集群）、静脉系统生活层面和技术政策层面提出了推进生态工业园区建设的具体措施。

关键词：生态工业园区；建设结构；推进策略

1 引言

生态工业园区不仅能有效实现欠发达地区的区域优势转化，同时

---

* 基金项目：2013 年贵州大学重点学科项目"贵州农业现代化与城镇化协调机制研究"；2014 年贵州大学重点学科项目"农业生态安全问题的经济学研究"；2014 年贵州大学人才引进项目"贵州农业生态安全评价及农业生态管理对策研究"；2014 年省社科规划项目"西部水源涵养地生态补偿及水权配给机制研究"（编号：14GZYB13）。

还能为产业聚集提供了一个空间场所，可以有效创造聚集力、共享资源、保护环境并带动关联产业的发展，从而保质保量地推动产业集群形成和工业化进程，建设生态工业园区具有重要的现实意义。一是为关联产业和企业提供基础设施、规模的原材料市场供给以及完善的中介机构、规模化的劳动力市场供给、信息与技术的交流，从而形成良好的发展氛围，产生明显的外部规模效应。二是园区内企业都面临降低成本和提高产品差异化的激烈竞争，这种压力促进了企业向专业化、社会化迈进，部分企业从彼此竞争的关系转变为上下游配套的合作关系，不仅降低成本，而且推进了企业联合，优胜劣汰机制还促使生态工业园区形成内部规模效应。三是成熟的园区促进关联企业和产业的良性聚集，进而形成各种特色生态工业园区和新型产业基地。四是以产业聚集为特征的生态工业园区可以有效带动为制造业服务的第三产业迅速发展，包括第三方物流，金融担保业，以及信息、技术、人才、管理、培训、外贸等市场中介服务业，这些与制造业密切相关的第三产业的兴起，又可大大提高制造业的产业综合竞争力。近年来，生态工业园区的研究方兴未艾，各种观点层出不穷。包括园区建设的基本模式、建设主体、管理机制和效率评价。但是从建设结构的角度看待园区发展的文献尚不多见。本文从产业链结构、空间结构、功能结构三个方面，深入讨论了生态工业园区建设与布局的基本问题，并从五个层面提出了推进园区建设的战略措施。

2 生态工业园区产业链结构

生态工业园区系统中存在着各种类似生物学中的物质和能量循环链条（食物链），也可称为产业生态食物链。产业生态食物链既是一条能量转换链，也是一条物质传递链，从整个产业发展经济价值的视角来看，还可称为"价值增值链"。每一个园区有其独特的产业生态食物链，在生态工业园区系统中不断进行着往复的能量转换和物质循环运动，产业中物质流、能量流、资金流、技术流不断随着产业生态食物链逐层流动，各种原料、能源、废弃物以及环境要素之间会形成立体循环流动结构，物质能量技术流则在产业循环系统中往复循环使用，实现高效利用，有效地提高了污染控制和废弃物转换率，同时也减少了产业发展成本，实现价值增值并取得良好的生态、经济和社会效益。

2.1　园区产业链结构模型

生态工业园区产业链从横向看，由核心企业与其他支持性机构如政府机构、金融机构、研发机构、分销机构、服务机构组成；从纵向看，由核心企业与其上游企业、下游企业共同组成，上下游企业实现资源互补和优势互补，在产业链活动中如要素投入、产业生产、制度创新与产业技术研发等方面进行合作互动，形成产业生态化发展中竞争与合作的紧密关系（见图1）。

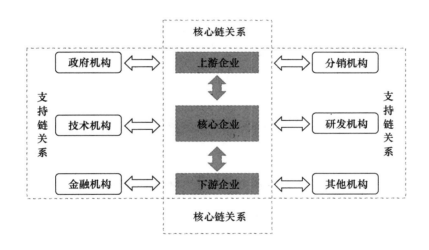

图1　区域生态工业园区产业生态食物链结构（关系模型）

2.2　园区产业链物质能量环流动模型

生态工业园区系统是一个不断往复的循环体系。系统中物质流、资金流、技术流、能量流都可以多次循环利用，使得整个系统中总熵不断减少，遵循自然界中的耗散结构原理，总体可达到系统的良性循环。系统中形成的产业生态食物链，把不同的企业产生的废弃物通过创新利用到不同企业不同阶段的生产过程之中，使得污染物质在生产过程中被极大限度地消除，最后排放到自然生态系统中的污染物质最小化，而系统运行的经济、生态和社会效益最大化，以实现生态工业园区系统的产业代谢功能。

在这里，运用代谢分析法为指导，建立反映生态工业园区系统产业生态食物链中的物质流流动模型。一般情况下，根据企业生产情况，物质循环有两种类型：一是循环过程中是理想状态，上游企业的废弃物完全被下游企业吸收为原料，没有排放到生态环境中的废弃物，叫完全循环；二是一部分废弃物被排放到生态环境，其他部分被下游企业吸收为原料进行再生产，叫部分循环。为研究方便，本书忽略循环过程中的损耗，仅重点讨论这两种情况下企业之间废弃物代谢、能量流与物质流的循环问题。

第一，完全循环模型。企业生产过程中不存在剩余物质，上游企业的废弃物完全被下游企业吸收，属于完全循环状态。完全循环是指上游企业没有剩余物质的自循环，其剩余物质被下游企业完全吸收的互动循环物质流模式（见图2）。

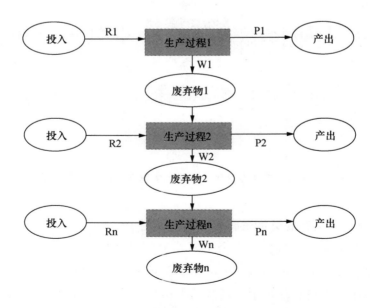

图 2　完全循环模型中物质能量流动图

第二，部分循环模型。基本假设：企业生产的废弃物一部分参与了自身循环，一部分则被下游企业完全吸收利用。如果要将每一阶段产业生态食物链中一部分废弃物被自身循环利用，一部分废弃物被下游企业完全吸收利用的模式表示出来，可以形成完整的产业废弃物流动图（见图3）。

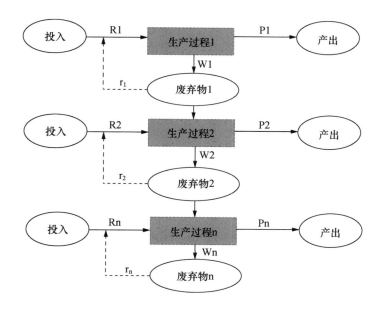

图3　部分循环模型中物质能量流动图

3　生态工业园区的空间结构

生态工业园区系统开始于企业内部的生态化、清洁化生产行为，然后扩大开来发展到较高层次的生态工业园区以及生态工业园区网络，进而可建立最高层次的生态经济系统、社会系统和自然生态系统一体化的复合循环系统。从这里可以看出，生态工业园区是生态化的发展系统，由企业、园区、园区网络和广域工业经济系统组成；总体上是由企业到经济、社会和生态系统的复合循环、矛盾运动。从空间分布的角度看，可以分为三个层次：

3.1　第一空间，由单个企业组成的企业生态循环系统

这一空间生态化的实践路径是要求企业实施清洁化生产，这是生态工业发展的基础性条件。即是说，不可能全部企业都能够有条件和必要实施清洁生产，在没有足够技术条件的情况下，可让部分企业优先实施，带动其他企业，逐步渐进性实现生产环节的清洁化，促进生态工业园区的形成。

3.2　第二空间，由部分生态工业企业构成的园区循环系统

其生态化的实现路径是建设生态工业园区。同样，由于技术制度发展的渐进性和缓慢性，可部分地要求园区进行技术改造、试点生态工业经济产业园，按照"减量化、再循环、再利用、再创新"的"4R"原则，在"W模式、G模式、H模式"的指导下，构建符合现代发展要求的生态工业产业园区。就生态学理论的观点来看，生态工业园区（以下简称生态园区）企业之间要形成共生发展关系，相互之间要构成生态食物链，有三种模式可选择：

（1）W模式：网络共生型生态园区。该模式主要特点在于，园区内所有的企业都是统一的有机整体，所有废弃物（包括固体废弃物、废水、废气等）都能够实现循环利用。园区的主要功能是把所有的废弃物负效益转变为资源化的正效益，充分实现园区内资源的再利用、再循环；但是这种模式的适应性较差，适应于新建一类大型的生态园区，通过土地利用总体规划，在园区内划定功能分区、企业分区，统一构建符合"4R"原则的基础设施，企业一旦入驻，便很快形成良性循环的产业生态系统，一般需要上级规划支撑。

（2）G模式：关联共生型生态园区。主要特点在于，园区内的企业并不能构建完整的包含整个投入产出的产业生态食物链，但是可构成由原料链组成的小循环体系，这种体系的建立会形成相对独立的若干小组循环，各个小组之间没有直接的投入产出关系，适宜于那些老旧产业改造的园区，也适宜产业的转型、更新改造园区；不能达到资源循环利用的最大效益。

（3）H模式：混合共生型生态园区。主要特点在于，园区中既有耦合关系的企业存在，也有共生网络关系的企业，混合了两种产业园

区的发展模式。与关联共生型园区一样，不能将所有企业都纳入产业园区，以形成完整的产业生态系统。但是它的每个小系统循环能力强，相互之间关联性好，能实现资源的小循环和大循环利用。这种模式的效益介于网络共生型和关联共生型产业园区之间，这种园区企业构成相对独立的小组内循环，又形成资源大循环，平衡性好；适宜产业的转型、更新改造园区。

3.3　第三空间，广域性生态工业园区循环系统

包括工业经济系统、社会系统和自然业生态系统的复合循环系统。这一空间的生态化要求三大系统构建复合式循环机制，保证三个系统物质流、能量流、信息流的循环往复，最大限度地发挥系统的耦合功能、循环功能，满足人类社会与生态健康的互动发展需求。作为生态工业园区的第三空间结构，生态工业园区网层面的循环发展路径实质上是建立在经济、社会和生态的共生、共荣、和谐的基础上的。总体上看，生态工业园区网是以经济、社会和生态为背景，按照工业生态学有关理论与方法，合理界定生产者、消费者和分解者，以资源（原材料、副产品、信息、资金、人才等）的消费纽带形成具有"资源—产品—消费—废弃物—资源—废弃物（无害化）"的发展共同体，由一条条仿真的"生态食物链"组成，实现物质流、能量流、信息流、资金流、技术流在三个系统间的循环流动，实现三个系统的共生繁荣、互动发展。一般来说，生态工业园区网有两种形式来组建，一是区域性生态工业园区网，二是广域性生态工业园区网。

（1）区域性生态工业园区网。对于区域性园区网来说，并不同于一般意义上的工业园区，也不同于一般意义上的副产品交换类园区。它是将整个园区看作独立的企业或者说不动产来对待，并与其他各种具有资源开发紧密关系（如互补性或者替代性）的园区一道，共同寻求更大更好的综合发展效益（包括经济、社会和生态效益）。原则上，一个园区网内包括若干园区，有传统园区也有新建园区，网内园区相互关系十分紧密，可增强园区发展绩效并表现创建共享的服务与设施（见图4）。

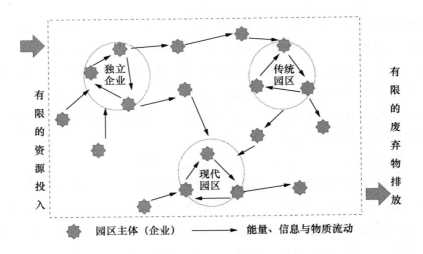

图4　区域性生态工业园区网形成示意图

　　如图4所示，独立企业、现代园区和传统园区共同构成了区域性
生态工业园区网。在这个网中，一个企业的废弃物可能被另一个企业
利用为生产资料，而这个企业的废弃物又被其他企业利用，实现企业
之间的副产品交换，极大地减少环境污染，最后实现废弃物的最大资
源化利用和无害化处理。

　　（2）广域性生态工业园区网。广域性生态工业园区网是指按照工
业生产区域、发展区域的实际情况，根据产业发展的优势、特色和生
产者、消费者、分解者之间的关系建立起大组团、大集群、大特色、
大分工的园区发展模式。各大集群组团的园区之间又存在物质流、信
息流、资金流、能量流和技术流的运行交换，以取得更加广阔的综合
效益。不过，这种模式一般要求园区网内产业具有高度的特色互补，
并且区域内交通十分便利。总体上以规划的形式布局好生产功能区、
流通功能区、还原功能区和服务功能区。各功能区形成若干小的集群
和组团，小组团和大组团之间形成良好和谐的发展格局。广域性园区
网带有极大外部性，一般存在于几个省（地区）之间，如各种经济
圈、经济带的发展，可以采用此模式规划更大范围的园区网络（见图
5）。

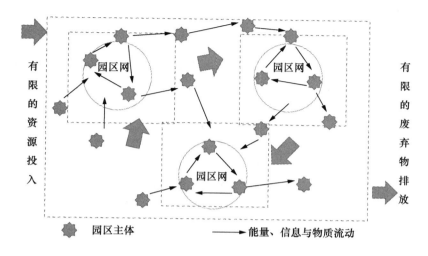

图 5　广域性生态工业园区网形成示意图

4　生态工业园区的功能结构

如前所述，广域性生态工业园区网需要较大的规划支撑才能有效推进。主要适用于大区域性经济圈、经济带和经济区的发展。这种园区网从功能的角度总体上可分为生产功能、流通功能、还原功能和服务功能四种类型。每一种功能园区有其具体的布局特点。

4.1　生产型园区网

产业生产功能发挥，一个重点领域就是生态工业生产型园区网的建设。要根据地区产业资源发展特点，严格按照生态工业园区建设的基本模式与技术标准，合理布局园区网络，发挥整个地区工业产品生产功能。可采用生态工业园区技术标准更新改造现有园区，也可新建标准化的产业园区。但是建议按照特色突出、生产条件标准化程度高的要求建设，使之符合生态工业园区建设的条件。做到正规产品、副产品生产量最大化，让废弃物产量最小化，将废弃物（副产品）的排放置于其他互补产业园区（还原型园区）有效利用范围内，形成优势互补的园区生产网络，努力为园区（企业）的共生创造条件。

4.2　流通型园区网

该类园区网的建设是根据生产功能型园区网的建设特点和布局而展开。此类园区不能独立建设，需要根据生产功能布局特点和发展需要而布局建设。构建流通型功能园区网络，是以园区为单位、企业为活动主体，共同促进生产、流通功能的有效配合。原则上，在几个生产功能园区所处地理位置的合适地点构建适当数量的流通功能园区（根据生产型园区吞吐量而定）；一个流通功能的园区，可配合 3—5 个生产功能园区的建设，总体上流通功能园区的建设数量是生产功能园区的 1/5—1/3。

4.3　还原型园区网

该类园区网主要是为废弃物、垃圾处理服务，本质上属于服务功能园区的范畴，但考虑到功能的专业性，提出专门构建还原型功能园区。第一，原则上该类园区是为了搭建生态工业发展网络而构建，在生产型园区中，企业与企业之间会建立起资源互补、副产品的交换网络，但是废弃物进行多次循环以后的残留物也需要有效处理。各生产企业如果独自处理废弃物会产生因为不够专业而带来额外的成本，因此让专业的还原功能园区中企业来处理，不仅可节约成本，还不至于影响环境造成不必要的道德风险发生。第二，还原功能型园区的建设也可以为了处理残留而提供专业技术咨询服务，指导园区企业在开展产品生产时保证物料投入的科学化和生态化。第三，还原功能型园区在处理垃圾方面具有专业优先权，必须对垃圾的处理提供更高水平的服务，为产业生态化发展提供清洁化环境。

4.4　服务型园区网

服务功能园区是专门为生产功能、流通功能、还原功能园区的发展而服务，该类园区的建设是专门提供有关物资、副产品交易平台，生态化发展技术服务与咨询等。要根据生产功能园区、流通功能园区和还原功能园区的实际需要（实际需求）进行配套建设，不能超额也不能减少建设数量。一般来说，每个服务功能园区可配套服务 5—8 个其他园区，这样有利于园区的共生发展。

5　生态工业园区建设促进策略

要建设标准化、科学化生态工业园区，应从人们生产生活行为、企业行为和政府行为调整等多方面着手，综合考虑各主体功能和作用的同时，要考虑到经济、社会和生态各系统的循环运行。

5.1　在经济个体层面，按照工业园区产业链结构的原理，实施清洁生产，发展循环产业

第一，围绕园区核心企业，合理定位企业发展空间，融入园区产业链其他要素，抱团取暖。在园区中发展的企业，时刻要记得自己不是独立发展，而是大家一道，形成规模效应，增加市场影响力和经济发展效益。一是要界定自己的市场地位，围绕核心企业的产业发展，选择做同质产品直接竞争还是做原料供应上游企业和市场营销服务的下游商家共同发展？做前者，势必要求企业有自己的核心竞争力和核心优势，可以做到"强强联盟，共同发展，做大做强"；如果没有特别的核心竞争能力，只能选择做上游或者下游商家，一道在园区共同发展。二是要处理好与园区服务机构如市场服务、金融服务及其他服务的机构，只有大家在市场中找到自己的合理定位，才能把共同市场做大做强。三是要处理好与政府机构的关系。重点是时时刻刻关注政府在园区特别是园区产业发展方面的最新政策，政策精神把握得好往往会成为一个产业发展的助推器，但是把握不好就会成为企业的最大绊脚石，无法改变的制约因素。

第二，围绕自己的核心产业，按照"部分或者全部循环"的规律，构建循环式产业发展链条，发展循环产业。不论园区企业是处于核心地位的带头企业，还是原料供应的上游企业和市场营销服务的下游商家，各自都会形成自己的核心产业链，具有自己核心的业务领域。那么，如何发展才能保证减少对环境的污染，增加物质的利用效率？只有在循环经济的理念下，围绕自己产业链、价值链的各个环节，实施清洁化生产策略。在生产环节、流通环节、服务环节等各个方面都需要按照清洁化的要求展开工作，真正做到"减量化、再循

环、再利用、再创新"的"4R"原则，保证"最小的投入、最大的产出"。

5.2　在经济集体（园区）层面，按照工业园区空间结构的要求，构建生态工业园区

第一，梳理现有园区。一是系统调查本区域的工业园区，合理界定园区产业发展范围，分析园区性质和园区发展历史，园区特色和园区的优势条件与园区发展的制约因素，把握园区的基本情况；二是充分了解园区发展的基础设施，了解现有园区设施水平是否满足现代化、生态化园区的发展要求，找到发展差距；三是分析园区企业之间的"产业生态食物链"关系，这是一个核心内容，只有园区建设了产业生态食物链关系，才能形成"工业共生关系"，也才能建立生态工业园区。如果园区企业之间没有共生，了解关键影响因素是哪些？制约条件怎么样？要构建一个现代化生态化工业园区需要什么弥补的条件，等等。

第二，改造构建现有园区。按照 W、G、H 模式的有关特点，改造、新建一批新型工业园区。以 G、H 模式改造现有园区，根据现有园区内企业的特点，建设完善园区基础设施，充实园区发展外部条件，严格按照 G、H 模式的要求选择性地改造构建一批现代化工业园区。

第三，新建大型工业园区。按照 W 模式的要求，通过上级土地利用规划、产业发展规划等大型规划，规划建设一批新型、高标准、生态化工业园区。既要考虑到新建园区与现有园区之间的关系，尽力形成互补关系；又要考虑到新建园区与地方经济社会发展的关系，新建园区从技术上可以按照 W 模式要求，但是从社会发展角度需要符合地区经济社会发展特点，特别是人文特点。

5.3　在经济群集（园区网）层面，按照不同功能类型，构建区域性生态工业园区网

第一，开展融入或规划大型经济圈、带、区的工业发展规划。一个地区要建设大型工业园区网，最重要的是分析本地区在全省、全国甚至更大范围内的经济圈、经济带、经济区的发展具有什么重要功能和作用。只有合理规划、充分融入大型经济区域的发展，在功能上建

设符合大型经济区域要求，才能更好更快地发展本地区工业产业。一是调查大区域内经济圈、经济带、经济区的特征、功能和在全国的经济区域中的重要作用，考虑本地区可能发挥有影响和能够进入的空间在哪里？包括市场空间、产业空间都需要深入分析。二是合理规划本区域内工业产业发挥的功能类型，是生产功能、流通功能、还原功能还是服务功能，抑或是几种功能都兼具，以此定位本区域工业产业的规划发展方向和重点领域。

第二，出台系列支持性政策文件，按照生产型园区、流通型园区、还原型园区和服务型园区的建设要求，调整、改造和构建一批本区域内生态工业产业园区，以服务于更大区域更大范围更多产业的发展。

5.4 在生产生活和社会系统层面，规划公众的消费行为，建设废弃物的社会循环利用与处理系统

第一，培养绿色消费意识，构建绿色生产认证体系，培育绿色消费市场。在全社会公众中大力宣传和有意培养绿色、健康消费意识，让绿色消费、绿色选择、绿色出行深入人心；构建绿色消费市场体系，搭建绿色循环生态化的消费平台，建立企业产品绿色认证体系，让所有上市产品贴上绿色生态标签，让公众消费绿色选择实现最大"可能性"。

第二，提高全社会"废弃物"循环利用效率，建设废弃物调整市场、废旧产品回收利用市场，废弃物废旧产品再生资源加工、储运与交易体系。建设好生产生活领域废弃物废旧物资向生产领域输送的渠道，让生产型、流通型、还原型和服务型园区企业有"原料"渠道保障。在全社会构建起以不同"功能类型"园区为核心的循环经济、生态经济发展体系。

5.5 在技术与政策层面，大力研发园区化、生态化产业技术体系，出台支持生态工业园区（网）建设的有关政策措施

第一，构建好工业生态化、园区化发展技术体系。一是研发工业产业生态化发展的技术措施，充分结合本区域工业发展特点，开发原创性技术、引进领先性技术，推进技术转化与应用；二是研发园区（网）化发展平台技术，了解企业进入园区的平台支撑需要，研发园

区信息平台、交易平台技术体系，为构建现代生态工业园区、园区网做好准备。

　　第二，构建工业生态化、园区（网）化政策体系。一是管理体系的构建，搭建好园区管理的组织机构、人才队伍配置体系；二是出台综合性引导政策，包括促进工业生态化、园区（网）化的土地支撑政策、财税政策、就业政策、金融支撑政策、服务支撑政策和有关规定；三是做好本区域工业化、生态化、园区（网）的发展战略规划，让规划支撑本区域工业产业发展。

参考文献

［1］Heeres R. R., Vermeulen W. J. V., de Walle F. B., Eco – Industrial Parkinitiatives in the USA and the Netherlands: First Lessons, Journal of Cleaner Production, 2004, 12 (8 – 10): 985 – 995.

［2］Lowe E., Eco – Industrial Parks: a Foundation for Sustainable Communities, http://www. globallearningnj. org/global_ata/Eco_ Industrial_ Parks. htm.

［3］Barrett M., Lowe R., Oreszczyn T., et al., How to Support Growth withless Energy, Energy Policy, 2008, 36 (12): 4592 – 4599.

［4］罗宏、孟伟、冉圣宏：《生态工业园区——理论与实证》，化学工业出版社 2004 年版。

［5］程晨、李洪远、孟伟庆：《国内外生态工业园对比分析》，《环境保护与循环经济》2009 年第 1 期。

［6］田金平、刘巍、李星、赖玢洁、陈吕军：《中国生态工业园区发展模式研究》，《中国人口·资源与环境》2012 年第 7 期。

［7］袁增伟、毕军、王习元、张炳、黄娟：《生态工业园区生态系统理论及调控机制》，《生态学报》2004 年第 11 期，第 2501—2508 页。

［8］郭莉：《生态工业园的环境扩散效应研究——以天津生态工业示范园为例》，《工业技术经济》2008 年第 9 期，第 118—120 页。

［9］毛瑜、张龙江、张永春、蔡金榜、陶然：《生态工业园区研究进

展及展望》,《生态经济》2010年第12期,第113—116页。

[10] 吴晓军:《产业集群与工业园区建设》,博士学位论文,江西财经大学,2004年。

[11] 伍国勇:《农业生态化发展路径研究——基于超循环经济的视角》,博士学位论文,西南大学,2014年。

[12] 杨青山、徐效坡、王荣成:《工业生态学理论与城市生态工业园区设计研究——以吉林省九台市为例》,《经济地理》2002年第5期,第585—588页。

[13] 江晓晗、郭涛、任晓璐:《生态工业园共生网络及其治理研究》,《生态经济》2014年第7期。

[14] 钟琴道、姚扬、乔琦、白卫南、方琳:《中国生态工业园区建设历程及区域特点》,《环境工程技术学报》2014年第5期,第429—435页。

[15] 王军、岳思羽、乔琦、刘景洋、林晓红:《静脉产业类生态工业园区标准的研究》,《环境科学研究》2008年第2期,第175—179页。

西部地区传统产业生态化发展
研究综述[*]

王海刚　衡　希　王永强　黄伟丽

（陕西科技大学管理学院　陕西西安　710021）

摘　要：中国西部地区战略地位显著，但生态环境脆弱。西部地区传统产业生态化发展是必然选择。本文探讨了西部地区传统产业生态化发展的研究背景及意义，对国内外产业生态化理论及发展进行了综述，阐述了西部传统产业生态化发展的四个体系及西部地区传统产业生态化发展模式，并对西部地区传统产业生态化进行了展望。

关键词：传统产业；产业生态化；综述

1　研究背景及意义

1.1　研究背景

中国西部地区是西部大开发战略发展的重点区域，自然资源丰富，急需经济快速发展以改变相对落后的状况。但西部地区生态环境地域差异显著，生态环境脆弱，生态问题突出，主要表现在：水土流失严重、草场质量退化、风沙灾害蔓延、雾霾天气频发、地震灾害较多等。中国西部地区在过去很长时间里不合理利用资源和粗放式发

---

　　* 基金项目：国家社科基金项目"西部地区传统产业生态化发展研究"（项目编号：14XJY007）资助。

展，使得各种生态问题不断凸显，环境恶化进一步加重。面临资源紧缺和环境约束的双重压力，西部地区产业发展必须融入生态文明建设，积极推进传统产业生态化发展。西部地区传统产业发展模式对自然生态系统造成危害，改造传统产业发展模式迫在眉睫。传统产业的生态化改造，必须适应自然生态系统，使西部地区传统产业与自然生态系统协调发展，这是我国西部地区传统产业发展迫切需要解决的问题。

西部地区的产业结构以传统产业为主，达到90%左右，主要分为两类：一类是以煤炭、石化等产业为代表的重工产业，另一类则是以造纸、食品、轻纺等为主的轻工产业。由于产业发展和历史沿袭等原因，传统重化工产业和轻工产业仍然是西部地区投资发展的重点，如果仍采取传统粗放的经济增长模式，环境污染和废弃物排放将使生态环境不堪重负，西部地区传统产业必须加快生态化改造。

改造西部地区传统产业发展模式，实现传统产业生态化发展，是传统产业可持续发展的有效途径。发展循环经济，推行清洁生产，提高资源能源利用率，降低碳排放等是西部地区经济可持续发展的必由之路。传统的经济运行模式为"资源—产品—废物"单向线性模式，向自然界排放大量废弃物，造成资源枯竭、环境污染，危及人类健康，阻碍社会可持续发展。传统产业生态化转型，使"废物"转化为有用资源，实现产业生态系统对外零排放，充分利用有限资源，形成"资源—产品—资源—产品"的资源循环再利用模式，遵循"减量化、再利用和再循环"的"3R"原则，合理改进工业流程，将一道工序产生的"废物"转化为另一道工序的"原材料"，促进产业集群和产业共生，实现产业集约式发展。

我国西部地区传统产业生态化实践还处于探索阶段，包括建立产业合作示范区、产业集群、生态工业示范园等，但多数生态化改造都未能真正实现产业共生，处在较低水平建设阶段，只是将某些环节的废物经简单处然后投入生产低级产品。结合西部地区经济发展的实际，引入先进地区的技术和管理经验，进行西部地区传统产业生态化改造建设，不仅能够实现资源的高效利用，更可以实现产业内和产业间的生态循环，促进传统产业向生态型产业发展，推动西部地区传统产业生态化发展。

1.2　研究意义

产业生态化观点认为自然资源是有限的，工业产业发展应模拟自然生态循环，实现工业产业循环发展，使产业内部资源和能源高效利用，实现外部废弃物排放最小化。企业在获取经济利益的同时，必须兼顾环境效益和社会效益，肩负企业的社会责任。西部传统产业生态化改造对实现物质流的良性循环、能量流的高效转化、信息流的迅速传递意义重大，促进西部传统产业系统高度协调，实现价值流的合理增值，使整个西部传统产业获得最佳收益。传统产业是西部地区经济发展的基础，传统产业生态化发展是西部地区经济转型的集中体现。西部地区加快传统产业生态化发展，有利于解决传统产业发展与生态环境之间的矛盾，对西部地区经济可持续发展具有重大的现实意义和深远的历史意义。

1.2.1　实现西部地区资源高效利用和生态环境保护

西部地区传统产业具有资源能源消耗水平高、产品附加值低、环境危害相对严重的特点，随着政府大力推行生态文明建设和相关产业政策的出台，大量落后产能遭到淘汰，环境污染严重的企业被关停整改，生态产业、循环经济、清洁生产成为现代传统产业的发展方向。西部地区积极进行传统产业生态化改造，能够有效提高资源利用率，将废物循环利用，化解资源和环境约束的矛盾，促进西部地区资源高效利用和生态环境保护。

1.2.2　实现西部地区传统产业可持续发展

西部地区传统产业生态化发展，必须依据生态经济学原理，合理运用生态、经济规律以及系统工程的方法，促进传统产业资源优化配置，实现产业组织关联共生，达到资源高效利用、生态环境损害最小和废弃物多层次利用的目标，使西部地区经济稳定、协调、有序发展。西部地区传统产业生态化发展，优化了西部地区产业结构，有利于承接中东部地区产业转移，维持生态系统稳定，促进区域经济发展，提高居民生活质量，同时构建西部地区传统产业的生态系统，实现西部地区经济可持续发展，将有力推进西部地区生态文明建设。

传统产业生态化发展就是依据生态经济学原理，运用生态、经济规律和系统工程的方法来发展传统产业，以实现传统产业资源优化配置，产业结构合理，产业组织关联共生，产业生产低碳循环，以实现传统产业健康、协调、可持续发展的过程。

2 国内外产业生态化理论研究评述

2.1 关于产业生态化内涵

20 世纪 80 年代，国外学者就产业生态化的内涵进行了相关阐述。1989 年 9 月通用汽车公司 Robert Frosch 与 Nicolas Gallopoulos 在《科学美国人》上发表了《制造业发展战略》一文，认为生产方式的革新减少了工业活动对环境的不利影响，提出产业生态学思想，奠定了产业生态学理论的基础。此后，学者们分别从各自研究领域出发，对产业生态学进行了较为系统的阐释，Braden R. Allenby 和 Thomas Graedel 研究企业组织与生物组织相似性，以产业组织的视角，提出了产业生态学在探索产业生态系统中企业与环境的协调发展问题；Paul Hawken 认为产业生态学提供了一种系统整合的管理工具来设计产业系统基础结构，以系统的思想阐释产业生态系统是与自然生态系统密切联系的人工生态系统；S. Erkman 认为产业生态学主要研究产业系统运作及与生物圈的相互作用，调整产业系统与自然生态系统协调运行，协调二者关系至关重要；Micah D. Lowenthal 认为产业生态学将自然生态学的原则用于产业系统的研究，使人们对产业系统有了更清晰的认识。综观国外学者的观点，虽然研究角度不同，但都体现出产业生态化要求企业生产运营和生态环境协调发展，在产业生态化发展过程中要以自然生态系统发展规律为借鉴，构建出资源高效循环利用和环境友好的动态平衡工业生态系统。

20 世纪 90 年代初，产业生态学理论引入国内，国内学者也对相关问题进行了大量研究。马世骏等（1984）从系统的角度分析，以"社会—经济—自然复合生态系统"的观点出发，提出产业生态学是集生产代谢、组织管理、动力学、控制论方法及其与生态系统相关关系的系统科学；刘则渊（1994）等人认为实现产业生态化是经济可持续发展的一项战略选择，在相当程度上推动了国内产业生态学的研究和发展。此后，国内学者分别从不同角度对产业生态化给予阐释。厉无畏（2003）认为产业生态化就是依据自然生态系统有机循环的原理建立起来的产业生态化发展模式；彭少麟等（2004）从多学科的角度认为，产业生态学是一门探讨产业系统与经济系统以及它们同自然系统相互关系的跨学科领域，为产业生态学的跨学科领域研究提供了新的思路；樊海林等（2004）从仿自然生态系统角度提出，产业生态化是在操作层面上的可持续发展理念的延伸，认为广义层面是为了"优化资源生产率"，狭义层面主要指模仿自然生态的产业生态系统，从不同层面对产业生态系统进行了研究；袁增伟等（2006）认为，产业生态化是运用生态经济学原理和系统工程的相关方法来经营和管理传统产业；也有学者认为产业生态学倡导了一种新的经济规范，陈晓峰（2010）提出产业生态化要以新经济规范和行为规则倡导从生产到消费的各个环节实施"减量化、再利用、再循环"。

　　总体而言，20 世纪 90 年代关于产业生态化的研究大多从分析产业生态系统与自然生态系统的关系，仿照自然生态系统的运行规律来设计、构建产业生态系统，促进两者协调发展。虽然在有关产业生态、产业生态系统以及产业生态学等相关概念上并未达成一致共识，但这些研究成果为产业生态学的进一步研究提供了方向，为产业生态学理论的推广和发展起到了积极作用。传统产业生态化发展是在产业生态学理论指导下传统产业发展的高级形态，它是可持续发展理论在传统产业发展的具体体现。

2.2　关于产业生态化路径

　　随着产业生态化内涵逐渐丰富、理论日趋完善，近年来对产业生态学研究也由理论研究转到对实践的研究，产业生态化的有效路径是建立有效的产业共生系统和生态工业园，实现产业系统内资源循环利用和副产品交换。1988 年，美国的 R. U. Ayres 以物质平衡原理为基础，提出了产业代谢理论，对产业活动过程中原料与能量流动对环境的影响进行研究，对企业和生物个体、产业系统与生物系统进行类比，运用物质流分析方法探讨了工业系统对社会、经济以及环境的影响。此外一些学者还就生态产业共生系统进行了研究，提出生态产业共生系统是由不同企业在社会、经济和环境方面形成合作，构成协调统一的网络系统，企业间的协调统一产业共生关系，提高资源利用效率和生态效率；20世纪70年代丹麦卡伦堡工业共生的发展，为产业生态理论提供了有力的支撑。Braden R. Allenby（2005）对产业生态系统进行层级划分，提出了三级进化理论，一级产业生态系统是从无限资源到无限废料；二级是从有限资源到有限废料，系统内部资源和废物的进出量受到环境容量和资源数量的制约；三级是一个封闭循环系统，实现代谢物的资源化，是理想的产业生态系统。美国康奈尔大学学者20世纪90年代初提出生态工业园（EIP）是工业共生的主要表现形式，这一观点也越来越得到学者们的认可。

国内对产业生态化的路径研究也相对丰富，主要集中在产业集群建设和建立生态工业园方面。就产业集群建设，成娟、张克让（2006）提出产业生态化要采用产业集群的发展方式，遵循规模定额化、结构柔性化、技术绿色化、目标函数多元化原则，对产业集群生态化的社会驱动因素也进行了分析；武春友等（2009）对产业集群生态链进行了分析，并提出平等型和依托型两种产业集群生态化模式；蒋云霞（2010）认为建立"自然资源—产品—再生资源"的新经济发展模式是产业集群生态化的重要表现形式，通过企业间的物质、能量和信息交换，建立"工业食物链"和"工业食物网"，形成互利共生网络；胡孝权（2011）认为实现产业集群生态化的关键是构建生态产业链，提出应从产品、企业、产业三个层次来实现产业集群生态化。关于建立生态工业园，王兆华（2003）对生态工业园中集中产业共生系统运作模式进行了分析，包括依托型产业共生网络、平等型产业共生网络、嵌套型产业共生网络和虚拟型产业共生网络等，并对广西贵糖（集团）和鲁北化工企业集团，丹麦卡伦堡工业共生体，加拿大波恩赛德工业园等几种典型的生态工业园进行了分析对比；郭莉等（2004）提出产业生态化实践正在沿着生态工业园（EIP）和区域范围的副产品交换这两个路径发展；袁增伟（2004）等提出生态工业园区建设不应过分强调废物资源的闭路循环，而忽视了生态工业园区复合生态系统自身结构和功能的优化，提出了社会、环境、经济和资源四维一体生态工业园区复合生态系统的球体模型；冯薇（2006）认为产业生态化应以循环经济的"3R"为原则,运用循环经济发展方式引导产业集聚,按照生产者、消费者和分解者的功能构成资源循环链,对于欠发达地区的资源开发型产业,推行产业集聚与生态园建设并举,形成优势产业集群,可在重、化工产业优先发展;朱玉林等(2007)认为生态工业园是产业集群生态化最理想的载体和实现路径,提出了网络耦合式、关联共生式和混合式生态三种生态工业园区建设模式;赵涛等(2008)认为生态工业园建设应根据资源条件和产业布局,延长和拓展产业链条,促进企业间的共生,关键是打破企业组织机构和企业间单项式线性生产方式。厉无畏、王慧敏(2002)指出簇群化、融合化、生态化国际产业发展的三个趋势,生态化始终是贯穿其中的主线。

对于产业生态化的路径研究主要集中在:(1)技术措施,包括清洁生产、优化生产工艺流程、优化产业链、资源能源节约、物质减量化、减少环境污染等;(2)工业系统集成优化研究,包括物质集成、能量集成、信息集成等优化方法;(3)生态工业建设制度研究,主要是将生态理念贯穿于市场运行、公司内部建设、行业制度、法律法规等生态工业建设制度整个过程中。我国对产业集群和生态工业园区建设的理论研究还刚刚起步,研究成果主要集中在对国外理论和经验的介绍,借鉴国外产业生态化实践成功经验方面。

2.3　关于产业生态化评价

1992年,世界工商企业可持续发展理事会(WBCSD)提出生态效率(Eco-efficiency)概念,又称为生态效益,是指以生态为前提的效率,要求企业生产实现物质和能量的循环利用,以此降低污染排放,是产业生态化的重要衡量标准。近些年物质流分析方法在产业生态化评价中得到广泛运用。MFA评价是基于对物质的投入和产出进行量化分析,运用物质流分析(Material Flow Analysis,MFA)方法能够依据传统产业的生产运作规律,对其生态效率做出有效评价。

陆根尧、盛龙、唐辰华等(2012)对产业生态化水平综合评价指标体系进行了分析,运用因子分析与聚类分析相结合的分析方法,对省区的产业生态化水平进行静态和动态评价;商华、武春友(2007)用生态效率方法定量地评价生态工业园的可持续发展水平,指出一是建立评价指标体系并确定指标权重系数，二是进行指标量化并计算总分值的两个评价步骤；张培（2010）将物质流分析的方法引入生态效率评价，将工业园的生态效率评价分为经济发展、物质资源消耗和环境压力三部分。

产业生态化的评价方法主要有：模糊综合评价法、因子分析法、灰色聚类评价法及能值分析法等数据分析方法，这类分析对数据的完备性和精确度要求较高；此外，还有物流平衡分析、产品或过程的生命周期分析与评价、工业生态指标体系建立等。国内学者在研究评价指标过程中，更注重结果和绩效，对评价方法高效易行和发展潜力研究还有待进一步深入。

2.4　关于产业生态化对企业竞争力的影响

产业生态化对企业竞争力有着重要影响。Tale 认为美国经历十多年贸易赤字的根本原因在于实施了环境管制，造成了成本增加，降低企业的国际竞争力；Machael Poter 和 Class Linder 等认为产业生态化能够促使企业在内部或外部价值链完善，发现和探索增加附加值或降低成本的途径；Andre J. F. 认为产业生态化有助于企业优化资源生产效率，提升企业的竞争力；Forbes 认为企业生态化发展应注重环境伦理与生态经济效益的协调。我国学者樊海林、程远（2004）分析了资源生产效率和企业竞争力之间的关系，认为产业生态化有利于提高产品附加值，反之市场产品结构的优化又能够促进产业生态化实践；许林军、钱丹丹（2009）认为产业生态化应在宏观、中观以及微观三个层次上推行，能够改进企业经营环境，提高企业竞争力。

产业生态化对企业竞争力的影响还处在摸索阶段，普遍观点认为，产业实行生态化转型将有利于企业提高市场竞争力、品牌影响力以及消费者信任，实现环境友好、政府支持和群众信赖。但对于产业生态化转型升级过程中制度建设、成本控制以及质量监控等研究还有待进一步深入。

3 西部地区传统产业生态化发展体系探析

西部地区传统产业生态化发展同样像自然生态物种间存在共生共存关系，西部地区传统产业生态化系统可以分为以下四类：单独产业内生态化发展、相同产业间生态化发展、异同产业间生态化发展和区域间产业生态化发展，这四类产业生态化体系层层递进，最终形成区域大范围循环经济，如图 1 所示。

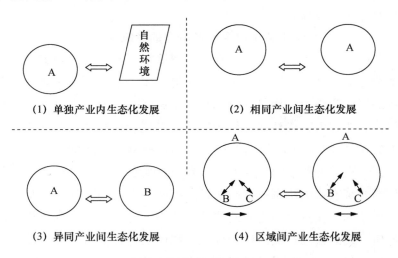

（1）单独产业内生态化发展　　　　（2）相同产业间生态化发展

（3）异同产业间生态化发展　　　　（4）区域间产业生态化发展

图 1　西部地区传统产业生态化发展体系

3.1　单独产业内生态化发展

产业是经济社会的物质生产部门，单个企业是产业生态化发展的基本单位，单个企业内部生态化建设是整个工业生态化建设的基础。西部地区产业以传统产业为主，相比东部发达地区，经济增长方式略显粗放，产业结构不够合理，技术滞后，劳动者素质相对较低，使得西部地区产业经济效益较低，污染环境严重，生态急剧恶化。单个企业作为生产主体，要优化其生产工艺流程，包括从原材料到产成品的各个环节和细节，引进先进技术和管理经验，向机械化和自动化过渡，提高生产效率，做好工业"三废"的回收和综合利用。此外，在产品整个生命周期中，推行清洁生产，将整体预防的环境战略持续应用于生产过程、产品及服务中，从源头上解决对环境造成的污染，使整个流程都不影响生态环境，采用清洁能源，节约资源和能源，使生产流程高效化、清洁化，避免产品使用和服务过程中污染物的产生和排放。通过优化生产工艺流程和采用清洁生产，使得单独一个企业内部实现生态化改造和周围环境协调发展。西部一些传统企业已开始在这些方面做出了有益的尝试。

3.2　相同产业间生态化发展

西部地区地域辽阔，部分地区尤其是偏远地区居民集聚度低、分布零乱，而交通、通信、物流发展又相对落后，为满足西部居民生活生产需要，使得部分产业分布也相对零散、规模等级差距较大、地域差异明显。对于相同产业不同企业之间，由于设备生产能力、工人熟练程度、技术进步、管理方式等不同，即使是生产同一种产品，不同企业的制作流程也不尽相同，产品质量和标准也存有差异，造成资源能源的极大浪费和整体生产率下降，不利于整个产业和谐发展。对于相同产业，西部地区应积极进行产业集聚建设，将众多生产相同产品却又分布零散的企业以及相关上下游产业和组织等高度聚集起来，共享基础设施和公用信息，形成规模经济，使生产产品标准化，提高生产效率，降低制度成本，有利于实现资源节约和环境优化，提高西部地区传统产业综合竞争力，树立区域品牌，促成产业集群的形成。与此同时，西部地区还应加大基础配套设施建设，重点发展现代物流，使产品流通顺畅。通过产业集聚，实现规模经济效应，产业集约化发展，促成相同产业间生态化发展。

3.3　异同产业间生态化发展

西部地区产业以传统产业为主，但发展不均衡，煤炭、石化等重工业偏"重"，造纸、食品、轻纺等轻工业偏"轻"，主要表现在轻工业发展相对落后。在过去很长一段时间内，传统观念认为不同产业之间应自行发展、互不牵扯，这种错误的指导思想不仅阻碍了经济发展，更对生态环境造成了严重损害。西部地区传统产业应重点发展产业集群和建设生态工业园区。产业集群将西部地区众多关系紧密的不同产业或产业群通过产业共生紧密联系起来，构成一种新型空间经济体。实现产业集群良好发展，需要整合相关产业链，确定一个或者几个主导产业，优化产业之间的关系，形成产业共生网络。西部地区传统产业应加快建设生态工业园区，以循环经济理念和工业生态学原理为设计依据，充分实现园区内资源共享，使污染负效益转化为资源正效益。通过产业集群和建立生态工业园区，西部地区传统产业间将和谐共生，实现生态化转型。

3.4　区域间产业生态化发展

西部地区各区域间差异显著，包括地形、气候、资源禀赋、人员素质等，产业发展各具特色。在区域间更大的生态系统中，以循环经济和生态经济理论为依据，把产业经济活动融入自然生态系统的能量、物质流动中，构成区域间大循环经济体系。西部地区传统产业生态化发展，要加强区域间各部门合作，倡导生态文明理念，发展循环经济，共同建设产业生态化。此外，西部各区域间还要积极承接东部地区产业转移，与发达地区合作，引进其先进技术，学习其管理经验。西部地区各区域间通力合作，共同发展，努力实现整个地区传统产业生态化转型。

3.5　西部地区传统产业生态化发展模式

根据国内外产业生态化发展，结合西部地区传统产业发展体系，提出西部地区传统产业生态化发展对应生态化改造方法，将单独产业、相同产业、异同产业之间以及不同区域间产业共同发展，同时进行产业生态化转型升级，实现西部地区产业可持续发展，共建生态文明。西部地区传统产业生态化发展模式如图2所示。

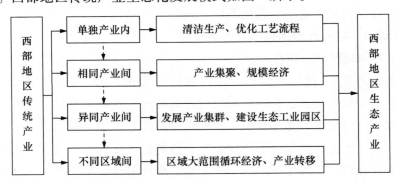

图2　西部地区传统产业生态化发展模式

4　西部地区传统产业生态化发展展望

西部地区传统产业生态化发展是改造传统产业发展模式的有效途径，也是西部地区生态文明建设的重要途径。产业生态化实质是经济、环境和社会各个方面形成一个有机整体，可以跨越地理空间，以实体或虚拟形式存在。在国家积极开展生态文明建设和实施西部大开发战略背景下，西部地区应以其独有的地理条件和产业历史发展，积极实践传统产业生态化发展。西部地区传统产业生态化发展要坚持科学发展观为指导方针，坚持国际化和本土化相结合的原则，完善生态补偿机制，形成符合西部地区实际的产业生态化发展模式。

4.1　坚持科学发展观

科学发展观，第一要义是发展，核心是以人为本，基本要求是全面协调可持续，根本方法是统筹兼顾。西部地区面对资源约束、环境污染、生态系统退化的严峻形势，必须将生态文明建设融入产业发展战略之中，积极推进传统产业生态化发展，从源头上扭转生态环境恶化趋势，形成节约资源和保护环境的发展局面。以科学发展观为指导思想，把握发展规律，创新发展理念，转变经济增长方式，在保证经济高效发展的基本前提下，促进资源节约和环境保护。通过优化生产工艺流程和产业链、清洁生产、产业集聚、产业集群、建设生态工业园，统筹兼顾个体经济发展和产业集群发展、短期物质发展和长远利益发展、局部产业发展和整体产业发展，来逐步实现产业与生态融合共生，实现西部地区传统产业的可持续发展。

4.2　坚持国际化和本土化

全球范围内居民对蓝天和绿色环境的呼声都越来越高，生态系统为全球共有，需要世界各个地区通力合作，合理配置有限资源，使资源利用最大化，废物排放最小化。西部地区传统产业发展既要坚持国际化又要坚持本土化。国际化是指西部地区传统产业生态化发展要借鉴我国中东部或国外发达地区关于产业生态化的先进技术和管理经验，学习其前沿理论，进行交流和合作，跟上国际化步伐，促进西部地区产业生态化发展。本土化是指西部地区应根据其独有的地理位置、资源优势和文化特色，结合自身产业发展实际，一方面将引进来的设备、技术、管理等内在化、本土化；另一方面增强自主研发，提高科技创新，创造性地优化产业链，建立有本土特色的生态园区，如在少数民族地区发展传统手工业工业园、在贵州等地建立中草药生态工业园等。

4.3　完善生态补偿机制

十八届三中全会明确提出实行生态补偿制度。生态补偿机制根据"谁保护谁受益，谁受益谁付费"的生态补偿原则，以保护生态环境、促进人与自然和谐发展。西部地区生态脆弱，生态补偿制度和方法都不健全，监督管理也存在缺陷。西部地区结合自身实际，可通过财政转移支付、完善生态税收机制、建立生态保护基金和重大生态保护计划、鼓励社会资金投入生态建设、探索区域间生态补偿机制、支持欠发达地区基础产业建设等，并加强生态立法和监督管理，促进纵向和横向生态补偿制度交织协同发展，使西部地区传统产业生态补偿顺利进行。

4.4　探寻符合西部地区实际的产业生态化发展战略

西部地区传统产业迫切需要生态化发展，传统产业生态化发展是西部地区传统产业可持续发展的必由之路。传统产业大多数属于资金密集型、技术密集型和劳动密集型产业。传统产业之间关联度一般也较大，往往一个产业的发展涉及许多行业和工业部门，如传统的造纸产业涉及林业、农业、机械制造、化工、热电、交通运输、环保、包装等产业，对上下游产业的经济均有一定拉动作用。西部地区传统产业生态化发展战略需适应西部地区传统产业发展的现状。西部地区传统产业生态化发展战略可从产业集群发展战略、产业一体化发展战略、大企业集团战略等着手，寻求适宜西部地区传统产业生态化发展的战略。

参考文献

[1] Frosch R. A. Gallopoulos N. E., Strategies for Manufacturing, Sci.

Am，1989，261（3）：94－102.

［2］ T. E. Graedel，B. R. Allenby，*Industrial Ecology*，Prentice Hall Press，1995.

［3］ Paul Hawhen、Amory Lovins、L. Hunter Lovins：《自然资本论：关于下一次工业革命》，王乃粒等译，上海科学普及出版社 2000 年版。

［4］ Erkman S.，Industrial Ecology，An Historical View Cleaner. Prod，1997：1－2.

［5］ Micah D. Lowenthal，William E. Kastenberg，Industrial Ecology and Energy Systems：A First Step，Journal of Resources Coversation and Recycling，1998：24.

［6］ 马世骏、王如松：《社会—经济—自然复合生态系统》，《生态学报》1984 年第 1 期，第 1—9 页。

［7］ 刘则渊、代锦：《产业生态化与我国经济的可持续发展道路》，《自然辩证法研究》1994 年第 12 期，第 38—42、57 页。

［8］ 彭少麟、陆宏芳：《产业生态学的新思路》，《生态学杂志》2004 年第 4 期，第 127—130 页。

［9］ 厉无畏等：《中国产业发展前沿问题》，上海人民出版社 2003 年版。

［10］ 樊海林、程远：《产业生态：一个企业竞争的视角》，《中国工业经济》2004 年第 3 期，第 29—36 页。

［11］ 袁增伟、毕军：《产业生态学最新研究进展及趋势展望》，《生态学报》2006 年第 8 期，第 2709—2715 页。

［12］ 陈晓峰：《产业生态化视角下传统产业集群的转型升级研究——以江苏苏中地区为例》，《企业经济》2010 年第 4 期，第 46—50 页。

［13］ Ayres R. U.，*In：Ausubel JH，Sladovich HE，editors. Technology and environment*，Washington（DC）：National Academy Press，1989：23－49.

［14］ B. R. Allenby，"A Dsign for Environment Methodology for Evaluating Materials"，*Journal of Total Quality Environmental Management*，

2005（4）：69－84.

［15］成娟、张克让：《产业集群生态化及其发展对策》，《经济与社会发展》2006 年第 1 期。

［16］吴荻、武春友：《产业集群生态化及其模式的构建研究》，《当代经济管理》2011 年第 7 期。

［17］蒋云霞、肖华茂：《基于博弈视角的产业集群生态网络稳定性分析》，《科技管理研究》2010 年第 1 期。

［18］胡孝权：《产业生态与产业集群生态化发展策略研究》，《天津商业大学学报》2011 年第 1 期。

［19］王兆华、尹建华、武春友：《生态工业园中的生态产业链结构模型研究》，《中国软科学》2003 年第 10 期，第 149—152 页。

［20］郭莉等：《产业生态化发展的路径选择：生态工业园和区域副产品交换》，《科学学与科学技术管理》2004 年第 8 期，第 73—77 页。

［21］袁增伟、毕军等：《生态工业园区生态系统理论及调控机制》，《生态学报》2004 年第 11 期。

［22］冯薇：《产业集聚与生态工业园的建设》，《中国人口·资源环境》2006 年第 3 期。

［23］朱玉林、何冰妮等：《我国产业集群生态化路径与模式研究》，《经济问题》2007 年第 4 期。

［24］赵涛、徐凤君：《循环经济概论》，天津大学出版社 2008 年版。

［25］厉无畏、王慧敏：《国际产业发展的三大趋势分析》，《上海社会科学院学术季刊》2002 年第 2 期，第 53—60 页。

［26］陆根尧、盛龙、唐辰华：《中国产业生态化水平的静态与动态分析——基于省际数据的实证研究》，《中国工业经济》2012 年第 3 期，第 147—159 页。

［27］商华、武春友：《基于生态效率的生态工业园评价方法研究》，《大连理工大学学报》（社会科学版）2007 年第 2 期，第 25—29 页。

［28］张培：《基于物质流分析的工业园生态效率研究》，《中国市场》2010 年第 23 期，第 46—48 页、第 51 页。

［29］ Michael E. Porter, Claas van der Linde, "Green and Competitive: Ending the Stalemate", *Journal of Harvard Business Review*, 1995, 12（5）: 119 - 134.

［30］ Andre J. F., Gonzalez P., "Strategic Quality Competition and Porter Hypothesis", *Journal of Environmental Economics and Management*, 2009, 57（6）: 182 - 194.

［31］ Forbes L. C., Jermier J. M., "The New Corporate Environmentalism and The Ecology of Commerce", *Journal of Organization & Environment*, 2010, 23（4）: 465 - 481.

［32］ 樊海林、程远:《产业生态:一个企业竞争的视角》,《中国工业经济》2004 年第 3 期, 第 29—36 页。

［33］ 许林军、钱丹丹:《产业生态化对企业竞争力构成因素的影响评价》,《环境污染与防治》2009 年第 1 期, 第 90—93 页。

［34］ 郭新伟、牟文谦:《我国高效生态经济发展趋向及对策建议》,《改革与战略》2012 年第 6 期, 第 34—36 页。

［35］ 王海刚、黄伟丽、程旭:《造纸生态工业园发展研究综述》,《中国造纸学报》2014 年第 4 期, 第 56—62 页。

持续干旱时期云南省玉米生产变化及其影响因素的空间计量分析[*]

李兆亮[1,2]　罗小锋[1,2]　张俊飚[1,2]

(1. 华中农业大学经济管理学院　武汉　430070;

2. 湖北农村发展研究中心　武汉　430070)

摘　要：本文将社会适应能力纳入干旱影响农业经济系统的研究。采用 PSR 分析框架从干旱压力、农业用水状态和社会响应三方面构建指标变量，运用空间计量模型分析其对云南省持续干旱时期玉米生产变化的影响机制。结果表明：（1）2008—2011 年云南省玉米播种面积比重和产量在粮食作物中的比重均呈上升趋势；（2）各州市间玉米生产变化具有显著的空间相关性；（3）云南省玉米生产比重的提升有赖于农业用水状态的改善和社会适应能力的提高；（4）有效灌溉面积、农业灌溉亩均用水量、乡村人口比重、农村改水收益率是影响云南玉米生产的关键因子。因此，干旱时期，云南应在加快推进城镇化进程的同时着力提高农民家庭收入水平、进一步完善水利设施和提高农业用水效率，并充分考虑地理空间因素的交叉影响，科学地制定省域玉米生产布局政策机制，有效促进玉米播种面积和产量比重的提升。

关键词：玉米生产；PSR 模型；空间计量模型；云南省；持续干旱

---

　　* 基金项目：国家自然科学基金重点项目（编号：71333006）；中央高校基本科研业务费专项资金资助项目（编号：2013RW034）；农业部、财政部重大专项（编号：CARS – 024）；武汉市软科学研究计划项目（编号：2015040606010256）；华中农业大学创新团队培育项目（编号：2013PY042）；华中农业大学"人文社会学科优秀青年人才培养计划"。

1　引言

近年来，随着全球气候变暖的加剧，我国干旱等极端天气气候事件发生频率和强度都有明显提高。干旱对区域社会经济系统，尤其是农业经济系统的健康运行具有强烈的负面影响，最大限度地减轻干旱造成的影响和损失是实现农业可持续发展的重要保障。

玉米是云南省种植面积第一、总产量第二的大田作物，在区域农业生产中占有极为重要的地位。2009 年以来云南省遭遇的秋、冬、春季持续干旱对云南的玉米生产产生了重大的影响，一是属于雨养旱作的坡耕地种植的玉米成灾、受灾严重；二是为保证此期间粮食增产，云南省积极推广水改旱的种植新模式，大力推广玉米，尤其是耐旱新品种玉米的种植。由于各州市间干旱程度、社会经济条件和灾害风险管理存在较大差异，致使干旱对玉米生产状况的影响在空间上表现出较强的非均衡性。在此背景下，探讨云南省玉米生产状况及其影响因素具有较强的现实意义。

当前，国内外关于干旱影响农业经济系统的研究成果较多，其研究框架基本属于"干旱—农业经济系统"型，即利用干旱指数或者选取反映干旱的指标通过构建模型、运用数理统计方法分析干旱对农业生产的影响以及评价农业生产对于干旱脆弱性等。然而，较少研究关注干旱时期经济社会的适应能力差异对农业生产的影响，但这属于灾害学关于灾害形成的一般理论。

本文将社会适应能力纳入持续干旱期间云南省玉米生产变化及其影响因素的分析，在 PSR 理论框架中，选取了反映"干旱压力（P）—农业用水状态（S）—社会响应（R）"的指标变量，分析了各因子对云南 16 个州市 2008—2011 年玉米播种面积和产量在粮食作物中比重变化的影响。并尝试构建空间计量模型，把要素间的地理空间联系纳入模型估计，探讨周边地区干旱情况和经济社会因素对玉米生产的交叉影响。旨在全面揭示云南各州市旱灾状况与社会适应能力在空间因素作用下对玉米生产的影响，为科学制定区域农业生产、抗旱减灾政策措施提供相应依据。

2 研究区概况及干旱时期玉米的生产变化

云南是一个高原山地为主的省份，地处我国西南边陲，位于北纬21°8′32″—29°15′8″和东经97°31′39″—106°11′47″，总面积39.4 × 10^4km^2。由于特殊的地理环境和气候条件，云南省水资源时空分布极不均匀，易发生干旱。2009 年以来，云南省遭遇了连续干旱，2011年是连续干旱的第三年，全省129 个县（市、区）均不同程度受灾，据统计，全省作物受旱面积1877.8 万亩，作物受灾1392.1 万亩、成灾1064.6 万亩、绝收266.99 万亩，粮食因干旱损失241.9 万吨（来源：2011 年云南省水资源公报）。

2008—2011 年间云南省玉米播种面积和产量在粮食作物中的比重在整体上均呈上升态势（见图1 和图2）。由图1 可知，除怒江外，云

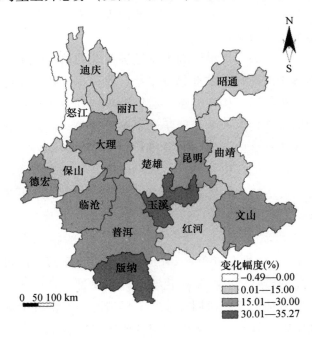

图1　云南省各州市玉米播种面积比重在2008—2011 年间变化率

南省其余15个州市的玉米播种面积比重均出现增加，且变化率差异明显。其中变化率较大的州市主要集中于滇西南地区。同样，由图2可知，除昭通外，云南省其他15个州市的玉米产量比重均增加。产量比重的变化率表现出显著的由滇东北向滇西南递增的空间分布规律。

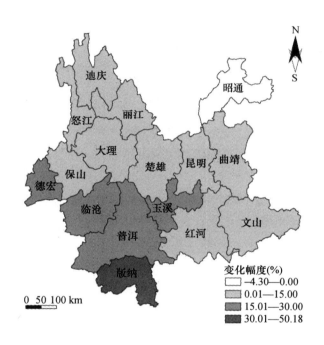

图2　云南省各州市玉米产量比重在2008—2011年间变化率

3　研究方法

3.1　PSR模型分析框架

本文基于压力—状态—响应（PSR）模型，构建了持续干旱时期云南省玉米生产变化的影响指标（见表1）。压力（P），即干旱压力，由表征水资源变化和水资源可利用量的两个指标组成。状态（S），即用水状态，反映的是在干旱背景下云南省农业用水状态，包括了表征农田水利、农业用水效率等 4 个指标。响应（S），即社会响应，是对干旱背景下云南省农业用水状态的响应，囊括了反映经济发展水平、农户富足程度在内的 6 个指标。

表1 **PSR 模型影响指标体系**

项目层	指标层	说明	资料来源
干旱压力	X1：降水量与常年比较（%）	水资源变化	《云南省水资源公报》
	X2：人均水资源量（平方米/人/a）	水资源可利用量	《云南省水资源公报》
用水状态	X3：有效灌溉面积比重（%）	区域尺度农田水利建设	《云南省统计年鉴》
	X4：农业灌溉亩均用水量（平方米/亩）	地块尺度农田水利建设	《云南省水资源公报》
	X5：万元农业 GDP 用水量（平方米/10^4 元）	农业用水效率	《云南省统计年鉴》
	X6：农业用水比重（%）	区域农业用水程度	《云南省统计年鉴》
社会响应	X7：人均 GDP（元）	经济发展水平	《云南省统计年鉴》
	X8：农户家庭恩格尔系数（%）	家庭富足程度	《云南省统计年鉴》
	X9：乡村人口比重（%）	城镇化水平	《云南省统计年鉴》
	X10：农村改水受益率（%）	农村人口安全饮水	《云南省统计年鉴》
	X11：水资源开发利用率（%）	水资源开发利用能力	《云南省水资源公报》
	X12：废水排放占地表水资源比重（%）	水污染状况	《云南省统计年鉴》、《云南省水资源公报》

3.2 空间自相关分析

空间自相关分析可以定量地衡量某种地理现象在空间上的关联与差异程度，全局空间自相关分析常采用 Global Moran's I 来测度，其计算公式如下：

$$I = \frac{n}{\sum\limits_{i=1}^{n}\sum\limits_{j=1}^{n} W_{ij}} \cdot \frac{\sum\limits_{i=1}^{n}\sum\limits_{j=1}^{n} W_{il}(x_i - \overline{x})(x_j - \overline{x})}{\sum\limits_{i=1}^{n}(x_i - \overline{x})^2} \tag{1}$$

式中，n 表示研究对象的数目；x_i 和 x_j 为观测值；$\overline{x}$ 为均值；W_{ij}

为空间权重矩阵 W 的元素，是指区域或位置 i 和 j 的空间权重，本文中，如果区域位置 i 与 j 相邻，$W_{ij} = 1$，否则 $W_{ij} = 0$。

用标准化统计量 Z 来检验 n 个区域是否存在空间自相关关系，计算公式为：

$$Z = \frac{I - E(I)}{\sqrt{VAR(I)}} \tag{2}$$

式中，$E(I)$ 与 $VAR(I)$ 分别为 Moran's I 的期望值与方差。通常，当 $|Z| > 1.96$（即为显著性 $\alpha = 0.05$ 的水平），计算结果拒绝零假设，研究变量在空间分布上存在显著的空间自相关性。

3.3　空间回归模型

本文使用的是纳入了空间效应（即空间自相关性和空间差异性）的空间回归模型，包括空间滞后模型与空间误差模型两种。由于云南省玉米生产变化及其影响因素存在空间差异，构成了本文利用以上两个空间回归模型进行分析的逻辑起点。

（1）空间滞后模型（Spatial Lag Model，SLM）主要是探讨变量在某一地区内是否存在扩散现象（溢出效应）。其模型表达式为：

$$y = \rho W y + X\beta + \varepsilon \tag{3}$$

式中，y 为因变量；X 为 $n \times k$ 的外生解释变量矩阵；ρ 为空间回归关系数；W 为 $n \times n$ 阶的空间权值矩阵；Wy 为空间滞后因变量；ε 为随机误差项向量。

（2）空间误差模型（Spatial Error Model，SEM）的数学表达式为：

$$\varepsilon = \lambda W \varepsilon + \mu \tag{4}$$

式中，ε 为随机误差项向量；λ 为 $n \times l$ 的截面因变量向量的空间误差系数；μ 为正态分布的随机误差向量。参数 λ 衡量了样本观察值中的空间依赖作用，即相邻地区的观察值 λ 对本地区观察值 λ 的影响方向和程度，参数 β 反映了自变量 X 对因变量 y 的影响。

（3）空间模型拟合度的测量

Anselin 建议采用极大似然法估计空间滞后模型（SLM）和空间误差模型（SEM）的参数。通常，除了拟合优度 R^2 检验以外，常用的检验准则还有：Log likelihood（Log$L$）、Akaike information criterion

（*AIC*）、Schwartz criterion（*SC*）。这几个指标也用来比较普通最小二乘法（OLS）估计的经典线性回归模型与空间滞后模型（SLM）、空间误差模型（SEM）拟合效果，如果模型中 Log*L* 越大（或 *AIC* 或 *SC* 很小），则模型的拟合优度越高。

4　结果与分析

4.1　空间自相关分析

利用 Luc Anselin 开发的软件 GeoDa 1.4.5 对云南省 16 个州市玉米生产状况在 2008—2011 年的变化进行空间自相关性分析。通过运算得到云南省玉米播种面积和产量比重变化的 Global Morand's *I* 分别为 0.32 和 0.41，其标准化统计量 Z 依次为 2.13 和 2.94，均在 0.05 水平下通过显著性检验。这说明云南省玉米播种面积和产量比重在 2008—2011 年的变化呈显著正向空间自相关，即表示云南省 16 个州市的玉米播种面积和产量比重变化的空间分布并非完全随机性，而是呈现出强烈的空间聚集特征。因此，需要应用引入地理空间变量和纳入空间效应的空间计量模型来分析云南省 16 个州市引起玉米播种面积和产量比重变化的干旱和社会适应能力因素。

4.2　空间计量估计与分析

由表 2 可知，空间滞后模型为最优模型，本文选取空间滞后模型的计量结果分析旱灾和社会适应能力对云南省玉米播种面积和产量比重变化的影响。

表 2　　　　　玉米粮食地位变化 3 种模型的估计结果

变量名称	播种面积比重变化（% Y1）			产量比重变化（% Y2）		
	经典回归模型	空间滞后模型	空间误差模型	经典回归模型	空间滞后模型	空间误差模型
常量	4.641 (0.190)	-17.342 *** (-2.917)	-7.845 (-0.673)	25.530 (0.638)	6.866 (0.886)	-1.347 (-0.072)

续表

变量名称		播种面积比重变化（%Y1）			产量比重变化（%Y2）		
		经典回归模型	空间滞后模型	空间误差模型	经典回归模型	空间滞后模型	空间误差模型
干旱压力	%X1	0.003 (0.994)	0.002 *** (3.478)	0.004 *** (3.990)	0.006 (1.402)	0.005 *** (6.010)	0.007 *** (4.645)
	%X2	-0.571 (-0.764)	-1.037 *** (-5.794)	-0.769 * (-1.874)	-0.091 (-0.074)	-0.562 ** (-2.372)	-0.371 (-0.567)
用水状态	%X3	0.556 (0.871)	0.361 ** (2.362)	1.925 *** (5.247)	0.891 (0.851)	0.895 *** (4.440)	2.720 *** (4.940)
	%X4	0.274 (0.915)	0.221 *** (3.110)	0.156 (0.8867)	0.490 (0.999)	0.418 *** (4.433)	0.227 (0.841)
	%X5	-1.052 (-2.302)	-0.697 *** (-6.058)	-1.500 *** (-5.706)	-0.993 (-1.325)	-0.574 *** (-3.935)	-1.935 *** (-4.797)
	%X6	-0.189 (-0.339)	-0.866 *** (-5.961)	0.792 (1.586)	-0.490 (-0.535)	-1.143 *** (-6.367)	1.325 * (1.737)
社会响应	%X7	-0.720 (-1.468)	-0.789 *** (-6.787)	-0.107 (-0.437)	-0.417 (-0.518)	-0.431 *** (-2.785)	0.542 (1.434)
	%X8	-1.671 (-1.229)	-2.658 *** (-8.108)	-1.209 ** (-2.068)	-0.588 (-0.264)	-1.408 *** (-3.273)	-0.105 (-0.108)
	%X9	2.457 (0.847)	4.311 *** (6.172)	-0.666 (-0.571)	1.919 (0.403)	3.392 *** (3.697)	-3.219 * (-1.674)
	%X10	0.050 (0.113)	-0.155 (-1.460)	0.053 (0.185)	0.568 (0.776)	0.251 * (1.781)	0.148 (0.313)
	%X11	0.285 (0.538)	0.341 *** (2.712)	1.154 * (1.939)	-0.326 (-0.376)	-0.364 ** (-2.182)	1.467 (1.609)
	%X12	-0.058 (-1.592)	-0.076 *** (-8.772)	-0.077 *** (-3.676)	-0.045 (-0.755)	-0.0637 *** (-5.505)	-0.069 ** (-2.062)
ρ/λ			0.882 *** (12.068)	-1.444 *** (-3441.992)		0.919 *** (17.956)	-1.393 *** (-44.931)
R²		0.878	0.963	0.977	0.821	0.965	0.963
LogL		-42.661	-35.932	-40.369	-50.575	-41.061	-48.555
AIC		111.322	99.864	106.739	127.149	110.123	123.109
SC		121.366	110.680	116.782	137.193	120.939	133.153

变量名称	播种面积比重变化（%Y1）			产量比重变化（%Y2）		
	经典回归模型	空间滞后模型	空间误差模型	经典回归模型	空间滞后模型	空间误差模型
Breusch – Pagan 检验	21.330 **	13.322	10.991	20.474	8.870	9.054
Likelihood Ratio 检验		13.459 ***	4.584 **		19.027 ***	4.040 **

注：括号内为系数的 t（z）统计量；***、**、* 分别表示在1%、5%、10%水平上显著性。自变量（%X）和因变量（%Y）都是2008—2011年间的变化幅度，计算公式为（X2011 – X2008）/X2008 × 100 和（Y2011 – Y2008）/Y2008 × 100。利用软件 GeoDa 1.4.5 获得3种模型的估计结果。

至于如何比较得出空间滞后模型是最优模型。在此以玉米播种面积比重变化幅度（%Y1）的空间计量估计结果为例予以说明。尽管空间滞后模型的 $R^2 = 0.963$ 略小于空间误差模型的 R^2（0.977），但空间滞后模型的 $LogL$（– 35.932）比空间误差模型的 $LogL$（– 40.369）大，并且空间滞后模型的 AIC（99.864）和 SC（110.680）均小于空间误差模型的 AIC（106.739）和 SC（116.782），这表明空间滞后模型比空间误差模型的拟合优度更高。此外，Likelihood Ratio 检验同样表明空间滞后模型更优。

玉米播种面积（%Y1）和产量（%Y2）比重变化的空间滞后模型的 ρ 估计值分别为 0.882 和 0.919，在1%显著性水平上通过检验（见表2），证明了云南省各州市间的玉米生产在粮食作物中的比重变化确实存在明显的空间相关性。具体而言，该空间相关性表现为州市间的正向外部溢出，即州市玉米播种面积和产量比重变化会通过空间溢出来对相邻州市变量产生作用，进而对相邻州市的玉米播种面积和产量比重的变化产生影响。

从表2结果中不难发现，玉米播种面积（%Y1）和产量（%Y2）比重变化的空间滞后模型回归结果中各变量的系数在正负符号和显著性等方面基本一致，表明本文基于 PSR 分析框架选择的影响因素对玉米播种面积和产量比重变化的作用方向大体相同。两者的空间滞后模型回归结果最大的不同表现在各因素的影响程度，即各变量的系数大小的差异。

干旱压力的2个指标变量的系数均在5%水平上显著，这表明干旱对云南省玉米生产状况的影响显著。人均水资源量的变化幅度（%X2）对玉米生产的影响，尤其是对玉米播种面积比重变化的影响最大。%X2的系数为-1.037（%Y1）和-0.562（%Y2），表明人均水资源量每减少1%，玉米播种面积和产量比重便分别增加1.037%和0.562%，也可以说人均水资源量减少幅度越大的州市，其玉米的播种面积和产量比重上升越多。降水量与常年比较的变化幅度（%X1）对玉米播种面积和产量比重变化的正向影响显著。由于干旱缺水的影响，云南大力推广玉米这种耐旱粮食作物的种植，加大水改旱种植新模式，从而提升了玉米的粮食生产比重。然而，旱坡地上种植的玉米，属于雨养旱作农业，极易受到降水量的影响。

农业用水状态的4个指标变量同样对云南玉米生产两方面比重变化的影响显著，其中有效灌溉面积比重（%X3）和农业灌溉亩均用水量（%X4）为正向影响，而万元农业GDP用水量（%X5）和农业用水比重（%X6）为负向影响。正向影响因素中，%X3对云南省玉米生产变化的影响最大，%X3的系数为0.361（%Y1）和0.895（%Y2）。负向影响因素中，%X6的系数为-0.866（%Y1）和-1.143（%Y2），对玉米播种和产量比重变化的影响最大。由农业用水状态的各指标变量的系数可知，区域和农田尺度上农业水利设施的完善、农业用水效率提高和农业用水比重降低均有助于云南省玉米播种面积和产量比重的上升。

社会响应6个指标变量对云南省玉米产量比重变化（%Y2）的影响均显著；除农村改水收益率变量（%X10）不显著外，其余5个变量对玉米播种面积比重变化（%Y1）的影响显著。乡村人口比重变化变量（%X9）对云南省玉米生产状况的影响最大。乡村人口比重下降，一是表明区域城镇化水平提高，社会发展水平高，应对农业缺水的能力增强；二是表明农村人口减少，在干旱缺水背景下，农村用水人口数减少有利于缓解农业用水矛盾，这都有利于玉米播种面积和产量比重的上升。农户家庭恩格尔系数变量（%X8）的系数为 -2.658（%Y1）和 -1.408（%Y2），说明农户家庭恩格尔系数每减少 1 个百分点，云南省玉米播种面积和产量比重分别增加 2.658 个和 1.408 个百分点，表明干旱时期农户家庭越富裕，越愿意种植玉米这类耐旱的粮食作物。农村改水收益率变量（%X9）对玉米产量比重变化的影响显著为正，系数为 3.392，表明提升干旱时期玉米产量比重，需要进一步提升饮用水质量，优化供水方式。此外，减少水污染、提高水环境质量同样有利于玉米播种面积的增加。

5 结论与启示

5.1 主要结论

（1）2008—2011 年，云南省玉米播种面积和产量在粮食作物中的比重均呈现上升态势，其中播种面积比重变化幅度较大的州市主要集中于滇西南地区，而产量比重变化率则表现出明显的由东北向西南递增的空间分布规律。

（2）此外，云南各州市间的玉米生产变化具有显著的空间相关性，各州市玉米播种面积与产量比重变化会通过空间溢出来对相邻州市变量产生作用，进而对相邻州市的玉米生产产生影响。

（3）持续干旱时期云南省玉米生产比重的提升得益于农业用水状态的改善和社会适应干旱能力的提高。农业用水状态中的有效灌溉面积、农业灌溉亩均用水量变化变量以及社会响应指标中的乡村人口比重、农村改水收益率变化变量是影响云南玉米生产的关键因子。

5.2 政策启示

（1）持续干旱时期，无论是从播种面积还是产量指标来看，云南的玉米生产在粮食作物中的比重都有显著提高。农业用水状态、干旱的社会适应能力是影响该时期玉米播种面积和产量比重变化的关键因子。因而，云南应在快速推进城镇化进程的同时提高农民家庭收入水平，同时完善水利设施和提高农业用水效率，以改善农业用水状态，提高干旱适应能力。

（2）基于干旱发生的连片性和作物种植的地区性特征，在分析干旱时期旱灾对农业生产影响时，应该充分考虑地理空间因素的交叉影响。为此，从全局考虑，科学制定玉米生产布局政策，引导州市间玉米生产布局的调整，促使玉米空间布局的优化，对全面扩大玉米播种面积、提升玉米生产总量具有重大意义。

参考文献

［1］刘杰、许小峰、罗慧：《极端天气气候事件影响我国农业经济产出的实证研究》，《中国科学：地球科学》2012 年第 7 期，第1076—1082 页。

［2］罗小锋、李文博：《农户减灾需求及影响因素分析》，《农业经济问题》2011 年第 9 期，第 65—69 页。

［3］黄吉美：《云南省玉米产业发展对策研究》，《中国种业》2012年第 6 期，第 8—13 页。

［4］Zhang W. J., Jin F. F., Zhao J. X., "The Possible Influence of A non – conventional El Nino on the Severe Autumn Drought of 2009 in Southwest China", *Journal of Climate*, 2013, 26: 8392 – 8405.

［5］许玲燕、王慧敏、段琪彩等：《基于 SPEI 的云南省夏玉米生长季干旱时空特征分析》，《资源科学》2013 年第 5 期，第 1024—1034 页。

［6］《云南加大玉米新品种推广》，http: //www. farmer. com. cn/kjpd/njtg/201209/t20120910＿ 746954. htm，2012 年 9 月 10 日。

［7］王崇桃、李少昆、韩伯棠等：《玉米产量潜力实现的限制因素的参与式评估》，《中国软科学》2006 年第 7 期，第 53—59 页。

［8］Bannayan M., Sanjani S., Alizadeh A., et al., "Association between Climate Indices, Aridity Index, and Rainfed Crop Yield in Northeast of Iran", *Field Crops Research*, 2010, 118 (2): 105 – 114.

［9］Blum A., "Effective Use of water (EUW) and not Water – use Efficiency (WUE) is the Target of Crop Yield Improvement under Drought Stress", *Field Crops Research*, 2009, 112 (2): 119 – 123.

[10] Szulczewski W., Żyromski A., Biniak – Pieróg M., "New Approach in Modeling Spring Wheat Yielding Based on Dry Periods", *Agricultural Water Management*, 2012, 103: 105 – 113.

[11] 商彦蕊、干旱:《农业旱灾与农户旱灾脆弱性分析:以邢台县典型农户为例》,《自然灾害学报》2000 年第 2 期, 第 55—61 页。

[12] Lashkari A., Bannayan M., "Agrometeorological Study of Crop Drought Vulnerability and Avoidance in Northeast of Iran", *Theoretical and Applied Climatology*, 2012: 1 – 9.

[13] 史培军:《论灾害研究的理论与实践》,《南京大学学报》(自然科学版) 1991 年第 11 期, 第 37—42 页。

[14] Anselin, L., R. Florax, *New Directions in Spatial Econometrics*, Berlin: Springer, 1995, 21 – 74.

公共资源利他合作治理及其制度完善[*]

李　胜　李春根

（江西财经大学财税与公共管理学院　南昌　330013）

摘　要：公地悲剧理论、囚徒困境理论和集体行动理论揭示了公共资源利用中个体理性而集体非理性的悖论。在利己主义的背景下，传统理论提供了国家集权管理、私有化或自主治理三种解决方案，并认为无限重复博弈关系是形成公共资源合作治理秩序的必要条件，但传统理论把利己性作为人的唯一本性作为理论分析的基础并不符合人性是复杂而丰富的事实，利他行为的普遍存在为公共资源的合作治理提供了可能。本文在分析四种公共资源利他合作治理行为的基础上，通过引入公共资源利他合作治理博弈模型，证明了人类有可能通过利他合作避免公共资源的"公地悲剧"。

关键词：利他行为；公共资源；合作治理

公共资源是指由共同体成员共同享有并由共同体行使所有权的自然资源，主要包括海洋、河流、湖泊、草场、土地和矿产资源等。公共资源具有公共性、外部性、稀缺性，以及使用上的非排他性和非竞争性等特点。公共资源的性质和特点，使得公共资源在自发状态下存

---

　*　国家社会科学基金青年项目"推进我国突发环境事件协同治理能力现代化研究"（15CZZ041）；国家社会科学基金青年项目"流域水资源配置与治理中地方政府协同治理机制研究"（13CZZ054）；教育部人文社会科学青年项目"跨行政区流域水污染协同治理机制研究"（11YJC630104）资助。

在被过度开发的可能，导致公地悲剧的发生。公地悲剧的思想渊源往前可以追溯到古希腊时期，那个时期著名的思想家亚里士多德认为"凡是属于最多数人的公共事物常常是最少受人照顾的事物，人们关怀着自己的所有，而忽视公共的事物；对于公共的一切，他至多只留心到其中对他个人多少有些相关的事物。"1968 年美国学者哈丁（Hardin）《公地悲剧》一文的发表，使公共资源治理开始成为学术界研究的热点问题；2009 年奥斯特罗姆因其在公共资源自主治理研究方面的杰出贡献而被授予诺贝尔经济学奖，更是让公共资源治理研究进入到一个新的阶段。当今中国正面临着历史上从未有过的资源环境危机，工业化的进程使中国的经济总量得到了飞速发展，但我们也付出了昂贵的资源环境代价。据国家环保总局原副局长王玉庆估算，我国2011 年因环境污染而遭受的损失约高达 2.6 万亿元人民币，大致占当年中国国内生产总值的 5%—6%。由此可见，在现阶段及未来很长一段时间都有可能面临极高的环境风险。为此，十八届三中全会在《中共中央关于全面深化改革若干重大问题的决定》中指出要"紧紧围绕建设美丽中国深化生态文明体制改革，加快建立生态文明制度，健全国土空间开发、资源节约利用、生态环境保护的体制机制，推动形成人与自然和谐发展现代化建设新格局"。2015 年 5 月出台的《中共中央国务院关于加快推进生态文明建设的意见》中更是将"坚持绿水青山就是金山银山"的思想上升为国家意志。思想观念上的转变，也带来了制度建设上的转型升级，从主体功能区制度、最严格的水资源管理制度到绿色绩效考核制度和生态文明先行示范区建设制度的实施，这一系列政策措施的出台都充分体现了高层对资源环境问题的重视。但无论是理论还是实践，公共资源治理依然存在一些不足和挑战。这些不足来自以往的公共资源治理理论和制度建设是建立在"经济人"之间相互算计的基础上，这与人不仅有利己的一面，而且也有利他的一面的现实不符，而且利己的"经济人"之间的相互算计并不能在公共资源治理领域"无形中实现社会整体利益的最大化"。由此，如何在新的历史环境条件下突破传统利己主义思想下公共资源治理研究的理路，寻求一种新的促进公共资源合作治理的视角，提高我国生态环境合作治理能力，并以此推进我国公共资源治理体系和治理能力的现代化，显得尤为必要而迫切。

1　公共资源合作治理秩序的利己视野

近代以来，围绕着如何通过合作实现社会福利的最大化形成了丰富多彩的理论，如社会契约理论、产权理论和重复博弈理论等。这些理论或主张通过国家集权管理构建人类相互间的合作治理秩序，或主张通过明晰产权（私有化）构建人类相互间的合作治理秩序。文艺复兴时期的思想家霍布斯对自私的人类如何为实现共同利益而合作首次作出了系统性的回答。在霍布斯看来，人的自然本性首先在于求自保、生存，从而是自私自利、恐惧、贪婪、残暴无情的，而人与人之间的关系则处于互相防范、敌对、争战不已的状态中。如果要建立一种能够制止相互伤害的共同权力，那就需要把大家所有的权力托付给某一个人或一个能通过多数的意见把大家的意志化为一个意志的多人组成的集体。这个人或这个集体就是利维坦，即政府的诞生。因此，从霍布斯的观点来说，一个集权的、强有力的政府是人类形成有序合作的基础。

霍布斯之后的法国著名启蒙思想家卢梭提出了从"社会契约"角度克服个人私利的思想。在其著作《社会契约论》中，卢梭写道："他们保证生存的唯一途径就是将分散的力量合在一起……力求寻找到一种联盟，以集体的力量保护每一成员的人身及财产安全"。然而，卢梭认为"为了使社会契约不至于成为一纸空文，在双方的承诺中都应该心照不宣地含有这样的内容：无论谁拒绝服从公众意志，整个实体都会强迫他服从。"人们对卢梭的这一思想毁誉不一，在反对者看来，强制他人服从将导致暴力独裁，因为如果是某个人或某个组织代表了公共意志，那么这个人或组织就有权力来驾驭、控制和指导整个社会，从而也就形成了一种代表公共意志的专制集权统治。在这种统治下，个人的自由可能因此而被剥夺，个人将变成集体的奴隶，成为多数人的仆人。因此，如果遵循霍布斯或卢梭的理论，那么一个具有共同利益的群体会在某种外在强制力量的安排下为实现共同利益而采取集体行动，但是这要么导致霍布斯式的君主专制，要么导致卢梭式的共和独裁。后来的学者们以霍布斯和卢梭的思想为基础，通过不断补充和完善，最终建立了公共资源治理的国家集权管理理论，希冀通过国家管理实现公共资源的有效开发和管理。苏联和我国计划经济时期的资源管理模式即深受这一理论的影响。

为促进当时英国资产阶级的发展，亚当·斯密提出了著名的"经济人"假设，他认为追求自我利益的"经济人"在"无形的手"的指引下能够最终实现社会利益的最大化。在《国民财富的性质和原因的研究》中，斯密写道："他受着一只看不见的手的指导，去尽力达到一个并非他本意想要达到的目的。也并不因为是非出于本意，就对社会有害。他追求自己的利益，往往使他能比在真正出于本意的情况下更有效地促进社会利益。"他的这一思想现已成为公共资源产权理论的重要支柱。产权理论认为，只要产权足够明晰，那么无论公共资源的初始产权属于谁，这一公共资源都能得到良好的开发和治理。受亚当·斯密思想的影响，人们期望建立一个自由的市场，通过市场机制实现对公共资源的有效配置和治理。这一思想为后来的产权理论所继承，虽然产权理论认为由于受外部性的影响，仅仅依靠市场的力量并不足以解决公共资源治理的难题，但却期望通过明晰公共资源的产权，将市场机制不能解决的外部成本转化为组织内部成本，以此建立良好的公共资源治理制度，这个理论最典型的代表者就是科斯。

科斯认为，不管公共资源的初始权利属于谁，只要它的产权关系足够明晰，那么私人成本就不会背离社会成本，而一定会相等，这样就可以通过权利买卖者之间的交易来实现公共资源的有效配置。公共资源治理的产权理论无论是在学界还是在政界都获得了极大的支持，公地悲剧理论创立者哈丁认为："公有产权形式总是缺乏效率的，而政府又总是难以避免短期主义，使政府自身成了环境问题的原因，'公地悲剧'在某种程度上更确切地说应是政治公地的悲剧。"产权理论虽然为公共资源的治理提供理论上的完美方案，但从实践上来说，还存在两个主要的问题：一是交易费用为零的假定过于严格，现实生活中不存在；二是当受损者人数众多时，巨大的交易费用而使自愿协商成为不可能，从而出现"搭便车"问题。产权理论的缺陷表明，公共资源的产权分配不仅仅需要技术上和经济上的可行性，更重要的还应该考虑其政治上的可行性。

为解决人类如何合作的问题，集体行动理论尝试用博弈理论对此进行解释。奥尔森在汇集前人思想的基础上，得出了一个与霍布斯和卢梭相似的结论：除非存在某种强制措施使个人能够按照集体的利益行事或一个集团人数很少，否则有理性的个人不会为了集体的利益而采取行动，因为集体利益的公共性使集体中的每一个人都能够平等分享由个人行动而带来的集体利益，但其成本却由采取行动的个人承担，在外部性的影响下，每个人都想搭其他成员的便车。这一观点也得到了苏格兰启蒙运动思想家休谟的印证，"两个邻人可以同意排去他们所共有的一片草地中的积水，因为他们容易互相了解对方的心思……但是要使一千个人同意那样一种行为，乃是很困难的，而且的确是不可能的，他们对于那样一个复杂的计划难以同心一致，至于执行那个计划就更困难了，因为各人都在寻找借口，要想是自己省却麻烦和开支，而把全部负担加在他人身上"。

怎样才能从没有外在强制力量的利己主义者中产生合作呢？为了寻找到更为理想的解决方案，阿克塞尔罗德教授运用现代经济学的行为博弈理论，通过没有中心权威的"重复囚徒困境博弈模型"证伪了霍布斯"利维坦"和卢梭"人民公意"形式的集权专制是人类社会形成合作治理秩序的必要条件这一思想。在阿克塞尔罗德的博弈对抗赛中，第一回合采取"合作"，然后每一回合都重复对手的上一回合策略的"一报还一报"策略获得了最高得分。为此，阿克塞尔罗德认为好的策略标准是永远不先背叛，同时好的策略必须有三个特征："善良""宽恕"和"不嫉妒"。"善良"就是从不主动先背叛，在对方采取背叛策略之前一直采取合作的策略；"宽恕"就是能够原谅对方过去的"错误"，一旦对方"改过"即以合作对待；"不嫉妒"就是能够容忍其他的参与者获得和你等同的收益。由此，阿克塞尔罗德认为，只要重复博弈的次数足够多，利己的"经济人"依然可以在没有中心权威的管制下实现个体之间的合作。

显然，阿克塞尔罗德教授对在没有中心权威下的追求利益最大化的个体之间的合作的研究取得了很大的进展，但是现实中的人并不是总能完全遵守"善良""宽恕"和"不嫉妒"的理性原则，他不仅有理性，而且也有着情感，甚至可能受个人情绪左右而作出不理性的行为，这是理性"经济人"假设无法回避的问题之一。另一存在的问题在于，无论是霍布斯、卢梭还是阿克塞尔罗德，他们的理论都隐藏着一个共同的假设，即个体是追求自身利益最大化的自利者，他们的合作理论也都建立在个体自利的基础上。这一假设忽略了人性的多样性，现实中的人不仅有利己的一面，也有利他的一面。正如文艺复兴时期的著名思想家洛克所说："相同的自然动机使人们知道有爱人和爱己的同样的责任。……如果我要求本性与我相同的人们尽量爱我，我便负有一种自然的义务对他们充分地具有相同的爱心。"也正因如此，现代经济学不再排斥将利他行为纳入到社会经济生活的研究中去，而引入利他行为后的公共资源治理范式也将呈现出不同于传统理论的风貌。

2　人类的利他性及公共资源利他合作治理的层次

众所周知，亚当·斯密提出了社会科学领域被人奉为圭臬的"经济人"假设。实际上，斯密不仅看到了人利己的一面，也看到了人利他的一面，这就是人类的同情心。斯密将人感同他受的同情心视为人类社会合作的情感根源，这在其《道德情操论》中有着缜密的论述。"无论人们会认为某人怎样自私，这个人的天赋中总是明显地存在着这样一些本性，这些本性使他关心别人的命运，把别人的幸福看成是自己的事情，虽然他除了看到别人幸福而感到高兴以外，一无所得。这种本性就是怜悯或同情。"斯密认为同情心的存在是显而易见的事实，不需要用什么实例来证明，而且绝不只是品行高尚的人才具备。斯密的这一思想与中国古代思想家孟子的"性善论"有相似之处。在《孟子·告子上》一文中，孟子写道："恻隐之心，人皆有之；羞恶之心，人皆有之；恭敬之心，人皆有之；是非之心，人皆有之。"由此而观之，人类具有利他行为的倾向并不需要长篇累牍的论述，它能在现实中获得充分的实证支持。一般而言，人类的利他性在公共资源合作治理中通常表现为四个层次。

2.1 亲缘利他合作治理

亲缘利他是指有血缘关系的个体为自己的亲属所作出的有助于提高其生存境遇的某些牺牲，如父母对子女以及兄弟姐妹之间的帮助。人类间的亲缘利他行为通常以己为中心，行成类似蛛网的层层向外展开的差序格局——随着亲缘关系的疏远，亲缘利他行为的强度也逐步衰减，犹如石子投入水中而产生的波纹，围绕圆心一层一层往外推出去，越推越远，也越推越薄。爱德华·威尔逊（E. Wilson，1988）为此根据"亲缘指数"不同而逐步衰减的利他行为排成了一个系列谱：位于其一端是个人，依次是核心家庭、大家庭、社群、部落，直到另一端最高政治社会单位。在中国传统宗族社会中，形成宗族的亲属们为宗族的集体利益或宗族中的弱者着想，往往有一片由其宗族成员共享的森林、土地或灌溉用的水渠，而后以一个大家共同认可的协议开发和管理这些公共资源，即是亲缘利他行为在公共资源合作治理上的生动体现。

2.2 互惠利他合作治理

互惠利他是指没有血缘关系的个体为了在日后能获得同伴的回报而相互提供的帮助，如果预期的回应没有出现，互惠就将停止。互惠利他的基础是关系的可持续性，否则互惠利他就无法持续。关系的可持续性使个人之间的重复博弈有了可能，也使得参与博弈的个体需要在短期利益和长远利益之间做出权衡——当博弈是重复多次时，参与人就有积极性为自己建立一个好的声誉，从而可能为了谋求长远利益而牺牲眼前利益，而参与人之所以这样做，是因为他相信他今天的利他行为能在将来得到回报。互惠利他在公共资源的合作治理上具有广泛而形式多样的应用，如生态补偿以及区域之间的环境合作治理协议等。作为一种特定的互惠形式，谈判在互惠利他合作治理中起着重要的作用。虽然谈判中不排除利己的行为，但是谈判能明确参与各方的义务和应遵循的道德准则，更重要的是重复谈判将一次性博弈转化为一系列的序贯博弈，这为参与人之间的长期合作提供了基础和可能。

2.3 纯粹利他合作治理

纯粹利他是指没有血缘关系的个体在主观上不计任何回报的利他行为。主流生物学家认为纯粹利他行为会提高受惠者的生存适应性,而降低施惠者的生存适应性,从而不能在进化中获得稳定的均衡。为了合理解释纯粹利他行为的生物学依据,群体选择理论认为,遗传进化是在生物种群层次上而不是在个体层次上实现的,当个体做出有利于种群的利他行为时,种群就有可能在激烈的生存竞争中获得更多的生存适应性,随着种群在生存竞争中的胜利而成功演化。尽管主流生物学家对群体选择理论进行了大量批驳,认为自然选择只能作用于生物个体而非种群,但我们依然可以在人类社会中发现不同于亲缘利他和互惠利他的利他行为的存在,以至于连生物进化论的始创者达尔文也不得不对人类的利他性进行思考。对于人类而言,纯粹利他行为可能会降低施惠者的生存适应性,也有可能提高其生存适应性,比如说慈善中的捐赠者本身并不期望获得回报,但却有可能因此而获得好的声誉;而有一些环保斗士的对社会有益的利他行为却也因此遭受生态破坏者的迫害而生存困窘。

2.4 利他惩罚合作治理

利他惩罚又被称为强互惠行为,是一种既非亲缘利他,又非互惠利他的非纯粹利他行为。利他惩罚的特征是在团体中与人合作,而且不惜成本地去惩罚那些破坏合作规范的人(即使这些破坏不是针对自己),甚至预期在得不到补偿的情况下也会这么做。利他惩罚能抑制团体中的背叛、逃避责任和"搭便车"行为,从而有效提高团体成员的福利水平,但实施这种行为却需要个人承担成本,且不能从团体收益中获得额外补偿。在 Bowles(2006)等人看来,趋社会情感是强互惠行为产生的根源。"趋社会情感是一种可以使行为者从事合作行为的生理和心理反应,包括羞耻、负罪感、同情,以及对社会制裁的敏感性等,它们可能导致行动者承担建设性的社会互助行为。"利他惩罚有效解释了亲缘利他和互惠利他在解释人类合作问题上的不足,也有效解释了群体选择理论在解释有利于群体但对个体而言是高成本甚至是牺牲性的行为缺陷,证明了少量不考虑未来的回报而对背叛者施以惩罚的强互惠者能够显著提高人类族群的生存机会,说明强互惠行为能够在激烈的自然选择中成功演化并保持均衡。

3 公共资源利他合作治理博弈模型

在一个典型的公共资源治理囚徒困境中，参与人被定义为纯粹的利己者，但通过观察总结可知，人性不仅有利己的一面，也有利他的一面。在本模型中，我们将人类的利他性和利己性同时纳入公共资源治理的博弈模型，考虑在存在利他因素的条件下，公共资源治理的博弈均衡将发生何种改变，哪些类型的制度设计将有利于公共资源的合作治理？假设在公共资源利他合作治理的博弈模型中存在 A 和 B 两个参与人，A 的策略集是 {利他，不利他}；B 的策略集是 {合作，不合作}。为进一步研究参与者之间行为和关系的相互影响，做进一步的参数假设：

（1）C_A 为 A 的利他成本，C_B 为 B 的合作成本；

（2）当 A 选择利他时，如果 B 选择合作，则 A 的收益为 ν，B 的收益为 π；如果 B 选择不合作，B 的收益为 φ，但 A 将对 B 的不合作行为提出控诉，B 为此承担的损失为 β；

（3）当 A 选择不利他时，如果 B 选择合作，则 A 的收益为 κ，但 B 同样将对 A 的不利他行为提出控诉，A 将为此承担同样的损失 β；如果 B 选择不合作，则此时双方的收益都为 0；

（4）C_A、C_B、ν、π、φ、β、κ 为常数。

根据以上假设，构建 A 和 B 之间的公共资源利他合作治理博弈矩阵，见表 1。

表1   **公共资源利他合作治理的博弈矩阵**

A \ B	合作	不合作
利他	$\nu - C_A$, $\pi - C_B$	$\beta - C_A$, $\varphi - \beta$
不利他	$\kappa - \beta$, $\beta - C_B$	0, 0

　　假定 λ 为 A 利他的概率，γ 为 B 合作的概率。给定 γ，A 利他（$\lambda=1$）和不利他（$\lambda=0$）的期望收益分别为：

$$u_A(1,\gamma)=(\nu-C_A)\gamma+(\beta-C_A)(1-\gamma)$$
$$=\nu\gamma-C_A\gamma+\beta-\beta\gamma-C_A+C_A\gamma$$
$$=\beta-C_A+(\nu-\beta)\gamma \tag{1}$$

$$u_A(0,\gamma)=(\kappa-\beta)\gamma+0(1-\gamma)=\kappa\gamma-\beta\gamma \tag{2}$$

　　解 $\pi_A(1,\gamma)=\pi_A(0,\gamma)$，得 $\gamma^*=\beta-C_A/\kappa-\nu$。$\gamma^*$ 表示如果 B 合作的概率小于 $\beta-C_A/\kappa-\nu$，A 的最优策略是利他；如果 B 合作的概率大于 $\beta-C_A/\kappa-\nu$，A 的最优策略是不利他。

　　给定 λ，B 选择合作（$\gamma=1$）和不合作（$\gamma=0$）的期望收益分别为：

$$u_B(\lambda,1)=(\pi-C_B)\lambda+(\beta-C_B)(1-\lambda)$$
$$=\pi\lambda-C_B\lambda+\beta-\beta\lambda-C_B+C_B\lambda$$
$$=(\pi-\beta)\lambda+\beta-C_B \tag{3}$$

$$u_B(\lambda,0)=(\varphi-\beta)\lambda+0(1-\lambda)=(\varphi-\beta)\lambda \tag{4}$$

　　解 $\pi_B(\lambda,1)=\pi_B(\lambda,0)$，得 $\lambda^*=\beta-C_B/\varphi-\pi$。$\lambda^*$ 表示如果 A 利他的概率小于 $\beta-C_B/\varphi-\pi$，B 的最优选择是不合作；如果 A 利他的概率大于 $\beta-C_B/\varphi-\pi$，B 的最优选择是合作；如果 A 利他的概率等于 $\beta-C_B/\varphi-\pi$，B 随机选择合作或不合作。

　　因此，此时的混合战略纳什均衡是：$\lambda^*=\beta-C_B/\varphi-\pi$，$\gamma^*=\beta-C_A/\kappa-\nu$，即 A 以 $\beta-C_B/\varphi-\pi$ 的概率利他，B 以 $\gamma^*=\beta-C_A/\kappa-\nu$ 的概率合作。上述结论表明：（1）A 选择利他还是不利他，与 B 在此时选择不合作与合作的收益值的差成反比，即如果 B 选择不合作与合作的收益值的差越大，则 A 选择利他的概率越小；（2）B 选择合作还是不合作，与 A 在此时选择不利他和利他的收益值的差成反比，即如果 A 选择不利他与利他的收益值的差越大，则 B 选择合作的概率越小；（3）无论是 A 还是 B，其是否作出利他或合作的选择，与控诉所获收益和利他或合作成本的差成正比，即如果二者的差越大，A 或 B 越有可能作出利他或合作的选择。

　　上述模型考虑了 A 和 B 在简化行动中的博弈模型及其均衡。实际上，现实中的博弈参与人的可供选择的行动可能不是非此即彼。比如 B 在合作和不合作之外，可以选择部分合作，即 B 不是完全不合作 A 的策略，也不是完全合作 A 策略，而是选择部分合作。同样，A 也可能在纯粹利他和纯粹利己之间选择部分利他和部分利己相结合的策略。为此，A 和 B 的行动集合就可以分别扩展为 ｛纯粹利他，部分利他，不利他｝ 及 ｛完全合作，部分合作，不合作｝。为分析在扩展行动集合中中央政府和地方政府的博弈均衡，在前文的基础上，对博弈作如下假设：

（1）A 和 B 分别有如上三个可供选择的行动；

（2）α 为 A 对 B 选择部分合作进行控诉的系数，θ 为 B 的合作系数（即执行多少问题），且 B 合作的收益和合作成本与 θ 相关，δ 为当 B 选择部分合作时带给 A 的效益系数（假设 B 合作 80% 与合作 20% 带给 A 的效益不一样），其中 $0 < \alpha$，θ，$\delta < 1$；

（3）β 为 B 不合作而受到的损失（包括经济的、政治的和社会的），当 A 完全利他时，A 对 B 不合作的行为将加大控诉力度，控诉力度设定为 2β，且 $2\beta > C_A$；且当 A 选择完全利他时，A 对 B 选择部分合作的处罚额度大于利他成本；

（4）ω 为 A 选择部分利他的系数。

根据以上分析，构建扩展行动中的 A 和 B 的博弈支付矩阵，见表 2。

表 2　　　扩展行动中的公共资源利他合作治理博弈支付矩阵

A ＼ B	完全合作	部分合作	不合作
完全利他	$\nu - C_A$, $\pi - C_B$	$\alpha\beta + \theta\nu - C_A$, $\pi - \alpha\beta - \theta C_B$	$2\alpha\beta - C_A$, $\varphi - 2\alpha\beta$
部分利他	$\nu - \alpha\beta - \omega C_A$, $\alpha\beta + \omega\pi - C_B$	$\theta\nu - \omega C_A$, $\omega\pi - \theta C_B$	$\alpha\beta - \omega C_A$, $\omega\varphi - \alpha\beta$
不利他	$\kappa - 2\alpha\beta$, $2\alpha\beta - C_B$	$\theta\nu - \alpha\beta$, $\alpha\beta - \theta C_B$	0, 0

　　根据表 2 可知，给定 A 的策略选择，则在 A 选择完全利他时，B 选择完全合作、部分合作和不合作的收益分别为 $\pi - C_B$、$\pi - \alpha\beta - \theta C_B$ 和 $\varphi - 2\alpha\beta$。此时 B 并不存在占优策略，B 的策略选择取决于 B 合作的收益 π、合作的成本 C_B、不合作的收益 φ、A 对 B 的控诉系数 α，以及不合作的损失 β 的取值及其相互关系。同理，也可求出 A 选择部分利他和不利他时 B 的收益，我们发现 B 依然不存在占优策略。反之，在给定 B 的策略时，A 也不存在占优策略。

　　结论：在扩展行动中的公共资源利他合作治理博弈中，给定 A 或 B 任何一方的策略，另一方都不存在占优策略，意味着博弈双方不存在唯一的纳什均衡解。对任何一方而言，其最优策略既取决于相应策略的成本与收益，也受对另一方不利他或不合作的惩罚力度及双方控诉系数的影响。

4　公共资源利他合作治理的制度完善

　　传统公共资源治理理论将利己的"经济人"作为人性的唯一假设，认为在公共资源开发和治理中的个体、企业或政府都是追求自我利益纯粹利己者，这不符合人性复杂且丰富的事实，人类的利他行为是可能发生且广泛存在的。在面临公地悲剧的毁灭性结局时，参与者之间采取合作还是对抗的策略对整个人类的命运生死攸关。我们需要以更为丰富、更加符合真实人性的假设为基础，建立一套更为良性的公共资源治理的制度体系。统筹考虑人性、制度规范、历史传统、文化习俗、社会资本，乃至社群结构与形态对个体选择的影响。探寻在何种制度环境下，个体将采取合作的策略和有利于公共资源保护的行为；又在何种情境下个体会选择不合作的策略和不利于公共资源治理甚至破坏公共资源的行为。人类的利他行为为公共资源的合作治理研究开辟了一条不同于传统利己主义理论的路径，但我们同时认为虽然人具有利他的本性，但人类利他行为的产生并不总是无条件，甚至在利己和利他之间存在着矛盾和冲突，如何为利他行为的产生提供良好的环境是社会科学家和实践工作者应肩负的道义。

4.1　建立对利己者的监督和惩罚机制

参与制定 1787 年美国宪法的核心人物麦迪逊曾说："如果人人都是天使，就不需要任何政府了；如果是天使统治人，就不需要对政府有外来或内在的控制了。"在利己心这只"看不见的手"的指引下，虽然可能使他比在真正出于本意的情况下更有效地促进社会利益，但在公共资源治理领域，大量是能力的利己行为造成的。虽然对个体而言，这一行为符合利益最大化的理性取向，但对集体而言，这样的行为却是灾难性的，将导致公共资源无法估量的破坏。如何防范人极端利己本性对公共资源产生的破坏性影响，是公共资源合作治理制度设计的重要组成部分。为此，我们一方面需要建立对利己者和利己行为的监督机制，完善环境保护的公民参与和公益诉讼制度。"群众的眼睛是雪亮的"，公众参与监督能更及时地发现问题，减少政府监督中的信息不对称，提高发现破坏公共资源行为的概率。另一方面，需要完善环境司法制度，加大对破坏公共财物者的惩罚力度，避免"守法成本高，违法成本低"的尴尬局面，加大环境违法犯罪的立案审查机制，提升环境法庭在公共资源治理中的作用。

4.2　建立对利他者的保护和奖励机制

人类之所以能够合作，不仅是因为对互惠利他的追求，还因为我们时时刻刻具有某种设身处地地为别人考虑的能力，始终都有换位思考的天生禀赋。虽然人与人之间可以通过这种同情心的相互作用，形成某种具有合宜性的规则和秩序，但"国无赏罚，虽尧舜不能化"，如果没有对极端利己者的惩罚和对利他者的保护，将不足以彰显公共资源合作治理中利他行为的善性。如何保护人性中善的一面，使其不被性恶的一面所压制，是公共资源合作治理制度设计需要充分考虑的问题。"滇池卫士"张正祥因为长期致力于滇池的保护而先后当选为"中国十大民间环保杰出人物""昆明好人"和"感动中国年度人物"，然而这个英雄人物却因为他的正义行动而遭受了巨大的苦难——他不仅因此而负债累累、家庭破裂，更曾因此而被人撞到山下，造成右手残疾和右眼失明。为避免公共资源保护者"吃力不讨好"甚至"流血又流泪"现象的出现，我们一是要建立切实有效的对利他者的保护机制，保障其生命健康权、人身自由权和财产权不受来自外界的侵犯或报复，维护其作为公民的基本尊严；二是要建立对利他者的奖励机制，对其维护公共利益、保护公共资源的行为教育、鼓励、宣传和奖赏，让其获得与其行动相应的荣誉，并以此提升全民的生态意识，提高公民参与公共资源治理的积极性。

4.3　建立公平公正的合作成本分担和剩余分享机制

创造和分享合作剩余是人类合作的基本动力，公平和公正则是现实中常用的两种分担分享原则。如果人们无法建立公平公正的合作成本分担和剩余分享机制，则会极大地伤害人们参与合作治理的积极性和动力。在这方面，内蒙古亿利资源集团引导的库布齐沙漠治理模式很好地见证了公共资源利他合作治理的成功，联合国环境规划署也于2014 年将库布齐沙漠生态治理区确立为全球沙漠"生态经济示范区"，这也标志着库布齐沙漠利他合作治理的模式得到了联合国的重视。中共中央政治局委员、国务院副总理汪洋在来考察库布齐沙漠生态建设时也指出"保障治理者的合法权益，让参与防沙治沙的企业、个人经济上得到合理回报，政治上得到应有荣誉，充分释放市场、企业、社会组织的活力，这条路子非常好，希望更多的社会力量参与沙漠治理"。这充分肯定了在公共资源利他合作治理中奖励、惩罚，以及合作成本分担和剩余共享在实践中的重要作用。因此在公共资源合作治理中，要科学界定保护者和受益者的权利义务关系，通过完善上下级政府间和横向政府间的生态补偿机制，建立公平公正的长期合作关系，通过对合作治理参与者给予资金补助、人才培训和园区共建等形式，减少参与者对未来不稳定性的担忧，为公平公正的合作治理提供良好的环境和平台。

参考文献

［1］刘尚希、樊轶侠：《公共资源产权收益形成与分配机制研究》，《中央财经大学学报》2015 年第 3 期，第 3—10 页。

［2］网易探索：《中国每年因环境污染损失2.6 万亿人民币》，ht-tp：//discovery. 163. com/12/0316/09/7SN5DHST000125LI. html。

［3］霍布斯：《利维坦》，商务印书馆1985 年版，第 131—132 页。

［4］让－雅克·卢梭:《社会契约论》,陈红玉译,译林出版社 2011年版,第 11—14 页。

［5］路德维希·冯·米瑟斯:《自由与繁荣的国度》,韩光明译,中国社会科学文献出版社 1995 年版,第 92 页。

［6］韦森:《从合作的进化到合作的复杂性》,载罗伯特·阿克塞尔罗德《合作的复杂性:基于参与者竞争与合作的模型》,梁捷、高笑梅等译,上海世纪出版集团 2008 年版,第 4 页。

［7］亚当·斯密:《国民财富的性质和原因的研究》(下卷),郭大力、王亚南译,商务印书馆 2007 年版,第 27 页。

［8］J. Hardin Garrett, *Tragedy of the Commons*, Oxford University Press, 1968, pp. 93 – 96.

［9］余永定、张宇燕、郑秉文:《西方经济学》(第三版),经济科学出版社 2005 年版,第 168—173 页。

［10］曼瑟尔·奥尔森:《集体行动的逻辑》,陈郁、郭宇峰、李崇新译,上海三联书店 1995 年版,第 1—3 页。

［11］大卫·休谟:《人性论》(下卷),关文运译,商务印书馆 1980年版,第 578—579 页。

［12］洛克:《政府论》(下篇),商务印书馆 1964 年版,第 3 页。

［13］亚当·斯密:《道德情操论》,商务印书馆 1997 年版,第 5 页。

［14］郑也夫:《利他行为的根源》,《首都师范大学学报》(社会科学版)2009 年第 4 期,第 41—51 页。

［15］叶航:《利他行为的经济学解释》,《经济学家》2005 年第 3期,第 22—29 页。

［16］张维迎:《博弈论与信息经济学》,上海三联书店 2004 年版,第 124 页。

［17］萨缪·鲍尔斯、赫伯特·金迪斯:《人类合作的起源》,载赫伯特·金迪斯、萨缪·鲍尔斯《人类的趋社会性及其研究——一个超越经济学的经济分析》,上海世纪出版集团 2006 年版,第 55—57 页。

［18］叶航、汪丁丁、罗卫东:《作为内生偏好的利他行为及其经济学意义》,《经济研究》2005 年第 8 期,第 84—94 页。

[19] 李文钊：《环境管理体制演进轨迹及其新型设计》，《改革》2015 年第 4 期，第 69—80 页。

[20] 汪丁丁、罗卫东、叶航：《人类合作秩序的起源与演化》，载赫伯特·金迪斯、萨缪·鲍尔斯《人类的趋社会性及其研究——一个超越经济学的经济分析》，上海世纪出版集团 2006 年版，第 16—17 页。

[21] 齐良书：《利他行为及其经济学意义——兼与叶航等探讨》，《经济评论》2006 年第 3 期，第 41—70 页。

[22] 海川：《亿利资源：让沙漠长出"摇钱树"》，《新经济导刊》2014 年第 5 期，第 30—34 页。

试论现代生态农业发展战略与技术对策[*]

翁伯琦[1]　赵雅静[1]　刘朋虎[2]　张伟利[1]

（1. 福建省农业科学院　福建　福州　350003；
2. 福建农林大学　福建　福州　350002）

摘　要：生态农业是中国特色可持续农业的重要模式，其在资源合理利用与农村环境保护方面发挥积极且有效的作用。在新的历史时期，农业如何实现转型升级，怎样优化增长方式，是人们面临的重要命题。本文结合农业生产实际，分析了发展规模化现代生态农业的主要"瓶颈"与障碍因素，提出发展现代生态农业的战略要求与整体思考，并结合农村经济发展实际，系统阐述了主要模式与技术对策，力求为探索现代生态农业持续发展之路提供参考。

关键词：生态农业；发展战略；技术对策

自 20 世纪 60 年代，高速发展的石油农业模式及其所产生的各种生态弊端引起了世界主要发达国家的激烈讨论。人口、资源与环境危机是其中最为关键的问题，这实质上就是人与自然的不和谐。人类面临着许多危及生存的生态问题，如水土流失严重、土壤退化和荒漠化、森林资源危机、大气和水体污染日益严重、海洋环境恶化、生物多样性减少、有毒化学品和危险废弃物剧增及其污染等突出矛盾，严

---

　*　项目名称：国家科技支撑计划课题"东南地区农牧废弃物多级循环利用技术集成与示范"（2012BAD14B15）；福建省科技重大专项"水土流失初步治理区生态循环与产业提升技术研发与示范"（2012NZ0002）；福建省农业科学院科技创新团队（STIT－I－0305）。

重限制了农业的可持续发展。美国土壤学家 William A. Albrecht 于 1971 年首先提出生态农业的概念，随后许多专家也都认为理想的替代农业，应该是生态上能自我维持，经济上又有高效益的农业。

中国生态农业的研究与发展，不但响应了世界可持续发展的号角，而且在我国悠久传统农业历程的基础上孕育出了新的具有中国特色的战略思想与技术模式体系，逐步形成了独具一格的中国生态农业发展模式。通常认为，现代生态农业是利用现代科技、生产与管理以及运营方式，吸取中国传统农业之精华，以生态全面优化为重要特征和前提条件，实现"高效、优质、高产、安全、生态"的目标，以取得生态、经济、社会、健康四重效益的农业发展方式。现代生态农业不仅保留了传统农业精耕细作、施用有机肥、间作套种等优良传统，也打破了传统农业的局限性，它既是有机农业与无机农业的结合体，也是一个庞大的综合系统工程，是一种效率高、复杂精密的人工生态系统和先进的农业生产体系，对我国农业可持续发展具有重大意义。

1 现代生态农业发展面临的困境与挑战

发展现代生态农业，必须确保以"高产、优质、高效、生态、安全"为前提要求，加快农业发展方式转型，推进农业科技进步和创新，加强农业物质技术装备，全方位地健全农业产业体系的各种能力。经过多年的发展积累，我国农业的内在基础已经发生了很大变化，从农业生产条件和基础设施不断改善，到产业结构调整取得明显成效，再到农业产业化进程的大力推进，一路走来，如今我国已具备了加快发展现代生态农业的基本条件。当然，深入研究分析我国现代生态农业发展，我们也会看到仍然面临许多困难和挑战：如资源紧缺，劳动生产率低，竞争力弱以及比较效益低下等突出问题也严重制约着我国发展现代生态农业，探讨发展中国特色现代生态农业的基本思路，具有非常重要的理论和现实意义。

1.1　资源紧缺日益严重

1.1.1　耕地资源的日益紧缺加剧了农产品供给能力的提高

近年来，我国人均耕地面积日益减少、水资源匮乏日益突出，这已成为制约农业可持续发展"瓶颈"。据统计资料显示，随着城市化大潮和工业化进程推进，我国耕地资源，10年累计减少了1.23亿亩——从1996年的19.5亿亩下降到2006年年底的18.27亿亩。吃饭与发展的矛盾愈演愈烈。随着人口持续增长与近年来我国土地面积不断退化、水土流失、污染加剧以及滥用化肥农药等造成土壤质量下降等诸多重因素的影响，人地矛盾越来越严重，国家粮食安全问题越发显著。

1.1.2　农业劳动者素质下降限制了农业生产水平的提高

自改革开放以来，我国约有2亿农村劳动力转移到城镇及非农产业，农村劳动力资源中文化程度较高农民急剧减少，导致农业劳动力素质结构性下降，目前从事农业生产的基本只是老人、妇女和儿童，这种现状直接影响了农业科技的推广，制约了新品种、新技术在农业生产中的应用，限制了农业生产水平的提高。显然，目前农业劳动力的素质状况远不适应发展现代农业的需要。

1.1.3　资金技术信息等生产要素的缺乏也严重制约着现代农业的发展

随着市场经济的进步，市场的效率优先的资源配置方式将农村的资金、人才等稀缺资源席卷而去，农业要素外流加剧。而急于致富的心态与资金、技术和信息不足的矛盾，人们更容易选择掠夺式、粗放式的发展方式，从而必然消耗更多的资源，并对环境造成破坏，因而必然严重制约了农业可持续发展。

1.2　农业产业化经营以及规模化发展程度低

目前，全国2.4亿农户每户平均经营0.5公顷的土地，这种农户家庭承包经营属于高成本低效率的小农经营，也严重影响农村土地形成适度经营规模。而且目前在我国农村，土地福利化特征日益凸显而其生产资料的功能越发退化，很难完全体现市场化运作。结果导致土地无法按照市场效益原则进行合理流转与优化组合，农业产业结构调整困难，农业专业化程度低，更不利于农业生产机械化作业，增加了农业生产成本。

1.3　农业投入匮乏、农业生产基础设施薄弱

尽管近年来国家加大对"三农"财政支持，但对农业的投入总量仍旧处于较低水平，城乡财政资源配置不对称的状况依旧存在。农业投入匮乏的根本原因是农业的比较利益太低。水利是直接影响综合粮食生产能力的农业命脉。目前，我国农田水利设施建设严重滞后，年代久远老化，普遍超期服役、带病运行，已远远满足不了农业生产的需要。尽管近些年国家也修建了一些大型水利工程，但农村多样化的需求也制约了大工程的实际应用能力，进而导致了农业效益和粮食生产受到限制。

1.4　现代农业服务体系的不完善

与传统农业的自给自足不同，现代农业需要通过社会化服务来解决各种因素之间的不协调，比如小农经营与商品化的大市场之间、小农生产与专业化、标准化大生产之间不相适应的矛盾。但多年来，我国现行农业社会化服务体系已远远不适应发展现代农业的要求，存在着严重的弊端和不足。国家支农资金在应用于农村社会化服务体系中存在着巨大损失和浪费，更加凸显了资金的供需矛盾。而且农业社会化服务组织服务力量薄弱，根本无法满足农户对社会化服务的需求。再者就是农村金融体系不健全、金融供给匮乏，直接导致了农业保险风险大、经营成本高，进而严重影响了保险部门对农业生产经营的贷款和保险的积极性。

2　现代生态农业的主要内涵与意义

1971 年美国密苏里大学土壤学家 William Albreche 提出生态农业（Ecological Agriculture），最开始是因为西方现代"石油农业"或"工业式农业"严重破坏了资源和生态环境。他认为施用有机肥，少量施用化肥，对作物营养有利，但不能使用化学农药，因为在杀虫的同时也已经严重地污染了环境。1981 年，英国农学家 M. K. Worthington 提出了新的"生态农业"理念。她主张的生态农业是生态上能自给自

足，经济上有生命活力，同时在环境、伦理乃至审美等各个方面都不会造成严重的、长期的及难以挽回的变化的小型农业系统。她提出"尽量"施用有机肥，自然种养；使用可再生可循环利用的能源，也支持使用农业机械。

"生态农业"的命名是根据农业生物与环境之间的相互关系确定的，是从生产系统的角度提出，在词义上相关联于"生态环境"，具有比较强的系统性、广泛性和时代性，因此，也受到了全世界各国研究人员的重视和认可。自 20 世纪 70—80 年代起，至今已有 40 多年的时间，世界上绝大多数国家的科研人员都进行了调查研究和各种试验，并广泛认同了生态农业。他们还归纳总结了生态农业的主要特征，即其首要目的都是基于减缓和解决资源和环境问题；其在做法上都要特别强调保护农业生态系统，主张低投入以减少能耗，降低成本。

现代生态农业的概念、内涵不断完善、深化和不断适合中国国情的发展过程，这符合新生事物发展的一般规律。绝大多数学者赞同和倡导在我国发展生态农业，也有的学者对其有一些不同看法，这种争论大大促进了生态农业向着既适合我国国情又不断完善自身的方向演化，促进了中国生态农业的健康发展。现代生态农业的理论体系也因此逐步走向发展成熟。时至今日，得到广泛认可的说法是：生态农业是把农业生产、农村经济发展和生态环境治理与保护、资源培育和高效利用融为一体的新型综合农业体系。

近 200 年来，传统农业逐步发展成为当今农业生产的主要模式，人们在收获丰硕产品之时，也同时面临着困境与挑战，尤其是随着现代农业的过度开发与片面追求高产，其带来的土壤侵蚀、化肥农药污染、能源危机等问题也浮现出来。面对日益严重的"农业污染问题"，全世界都在开始探索农业发展新的途径和模式。发展现代生态农业便是世界各国的选择，成为当今农业发展的主流。许多专家认为，现代生态农业的发展要具有高优性与持续性。就其内涵而言，现代生态农业发展要实现"六个优化与提升"：一是农业景观优化与提升。全国种植业发展"十二五"规划、全国休闲农业"十二五"规划纷纷强调推进园艺作物标准园创建，生态农业项目要以景区整体景观提升，从艺术农业、景观农业、观赏农业出发，将农业景观纳入到旅游内容之中。在农业种植景观的基础上，围绕田园风光将主题、文化、休闲等融入田园，可通过与婚庆、田园影视等产业有效对接，使农业景观产生更大的效益。二是休闲观光优化与提升。在现有农业科技示范的基础上，以创意农业、养生农业、智慧农业、颐养农业、未来农业、太空农业为突破点形成以科技为依托的休闲农业，从"高、新、特、优、雅、奇"等方面实现农科展示与旅游休闲的对接，为都市人提供认识农业、体验农业的机会。在科普的基础上，将农业科技与生活相结合，将生活空间变为有效利用种植果蔬的都市农业生活样板间。三是农民从业优化与提升。生态农业项目一般包含部分村落，涉及农民的安置，全国农民教育"十二五"规划中提出农民创业培训和引导农民服务二、三产业，在此类项目中应该在农民创业引导和培训旅游产业工人方面做出示范，让农民积极地参与到旅游开发之中，通过以农耕为原材料的农民手工艺制作工坊、农民创意集市等丰富项目的田园韵味，形成项目发展的互动引擎。四是资源利用优化与提升。通过旅游服务业开发升级现有产业内容，用"吃、住、行、游、购、娱、体、学、研、悟"等旅游元素与现有农业资源形成良好的互动，通过农耕生产—初级加工—定制成品的模式，提供体验式销售、体验式购物，直接面对都市顾客，提供农产品并直接定制化成品加工，通过旅游产品的开发延长产业链条，推进完善大中城市的米袋子、菜篮子、后花园等产业功能，更好地与长三角对接，实现服务业服务现有产业的目标。五是农业功能优化与提升。全国休闲农业"十二五"规划中提出乡土文化梳理重点工程，推进农俗村发展。结合园区大面积示范种植，从传统农耕中取材，增加乡土、乡俗、乡趣的田园游乐体验内容，展示农业发展进程，将本地的农耕民俗文化进行保护。六是服务聚集优化与提升。现阶段，我国大力发展农业现代化，生态农业项目应该紧抓机遇，从现代农业服务业入手，推进农科研讨、产学对接、会议培训、产业孵化。同时在农业休闲、观光、游乐的开发中融合产业发展，在田园种植中通过创意休闲的方式提供主题化的定制服务，从而实现以农业为基点的都市服务产业的聚集。

很显然，现代生态农业是一个系统工程。马世骏教授曾经明确指出，"生态农业是生态工程在农业上的应用，它运用生态系统的生物共生和物质循环再生原理，结合系统工程的方法和近代科学成就，根据当地自然资源，合理组合农、林、牧、渔、加工的比例，实现经济效益、生态效益和社会效益三结合的农业生产体系"。我国现代生态农业包括农、林、牧、副、渔等多层次的复合农业系统，措施主要是实行粮食与豆类轮作，混种牧草并且混合放牧、稻田养鱼，实行生物防治、少免耕，同时减少化肥、农药、机械的投入等。在微观层面，因地制宜，统一耕作、加工、销售，同时实行个人或家庭分区段承包责任制，发展现代田园式家庭农场以及牧场、渔场；在中观层面，建立和优化城乡生态连体结构，以广阔农村、农业的生态功能净化城镇空气，转化垃圾和污水，提供氧吧和休闲空间，供给生态型农产品，形成城乡大循环系统；在宏观层面，创新生产和资源调控配置机制，建立"市场决定、政府引导、科技支撑"的三元调控配置机制。

　　发展现代生态农业，要求处理好环境与生物的关系。实践证明，环境资源对生物的分布与生长起着限制和制约作用，与此同时生物也通过其形态、生理和生化机制不断适应环境的变化。首先，环境对生物有制约作用。所以，可以对资源使用进行制度约束，如我国实行的土地、草原和林地家庭承包经营体制改革；对农作物生产所缺营养物质进行补齐，例如要推广的测土配方施肥和配合饲料技术。其次，生物会逐渐适应自然环境。同种生物的不同个体，长期生长在不同环境中会发生变异。根据农作物对环境的适应原理，农业部编制了作物优势生产区的规划，为全国作物生产布局提供了依据。再次，生物也会影响自然环境。生物对环境有利的影响很多，如森林可以涵养水源，净化空气。因此，作为一个大系统，农业物质和能量输入输出、各个子系统、生产全过程以及纵横延伸扩展的各个部分全部达到高标准生态化；要节约集约利用土地，通过土地整治养护、科学的轮休和轮作提高土地肥力，并进一步改造、修复劣质退化土地；依靠科技调水储水、节约用水、除涝治旱，杜绝水污染；发展人工影响气象技术，不断提高调控水的时空分布的能力，把气象灾害对农业的影响降到最低限度；利用高科技广泛开发资源空间。

　　我国现代生态农业是在中国国情下提出与发展起来的，与发达国家的生态农业相比较而言，具有以下特别意义：第一，我国现代生态农业追求的目标是生态、经济与社会三大效益的高度统一。不仅要面对资源环境的严峻压力，而且又必须稳定地解决人民群众的基本生活需求与持续发展问题。所以只有依据我国的实际情况，同时借鉴国外的先进理念与做法，才有可能实现目标。第二，中国现代生态农业是以生态学为主导的多学科共同指导下的具有独特理论基础的新兴农业生产体系，这就要求在生产实践中也必须发挥多学科交叉结合的优势，以健康有序地推进我国现代生态农业的发展。第三，我国现代生态农业要从经济结构优化到清洁生产，再到能量多级循环利用，直至科学管理与评价，各个体系都要均衡有序发展。第四，实现农业生态经济系统的良性循环与发展是我国现代生态农业的实现途径。

3　现代生态农业的技术模式与对策

农业结构改革与种植业结构改革始终是使农业生产充满活力的源泉。组建生态农业模式的过程，往往就是农业生产结构调整和种植业结构调整的过程。在一般的农业生产结构调整中要涉及在当地发展什么、发展多少、能不能顺利发展、在哪里发展、怎样发展等一系列问题。而生态农业建设不仅仅要考虑这些问题，还要考虑包括资源能不能永续利用、环境能不能很好保护、在发展时能不能得到适宜的生态位、会引起什么样的生态环境变化、能不能做到生态平衡和良性循环等生态学问题。发展什么，发展多少，怎样发展，要建立在可靠的市场预测的基础上，因此，市场的问题更必须考虑和科学预测。可以认为，组建生态农业模式的过程，就是把传统的农业和种植业结构模式按照现代农业的要求加以提高的过程。在国际上特别是在发展中国家，为了克服农业生产内容单一化带来的诸多弊端而提倡的综合农作制度（integrated farming systems）。它的内容和实质就部分地相当于我国的生态农业模式。

综上所述，生态农业模式在农业实践中就是按照生态学和经济学原理组织农业生态系统结构和组装配套技术以发挥系统功能达到可持续发展的目标的生态农业系统格局。通常，生态农业模式有三种类型，即时空结构型、食物链型、时空食物链综合型。为了进一步促进生态农业的发展，2002 年，农业部通过全国征集与遴选，最终正式确定十种类型的生态模式作为农业部面向全国加以推广的重点任务。这十大典型模式和配套技术是：北方"四位一体"生态模式及配套技术；南方"猪—沼—果"生态模式及配套技术；平原农林牧复合生态模式及配套技术；草地生态恢复与持续利用生态模式及配套技术；生态种植模式及配套技术；生态畜牧业生产模式及配套技术；生态渔业模式及配套技术；丘陵山区小流域综合治理模式及配套技术；设施生态农业模式及配套技术；观光生态农业模式及配套技术。

　　生态系统理论要求必须大力发展现代循环农业。生态系统理论是我们人类观察复杂自然界和解决人与自然矛盾的有力手段。生态系统有三大功能，即有机物质的生产、生态系统的能量转化和流动、生态系统的物质循环。根据生态系统物质循环和能量多级转化利用的规律，应该大力发展循环农业。循环农业倡导的是一种与环境和谐的经济发展模式，它要求把经济活动组织成一个"农业资源—农产品—再生资源"的反馈式流程，形成大农业内部全过程、多层次的循环经济，全面实现生产废弃物减量化、再利用、资源化、无害化。按照循环链的特点，循环农业应包括：农田内的循环、种植和养殖业之间的循环、农业和加工业的循环、农户家庭循环和城乡间的循环。其关键环节是建立健全包括节水技术、节地技术、清洁生产技术、农业替代和循环利用技术、农业环境工程技术、废弃物资源化利用等"三端技术"在内的关键性技术体系，实现"输入端""生产过程"和"输出端"的全程循环，促使农业经济发展由主要依靠增加物质资源消耗向主要依靠科技进步转变。

　　绿色植保是发展现代生态农业的必然要求，是通过"绿色"的方法和措施来保护植物，因此也有很多专家称之为有害生物绿色防控法。绿色植保也是基于农业生态系统，在推广应用中通过生物和物理防治以及生态科学的调控与用药等技术措施。将病虫危害损失降到最低限度，实现经济、生态和社会协调发展。绿色植保是生态农业的基础环节和重要途径，也是提升农产品质量安全、促进并实现标准化生产的必然要求，更是保护生态环境的有效手段。美国海洋生物学家雷切尔·卡逊（Rachel Carson）的《寂静的春天》（Silent spring）描述的正是黑色植保的恶果，她针对美国 20 世纪 40 年代以来由于大量使用 DDT 防治有害生物造成生态破坏、环境污染的后果，描述了河流是死亡之河，树林里再也听不见鸟儿的歌唱，农作物花而不实、人类因患上了许多怪病在痛苦中挣扎的悲惨局面，从此唤醒了人们在使用高毒农药时的不解和茫然，为人类环境意识的启蒙点燃了一盏明灯。实行绿色植保要禁止高毒、高残农药的生产和使用，大力倡导生态治理，确保农产品质量、人畜、生态环境三个安全。

　　发展生态农业的核心是创新农业技术装备。作为一项复杂的系统工程，支撑现代生态农业的发展壮大更需要建立起强大的科技创新体系。相比于其他产业，农业的生态功能无可替代，但与此同时，要发展农业又必须极大地依赖于生态环境。发展现代生态农业依赖于创新农业科技，包括农业生产资料、生产技术和生产方式的创新，这是生态农业发展的重要技术支撑。同时，应用现代技术和设施全方位装备农业，包括耕作技术、水利设施、植保手段、养殖方法等各个环节都实现高标准机械化和自动控制，努力实现科技贡献率一般达到70%以上，在诸多重大问题上取得突破，建成先进和完备的农业科技体系，实现农业信息化。因此，农业技术创新不仅是实现农业和环境和谐发展的核心，更是建设现代生态农业的"催化剂""驱动力"和"活化能"。

　　现代生态农业发展的对策主要包括"八个强化与升级"。一是加强产业模式升级。现代生态农业项目应由现代农业向创意农业、休闲农业、科技农业、农业旅游方向升级。打造区域新亮点，形成品牌。通过对现有产业的升级和新产业的引进，增加园区的复合能力，最终达成产业的整体升级，尤其是旅游业的注入能带动园区第三产业的综合发展。二是加强乡村功能升级。通过兼顾旅游业来发展农业，充分发挥旅游业对农业的带动和辐射作用，以旅游业支持农业、反哺农业，进而有效促进城乡的协调共进。三是加强时间空间升级。农业景区要着重于四季化的体验，由传统的三季景区提升为四季景区，发展四季农业；由原有的白天热闹、夜晚安静的常规模式进化成日夜各有不同风景的娱乐模式，也满足不同游客的休闲娱乐需求。四是加强休闲农业升级。现代人的休闲相比过去更加注重精神上的释放与满足，把更多的关注点转移到个性的张扬和心灵的感受，因此发展现代农业休闲旅游要以此为核心，开发更原生态、更有地方风情的特色旅游业，营造出具有独特情怀的休闲度假综合风景区。五是加强景观游憩升级。在现代生态农业项目中引入水资源，并进行大地艺术景观升级改造，以增加观赏效果；并结合不同季节气候的农业生产，增加适宜的大地景观艺术；同时加强园区内部改造，设立合理的旅游线路，提升项目整体形象。六是加强产品加工升级。现代生态农业的发展必须推动农产品加工业的转型升级，这就必须通过创新驱动来实现。这就要求加强政策的创设，通过加大沟通协调各方面的政策体系，为推动农产品加工业的快速高效发展提供支持和保障。七是加强产品品牌升级。农产品品牌建设能够加速企业发展，推进农业现代化和产业化，提高农产品的市场占有率。品牌化战略是农产品市场经济发展的必然趋势，也是农业现代化的必要选择，对推进现代生态农业建设具有十分重要的意义。八是加强经营体系升级。传统农业经营体系妨碍现代生态农业竞争能力的提升，妨碍农业创新能力、抗风险能力和可持续发展能力的提升，影响农业产业链、价值链的转型升级。构建新型农业经营体系具有现实必要性和紧迫性。需要培育充满活力、富有竞争力和创新能力的新型农业经营主体；发展引领有效的现代生态农业生产性服务行业；形成协作、互补、高效的现代生态农业产业组织体系；根据构建新型现代生态农业产业体系的要求加快制度创新和政策创新。

　　当前，世界各发达国家和地区根据自身农业的发展水平和特点，对生态农业的内涵和发展模式理解略有差别，但其中的一个共同点是协调农业与环境，以可持续发展为核心，从国家顶层设计开始，整体考虑资源节约、生态安全、环境友好、产品健康。随着工业化的推进和城镇化的深入发展，我国农业生产将会面临更为严峻的资源短缺和生态环境破坏所带来的挑战。实施农业的整体生态转型和保障我国农产品生产安全任重道远。2014 年中央一号文件中特别强调，要"促进生态友好型农业发展"，"努力走出一条生产技术先进、经营规模适度、市场竞争力强、生态环境可持续的中国特色新型农业现代化道路"。我们应进一步认识农业发展的规律与趋势，积极迎接新的农业产业革命，积极谋划现代生态农业建设，为我国农业的可持续发展和农业现代化的实现贡献力量。

参考文献

[1] 刘巽浩：《对生态与"生态农业"问题的看法》，《农业考古》1988 年第 1 期，第 10、18—20 页。

[2] 骆世明：《农业生态学的国外发展及其启示》，《中国生态农业学报》2013 年第 1 期，第 14—22 页。

[3] 韩长赋：《"强农惠农富农"是"三农"的重心》，《西部大开发》2012 年第 11 期，第 98 页。

[4] 农业部产业政策与法规司：《如何在短期内迟滞"高价农业"的到来——对中国农产品供需变化的一种判断》，《农业经济问题》2008 年第 8 期，第 4—11 页。

[5] 郁大海：《发展中国特色现代农业：困境与出路》，《农业经济》2009 年第 9 期，第 33—36 页。

[6] 白雪瑞：《中国农业增长方式转变问题研究》，博士学位论文，东北农业大学，2007 年。

[7] 韩长赋：《构建新型农业经营体系应研究把握的三个问题》，《农村工作通讯》2013 年第 15 期，第 7—9 页。

[8] 《中国低碳农业发展的基本理论与可行路径》，《科技进步与对策》2011 年第 20 期，第 157—160 页。

[9] 李燕：《中国现代农业发展的历史经验与现实思考》，《科学社会主义》2011 年第 1 期，第 128—131 页。

[10] 王洋、李东波、齐晓宁：《现代农业与生态农业的特征分析》，《农业系统科学与综合研究》2006 年第 2 期，第 157—160 页。

[11] 刘月仙、吴文良、蔡新颜：《有机农业发展的低碳机理分析》，《中国生态农业学报》2011 年第 2 期，第 441—446 页。

[12] 吴文良：《中国生态农业建设成就与展望》，《产业与环境》（中

文版）2003 年第 S1 期，第 103—107 页。

［13］王锋：《关于加快中国生态农业发展的思考》，《中国农学通报》2005 年第 3 期，第 287—289、310 页。

［14］郑建峰：《发展生态农业与实现农业经济可持续发展》，《现代农业科技》2007 年第 9 期，第 172—173 页。

［15］沈允钢：《高效生态农业——现代农业的主要发展趋势》，《中国科学院院刊》2010 年第 5 期，第 551 页。

［16］马世骏：《现代化经济建设与生态科学——试论当代生态学工作者的任务》，《生态学报》1981 年第 2 期，第 176—178 页。

［17］翟勇：《中国生态农业理论与模式研究》，博士学位论文，西北农林科技大学，2006 年。

［18］卢安娜：《基于循环经济理论区域生态农业模式研究》，硕士学位论文，天津科技大学，2006 年。

［19］马晓勇：《中国低碳农业发展现状与对策探讨》，《经济问题探讨》2011 年第 11 期。

［20］翁伯琦、张伟利、王义祥：《东南地区循环农业发展的路径探索与对策创新》，《农业科技管理》2013 年第 3 期，第 5—10 页。

［21］柏振忠：《我国现代农业发展模式建设与完善的路径分析》，《科学管理研究》2010 年第 5 期，第 116—120 页。

［22］赵其国、黄季焜、段增强：《我国生态高值农业的内涵、模式及其研发建议》，《土壤》2012 年第 5 期，第 705—711 页。

基于碳汇效益视角的中国四大林区林业生产效率及收敛性分析[*]

薛龙飞[2] 罗小锋[1,2] 吴贤荣[1,2]

(1. 华中农业大学经济管理学院 武汉 430070;
2. 湖北农村发展研究中心 武汉 430070)

摘 要：本文将林业碳汇纳入到林业经济核算体系之中，构建含有正外部性产出的 DEA – Malmquist 效率指数，在系统测算林业碳汇的基础上，对 1988—2013 年中国四大林区的林业生产效率变动及原因进行了分析，并进一步对其效率收敛性进行了检验。结果表明：①由于森林面积、产业发展等差异较大，全国四大林区间的碳汇量及碳汇值也有较大不同，碳汇总产值从高到低依次为西南（1870.69 亿元）、东北（1335.41 亿元）、南方（842.73 亿元）、北方林区（407.35 亿元）；②1988—2013 年间全国林业生产效率整体有所提升，主要源于技术效率推动，年均增长速度为 0.6%；其中南方林区和东北林区林业生产效率处于提升状态，而西南林区和北方林区呈下降趋势；③西南和南方林区效率随时间变动呈现倒“U”形态势，四大林区中南方林区效率均值最高，为 1.036，其次是东北林区，为 1.020；④我国四大林区地区间 Malmquist 指数没有出现 σ 收敛，相反，还存在绝对 β 发散现象，即四大林区地区内的林业生产效率绝对值和增长

---

* 基金项目：国家自然科学基金重点项目（71333006）；中央高校基本科研业务费专项资金资助项目（2013RW034）；武汉市软科学研究计划项目（2015040606010256）；华中农业大学创新团队培育项目（2013PY042）；华中农业大学人文社会学科优秀青年人才培养计划。

率差异并没有随着时间而缩减。

　　关键词：林业碳汇；效率变动；DEA - Malmquist；收敛性

1　引言

　　全球气候变化已经给人类社会与经济发展带来了显著影响，并因此成为各国政府、经济、科学等领域持续关注的重大问题。2013 年，联合国政府间气候变化委员会（IPCC）第五份评估报告指出：自 20 世纪以来，地球的气温已经上升了 0.89 度，海平面上升了 19 厘米，全球气候变化给人类及生态系统带来了前所未有的生存危机。为此，实施碳减排以应对气候变化的影响已经成为世界各国的共识。实现碳减排、应对全球气候变化的实现途径主要有两种：减少碳排放量、增加碳汇量。我国经济高速发展的同时，碳排放量也持续增加，碳减排的紧迫性要求我国在减少碳排放绝对量的同时，也应通过增加碳汇的方式来减少大气中的温室气体。相比减少碳排放量，增加碳汇量虽无法减少绝对碳排放量，但遵循碳中和原理，通过碳捕捉机理仍可降低大气中的碳浓度。相比于耕地与草地，林业具有更强的碳吸收能力，简单易行，对资金、技术、设备等要求较低。因此，高度重视林业改革、注重林业生产、发展林业碳汇成为降低大气二氧化碳浓度、应对气候变化的重要途径。

　　在低碳要求下，林业及碳汇的经济、生态、社会效益引发了越来越多的关注，研究热点主要集中于 3 个方面：①林业碳汇效益的研究。森林碳汇能够有效地提高生物多样性、涵养水源、改善环境、保持水土等，在气候变化中有着重大作用和成本优势。森林所具有的碳汇功能，有助于稳定、减少大气中的温室气体。除生态效益外，林业碳汇的经济效益同样也是学者们关注的重点。发展森林碳汇不仅能够改善农户林业收入构成、稳定增加农户林业收入，而且对国家经济增长的稳定性具有显著的正向生态冲击作用。②林业碳汇政策及风险应对。林业碳汇是一个集自然科学与社会科学为一体的多学科研究问题，政府需要在碳汇发展中发挥引导作用。提高森林经营主体对碳汇林的认知和交易意愿、适当改变地区补贴标准，有利于发展林业碳汇，实现农户、政府与社会的共赢。③林业投入产出效率的研究。许多学者认为，我国林业生产效率较低，但提升空间较大。科学增大林地面积、适当改变林业产业结构、合理安排科技开发与应用有助于提高我国的林业生产效率。

综上所述，当前研究较集中于林业生产效率、林业碳汇效益及政策发展的研究上，而把碳汇效益与经济效益相结合，将其作为正外部性产出纳入林业经济核算体系的文献相对较少。在经济系统中完整的生产过程既包括要素投入，也含有产出，林业作为兼具生态、经济、社会效益于一体的产业，除获得一般意义上的木材、林业食品等经济产物外，还兼有碳汇这种正外部性产物产出。但是，当前我国的林业经济核算中并没有将碳汇经济统计进去。为此，本文拟从林业经济核算体系出发，把具有正外部性产出的碳汇值纳入林业经济总产值中构建 DEA – Malmquist 效率指数，在系统测算林业碳汇量的基础上，按照我国森林资源清查的划分方法把 1988—2013 年平均分为 6 个时间段，对我国四大林区的林业碳汇量及产值进行测算，分析林业 Malmquist 生产效率及其分解指数；进一步，对四大林区的林业生产效率进行收敛性检验；最后根据研究结果进行讨论。

2　研究方法与变量选取

2.1　DEA – Malmquist 方法介绍

传统的 DEA 模型只能通过截面数据进行横向对比来评价决策单元的效率，具有一定的局限性。在分析面板数据时，时间因素导致各期的生产前沿面发生变化，使得数据纵向比较基准难以完善。而 DEA – Malmquist 指数通过分解成技术效率变化与技术进步两部分，更适用于面板数据。

设时期 t 为基期，x^t、y^t 分别表示 t 期的投入、产出，则投入产出关系从 (x^t, y^t) 向 (x^{t+1}, y^{t+1}) 的变化就是效率的变动情况。

Malmquist 指数在 $t+1$ 期表示为:

$$M^{t,t+1} = \left[\frac{D^t(x^{t+1},\ y^{t+1})D^{t+1}(x^{t+1},\ y^{t+1})}{D^t(x^t,\ y^t)D^{t+1}(x^t,\ y^t)} \right]^{1/2} \tag{1}$$

根据 Färe 的分析,(1) 式在不变规模报酬的假设下可分解为技术效率指数(EC)和技术进步指数(TP)。

$$EC = \frac{D^{t+1}(x^{t+1},\ y^{t+1})}{D^t(x^t,\ y^t)} \tag{2}$$

$$TP = \left[\frac{D^t(x^t,\ y^t)D^t(x^{t+1},\ y^{t+1})}{D^{t+1}(x^t,\ y^t)D^{t+1}(x^{t+1},\ y^{t+1})} \right]^{1/2} \tag{3}$$

其中,当 $M^{t,t+1} > 1$ 时,表明效率提高;当 $M^{t,t+1} < 1$ 时,表明效率退步;当 $M^{t,t+1} = 1$ 时,效率不变。当技术效率指数(EC)或技术进步指数(TP)大于 1 时,表明它是整体效率增长的推动力;反之,则对效率提高产生了抑制作用。

2.2 变量选取与说明

基于以上分析及前文叙述的相关数据、公式,测算所需数据主要来源于第 5—8 次中国森林资源报告、1988—2013 年林业统计年鉴和中国统计年鉴等不同数据库的同类指标,并通过比较与修正计算得出。根据前文关于方法的介绍可知,DEA – Malmquist 指数的测量是连续几期的决策单元间的比较,而由于我国森林资源数据的统计为 5 年进行一次,为此本文选取 1988 年、1993 年、1998 年、2003 年、2008 年、2013 年六个时间段进行分析。根据国家统计局和《中国林业发展报告》的区域划分,结合我国林业产业的地理分布特征和林业资源的分布特点,本研究将我国的 31 省(市、区)分为四大林区:东北林区,包括内蒙古、辽宁、吉林和黑龙江;西南林区,包括四川、云南、西藏(有关林业资料的统计重庆多与四川统一核算);南方林区,包括上海、江苏、浙江、安徽、福建、江西、湖北、湖南、广东、广西、海南和贵州;北方林区,包括北京、天津、河北、山西、山东、河南、陕西、甘肃、青海、宁夏和新疆。

根据经济学基本理论,资本、劳动力和土地是生产函数中极为重要的三要素。碳汇作为林业总产值中正外部性产出的一部分,其主要产出值与资本、劳动力和土地三要素的投入密切相关。同时,DEA –

Malmquist 测算的是一种相对指数,要求决策单元间具有可比性,而对于选取的指标不需要完全涵盖所有投入、产出要素,测算结果同样可以真实反映研究目标的效率情况。为此,本文选取资金、劳动力、森林面积三项作为投入指标,以统计资料中的林业经济总产值和碳汇产值之和为产出指标。

(1)资金投入 K。选取林业统计年鉴中的"林业固定资产投资完成量",并以 1998 年为基期,根据中国统计年鉴中的"固定资产价格指数"进行折算。根据固定资产投资完成量,采用永续盘存法(PIM)测算林业资本存量,公式为:$K_t = (1 - \delta) K_{t-1} + I_t$,其中 K_t 和 I_t 分别表示 t 期的资本存量和固定投资完成额,δ 代表几何折旧率。对于基期年资本量 $K0$ 的测算,本文借鉴吕晓军的方法:$K_0 = I_0 / (g + \delta)$,其中 g 表示固定资产投资的年均增长率,本文采用环比方法进行计算;δ 为固定资产投资折旧率,并设定为 5%。

(2)劳动力投入 L。选取林业统计年鉴中的"年末林业从业人员数"。

(3)土地投入 F。选取森林资源清查中各地区的"森林面积"。

(4)产出指标 Y。本文的产出指标是指含有正外部性产出的林业总产值,由碳汇值与林业统计年鉴中的"林业总产值"之和求得。首先进行碳汇量的测算,然后根据碳汇单价 33.14 元/吨的价格进行折算得出碳汇值[①]。对于"林业总产值"的测算则以 1998 年为基期,根据历年中国统计年鉴中的"农林牧渔业总产值"中的林业产值价格指数进行折算求得。

3　实证分析

3.1　我国四大林区碳汇价值测算

本文采用森林蓄积量扩展法(又称为森林生物量转换因子法)对

---

①　2014 年全球碳排放交易市场发展报告资料显示,2013 年全球碳市场交易总量约为 104.2 亿吨,交易总额约为 549.08 亿美元,按当年平均汇率 6.2897 折算,碳汇单价约为 33.14 元/吨。

碳汇量进行计算，实质是通过生物量转换因子，推算森林的林下植被固碳量和森林土壤固碳量，进而对整个森林的固碳总量进行估算。该测算方法虽不能精确反映我国各地区的碳汇储存量和碳汇总经济价值，但却能在一定程度上反映出我国森林碳汇发展的总趋向。具体计算公式如下：

$$C_F = \sum (S_{ij} \times C_{ij}) + \alpha \sum (S_{ij} \times C_{ij}) + \beta \sum (S_{ij} \times C_{ij}) \tag{4}$$

$$C_{ij} = V_{ij} \times \delta \times \rho \times \gamma \tag{5}$$

（4）式中 S_{ij} 和 C_{ij} 分别表示第 i 类地区的第 j 类森林的面积和森林碳密度；（5）式中的 V_{ij} 表示第 i 个地区的第 j 类森林的单位面积蓄积量。根据公式（4）可知，碳汇总量可分为三部分，分别是森林生物量固碳量 $\left[\sum (S_{ij} \times C_{ij}) \right]$、林下植被固碳量 $\left[\alpha \sum (S_{ij} \times C_{ij}) \right]$ 和森林土壤固碳量 $\left[\beta \sum (S_{ij} \times C_{ij}) \right]$。在计算我国各省（市、区）的"森林固碳总量"时，换算系数采用 IPCC 所规定的默认值，其中森林生物量固碳量与林下植被固碳量的比例系数 α 取值为 0.195，通过 α 系数可以在已知森林生物量的基础下估算出林下的所有固碳量；森林生物量固碳量与森林土壤固碳量的比例系数 β 取值为 1.244，β 系数的作用是计算林地所含的固碳量；生物量扩展系数 δ 取值 1.90，δ 的作用是计算森林树木的生物蓄积量；容积密度系数 ρ 取值 0.5；含碳率 γ 取值 0.5。

根据上述公式及指数对我国省域的林业碳汇量进行测算，具体计算结果见表 1。碳汇产值最高的三个省份依次为四川、西藏、黑龙江，3 个省份的碳汇值总和占全国的 43%，其中四川与西藏都属于西南林区。从林区分布角度分析，我国四大林区总产值从高到低分别为西南、东北、南方、北方林区。其中我国碳汇产值最高的西南林区，碳汇总值达 1870.69 亿元，占全国碳汇总价值的 42% 左右；东北林区碳汇总产值仅次于西南林区，为 1335.41 亿元；北方林区所含省份虽然较多，但碳汇总产值最低，11 个省份碳汇产值总和为 407.35 亿元。从碳汇值计算公式中可以发现，森林面积和单位森林蓄积量是影响其总值的主要因素。西南林区和东北林区森林面积广，林业资源丰富，碳汇林发展成熟，森林总蓄积量较高，其碳汇总值也会较其他林区高出许多。

表1 1988—2013年我国四大林区碳汇均值

地区	森林蓄积量（$10^4 m^3$）	碳汇量（10^8 t）	碳汇值（10^8 元）
北京	802.39	0.09	3.08
天津	191.18	0.02	0.73
河北	6863.42	0.8	26.35
山西	6249.95	0.72	24
山东	3749.53	0.43	14.4
河南	8759.33	1.01	33.63
陕西	31375.67	3.63	120.47
甘肃	18205.46	2.11	69.9
青海	3504.67	0.41	13.46
宁夏	542.28	0.06	2.08
新疆	25847.53	2.99	99.25
北方林区合计	106091.41	12.27	407.35
内蒙古	106126.09	12.29	407.5
辽宁	17418.29	2.02	66.88
吉林	80640.16	9.34	309.64
黑龙江	143601.63	16.64	551.39
东北林区合计	347786.17	40.29	1335.41
四川	146596.35	16.98	562.89
云南	135528.07	15.7	520.39
西藏	191355.68	22.17	787.41
西南林区合计	473480.1	54.85	1870.69
上海	60.38	0.01	0.23
江苏	2437.13	0.28	9.36
浙江	13305.64	1.54	51.09

地区	森林蓄积量（$10^4 m^3$）	碳汇量（$10^8 t$）	碳汇值（10^8 元）
福建	41521.67	4.81	159.43
安徽	10649.43	1.23	40.89
江西	28353.92	3.28	108.87
湖北	16815.16	1.95	64.57
湖南	23940.84	2.77	91.93
广东	23827.69	2.76	91.49
广西	33961.05	3.93	130.4
海南	6916.02	0.8	26.56
贵州	17687.08	2.05	67.91
南方林区合计	219476.01	25.41	842.73
全国合计	1146833.69	132.82	4456.18

注：四川的统计数据中包含重庆。

3.2　林业生产效率分析

运用 DEAP 2.1 软件对我国四大林区的林业生产效率进行测度，并将其分解为技术效率、技术变化进行分析。

3.2.1　全国林业生产效率变动

运用 Malmquist 指数法测算了全国林业生产效率及其变动状况（见表 2）。1988—2013 年全国 Malmquist 指数均值为 1.006，增长速度为 0.6%，表明研究期内林业生产效率总体上有所增长，但增速缓慢，林业生产效率优化并不明显。自 2008 年以来，我国林业生产率有了明显的提高，原因可能是国家实施的林业六大工程、集体林权制度改革等政策措施效果开始凸显，政府在科技计划的指导下，推动高新技术在林业发展中的应用，逐步加快林业技术升级和产业结构调整，在拉动全国范围林业技术效率改善的同时，也极大地促进了全国林业产业的技术进步。

表2　　　　　　　　　**全国林业测算 Malmquist 指数及分解**

年份	技术效率变化	技术变化	Malmquist 指数
1988—1993	0.785	1.281	1.006
1993—1998	0.557	1.717	0.957
1998—2003	2.807	0.359	1.007
2003—2008	1.112	0.843	0.937
2008—2013	0.920	1.236	1.137
均值	1.047	0.961	1.006

注：四川的统计数据中包含重庆。

进一步指标分解发现，研究期内全国林业技术效率变化均值上升4.7%，而技术变化均值则下降了3.9%，表明林业生产效率增长的贡献主要来自技术效率的变化。技术效率变化在1988—1998年期间出现连续下降趋势，在1993—1998年下降趋势最为明显，下降幅度达44.3%；但是这段时期的技术变化指数一直保持在1以上。其主要原因可能是我国林业刚结束徘徊停滞时期，在生产建设需要和人口生存需求的双重压力下国家加大了对林业生产的科技投入，技术进步带来了林业效率的显著提高，但资源配置还存在很多问题。1998—2008年时期，技术效率在提升而技术变化在下降。原因可能是从1998年开始党和政府加强了对森林资源，特别是天然林资源的保护力度，尤其是对林业的要素投入分配进行了深层次的改革，使得林业生产效率有了较大的提高。同时，虽然林业技术一直在进步，但是依然满足不了我国林业作为基础产业和公益事业双重压力的要求，技术进步带来的效率改善未能体现出来。

3.2.2　中国四大林区效率变动分析

（1）四大林区效率综合情况分析

从表3可以看出，四大林区在1988—2013年期间 Malmquist 指数均值最高的为南方林区的1.036，其次是东北林区的1.020，技术效率值分别为1.087、1.060，资源配置的合理性促进了林业生产效率的改善。广西、海南等南方林区是我国热带和亚热带的森林宝库，经济林木丰富多彩，其生态和经济效益一直受到政府重视。同时，当地林业生产参与者对林业生产有较为成熟的管理方法，这也可能是南方林区效率较高的原因。东北林区的大兴安岭、小兴安岭和长白山是我国最大的林区，也是重点实施的天保工程地区，丰富的森林资源和国家的大力支持，使得该林区的生产效率一直处于高水平状态。

表3　　1988—2013年四大林区碳汇测算 Malmquist 指数及分解

省份	技术效率变化	技术变化	Malmquist 指数
北京	1.230	1.073	1.320
天津	1.063	0.925	0.983
河北	1.078	0.967	1.043
山西	1.032	0.984	1.015
山东	1.214	0.985	1.195
河南	1.102	0.969	1.068
陕西	1.014	0.955	0.968
甘肃	0.890	0.978	0.870
青海	0.666	0.944	0.629
宁夏	0.787	1.024	0.806
新疆	0.880	0.950	0.836
北方林区平均	0.996	0.9776	0.976
内蒙古	1.021	0.950	0.970
辽宁	1.165	0.952	1.109
吉林	1.017	0.988	1.005
黑龙江	1.037	0.959	0.994
东北林区平均	1.060	0.962	1.020
四川	1.025	0.946	0.970
云南	1.015	0.941	0.955
西藏	1.000	0.784	0.784
西南林区平均	1.013	0.890	0.903
上海	0.911	1.001	0.912
江苏	1.067	1.016	1.084
浙江	1.180	0.927	1.094

续表

省份	技术效率变化	技术变化	Malmquist 指数
福建	1.152	0.942	1.085
安徽	1.152	0.958	1.104
江西	1.473	1.055	1.553
湖北	1.130	0.956	1.081
湖南	1.163	0.950	1.104
广东	1.132	0.941	1.065
广西	1.076	0.947	1.019
海南	0.997	0.954	0.950
贵州	1.038	0.957	0.994
南方林区平均	1.087	0.951	1.036
全国平均	1.047	0.961	1.006

注：四川的统计数据中包含重庆。

北方林区和西南林区 Malmquist 指数分别为 0.976、0.903，未能达到优化的投入产出效率。北方林区中山东、河北、河南等省份以粮食生产为主，甘肃、青海、宁夏等地区气候干燥，森林资源少、质量较低，北京、天津等地区主要发展的重心偏向于工业和服务业，林业在这些地区仅仅只是充当生态作用角色，这些可能是导致北方林区效率偏低的原因。四川、云南等西南林区效率较低，其原因可能是 1988 年以来该地区多次发生的森林灾害，尤其是近些年连续发生特大旱灾对林业造成了巨大损失，生产效率明显降低。对于北方林区而言，技术效率变化下降了 0.4%，这可能是由于北方林区的森林资源质量较差，而政策的重心又多集中在其他产业，林业生产分散，资源的投入难以得到合理利用。四大林区技术进步都未能起到改善效率的作用，其原因可能是林业高新技术成果在增加，但推广效率低下，技术成果转化率较低；林业技术供给难以满足林业作为经济、生态、社会多重功效于一体的需求，许多技术成了无效供给。

（2）四大林区效率变动趋势差异分析

通过对我国林区分布进行效率测算，结合图 1 可知，我国西南与南方林区效率基本呈倒"U"形变动。南方林区自1988年开始Malmquist值一直在1以上，表明其林业生产效率处于持续改善状态且增速较快，尤其在2008—2013年时期，Malmquist值达到了1.464；西南林区是Malmquist值波动最为明显的地区，在1998—2003年阶段达最高值1.557，增幅达55.7%，而在2003—2008年时期指数最低只有0.72，下降了28%。在1998—2003年期间两个林区效率有了较高增长，其原因可能是从1998年开始转变林业建设，林业经济价值在充分体现的同时，其生态价值日益凸显，林业的碳汇效益得到充足发展，要素投入的增加和配置更趋合理。在2003—2008年期间出现普遍下降的原因可能是全国自然灾害发生频繁，尤其是2008年南方和西南林区遭到了重大地质灾害，地震、干旱、强降雪都有发生，对林业生产造成了极大影响。东北林区除1998—2003年阶段出现林业生产效率退化现象外，其余阶段均表现出改进趋势，其指数波动也相对平缓，林业生产效率有待提升；北方林区呈现出高低交替出现的趋势，但是波动并不明显，其在1988—1993年、2008—2013年两个时期指数大于1，其余时期效率未能改善。东北与北方林区2008—2013年效率得到较大所改善的原因可能是，在北方和东北林区风沙、干旱等环境恶化的背景下，林业生态效益也日益凸显，国家开始实施新一轮的"三北"防护林工程，林业的投入和产出效率也有了进一步改善。

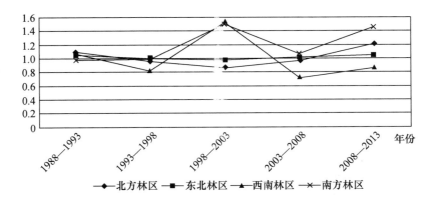

图1　四大林区林业生产效率变动情况

4　林业生产效率的收敛性分析

4.1　收敛检验方法

为了进一步探讨四大林区林业生产效率的增长差距是否会在长期内消失，本文采用 σ 收敛和绝对 β 收敛对林业生产效率进行分析。Barro 和 Sala – I – Martin 的研究指明两种收敛的含义：σ 收敛是指不同经济区域相对人均收入差异会随着时间推移而逐渐下降；β 收敛是指期初人均产出较低的经济区域增长率高于人均产出指标较高的经济区域。

4.2　σ 收敛性检验

本部分对全国四大林区的林业生产效率 α 收敛性进行判断，采用的数据是测算所得的四大林区 Malmquist 指数值。时间范围为 1988—2013 年，由于样本采用的是阶段性分析，实际 Malmquist 指数数据只有 5 个。虽然样本量较少，但 5 个节点时间数据也可对碳汇的阶段性变化趋势作出一定的判断。本文采用变异系数法分析 α 收敛性，即：

$$cv = \frac{s}{x}s = \sqrt{\frac{\sum_{i}^{N}(X_i - \overline{X})^2}{N}} \qquad (6)$$

其中，N 为地区数，X_i 为 Malmquist 指数值，$\overline{X}$ 为 Malmquist 指数的均值。从 1988—2013 年间，全国林业生产效率变异指数呈现波动变化，1993—1998 年、2003—2008 年两个时期呈收敛趋势。但在1998—2003 年是发散的且程度最大（具体变化趋势见图 2）。从四大林区的角度来看，南方林区和北方林区呈现出与全国一致的收敛性，上下波动趋势明显。其中南方林区在 1998—2003 年的发散情况尤为明显，出现这种情况可能的原因是，1998 年全国暴发特大洪灾，全国各省（市、区）的林业受到了不同程度的损失，尤其以江西、湖南、湖北等省份的受灾程度最大。2003 年 6 月，中共中央、国务院出台了《关于加快林业发展的决定》，对乱砍滥伐林木、乱垦滥占林地等现象进行了遏制，地区间的发散情况有所好转。东北林区的效率指数变异系数并不明显，基本呈现出收敛的趋势，这是由于该地区森林资源常年保持平衡，是我国主要的木材生产基地和森林，林区内的省份对于林业政策和发展方向并没有太大变化。西南林区不同于其他地区的是，2003—2008 年时期变异系数较高，说明在这段时期该林区的林业生产效率呈发散趋势，地区间的效率差异有所扩大。其原因可能是这段时期全国自然灾害发生频繁且严重，尤其在 2008 年南方林区灾害损失严重，地区间灾后林业建设扶持力度各不相同，导致了西南林区内的效率差距变大。

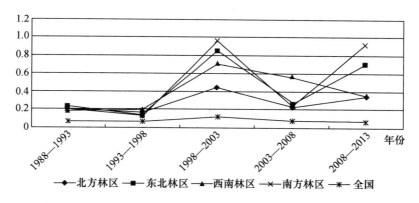

图 2　全国及四大林区 σ 收敛演化趋势

4.3　β 收敛性检验

设定林业生产效率的 β 收敛检验的面板数据模型如下：

$$\frac{1}{T-t}\log\left(\frac{y_{iT}}{y_{it}}\right) = \alpha + \frac{1-e^{-\beta(T-t)}}{T-t}\log\left(\frac{\hat{y}^*}{y_{it}}\right) + \mu_{it} \qquad (7)$$

其中：i 代表地区；t 和 T 分别表示基期和报告期时间；y_{it} 和 y_{iT} 分别表示基期和报告期的具体指标数；$\hat{y}^*$ 为稳定状态下的指标数；μ_{it} 表示随机扰动项；β 表示收敛速度，即 y_{it} 趋向于 $\hat{y}^*$ 的速度。本文针对林业生产效率问题，在实际分析中将模型做了变换，具体形式如下：

$$\frac{1}{T}\ln(M_{it}/M_{i0}) = \alpha + \beta\ln(M_{i0}) + \varepsilon_{it} \qquad (8)$$

其中 M_{it} 和 M_{i0} 分别为第 i 个地区的基期和报告期的碳汇 Malmquist

指数，T 是基期与报告期之间的时间跨度。若 $\beta < 0$，则表明效率变化存在 β 收敛；若 $\beta > 0$，则表示效率变化是发散的。根据公式转换，$\lambda = -\ln(1+\beta)/T$ 表示效率收敛速度。

表 4 给出了模型的估计结果，从中可见，β 值都显著为正，λ 收敛速度为负值，表明不仅全国，从四大林区来看区域间的效率增长差异长期内并没有逐渐消失。四大林区间都不存在 β 收敛，一方面是因为林区多是以立地条件、气候环境、林权制度、产业结构等方面条件近似的省（市、区）组成，要素投入和环境影响也近似相同，这也导致了林区内地区间增长率很难有较大改变，林业生产效率不存在明显的趋同趋势。另一方面原因可能是林业生产效率与各地区林业发展密切相关，而林业又不同于农业和渔业产业，由于森林培育的周期长，苗木生长到成熟往往需要十几年、几十年。尤其是我国实施采伐限额制度以来，全国林业的发展趋于稳定性增长，地区间生产效率增长的差距很难改变。

表 4　　　　　　　　林业生产效率绝对 β 收敛的检验结果

	全国	北方林区	东北林区	西南林区	南方林区
β	0.533 ***	0.579 ***	0.459 ***	0.601 ***	0.472 ***
	(-10.83)	(5.83)	(3.1)	(4.08)	(5.44)
常数项	-0.003	0.016	-0.006	0.034	-0.014
	(-0.18)	(0.46)	(-0.24)	(0.43)	(-0.52)
R^2	0.569	0.58	0.407	0.675	0.505
λ	-0.031	-0.032	-0.027	-0.034	0.018

注：括号内为 t 统计量；*、** 和 *** 分别为在 10%、5% 和 1% 的显著性水平下显著。

5　结论与政策含义

5.1　主要结论

本文采用森林蓄积量扩展法对 1988—2013 年间的全国 31 个省份

的碳汇总量进行测算，把碳汇纳入林业外部性产出中，运用 DEA - Malmquist 指数法对其效率进行了测度和分解，并以此为基础检验了区域林业生产效率的收敛特征。本文主要研究结论有：

（1）1988—2013 年我国碳汇产值均值最高的三个省份分别为四川、西藏、黑龙江，三个省份的碳汇均值总和约占全国的43%。我国四大林区总产值从高到低分别为西南（1870.69 亿元）、东北（1335.41 亿元）、南方（842.73 亿元）、北方林区（407.35 亿元），其中西南林区碳汇总值约占全国总值的42%，这与该地区森林面积广、碳汇林发展成熟、森林总蓄积量较高相关。

（2）由于林业六大工程、集体林权制改革等政策措施实施效果的凸显，全国的林业生产效率有所提高，以年均0.6%的速度增长，其主要贡献来自技术效率变动。研究期内由于要素投入配置的完善，技术效率变化均值上升了4.7%。林业产业面临着基础产业和公益事业双层次压力，这也使得林业技术进步所带来的效率改善未能充分体现出来。

（3）根据我国森林分布特点，把全国省（市、区）分为北方、东北、西南、南方四大林区。1988—2013 年期间西南与南方林区的林业生产效率基本呈现倒"U"形发展趋势。全国四大林区中 Malmquist 指数均值最高的为南方林区的 1.036，其次是东北林区的 1.020。而西南林区和北方林区均值分别为0.903、0.976，仍没有达到要素投入产出的最优状态。

（4）我国整体跟四大林区的地区间的 Malmquist 指数变异指数没有随时间出现明显的衰减，区域间并不存在 σ 收敛。全国跟四大林区的地区间呈现绝对 β 发散，地区间的林业生产效率并没有随着时间而缩减。

5.2　政策含义

（1）强化森林管理，提高森林资源质量。碳汇含量的多少不仅与森林面积有关，还与森林品种、林分密度以及火灾、病虫害等灾害相关。因此，应不断提高森林资源管理水平，加大林业生态建设，改善森林资源结构，科学防范森林火灾、病虫害的发生，减少自然和人为对林业碳汇功能的损害，逐步提高森林资源的质量。

（2）加大林业科技投入，促进碳汇林技术的推广应用。目前技术进步对于林业生产效率的提高作用还没有得到充分体现，依靠资金和劳动力等投资要素的增加促进发展的方式仍没有彻底改变。为此，通过加强对林业资金投入力度，加大碳汇技术在林业发展中的推广和扩散，因地制宜地提高有效供给，发挥技术进步对我国林业生产发展的带动作用。

（3）发挥我国各林区的资源优势，有针对性地发展林业碳汇。我国各林区间的林业发展存在较大差异，碳汇林的发展更是参差不齐，林业生产效率之间的差距很大。根据林区间的自然环境的不同，合理配置资金、劳动、林地等资源。在东北、西南、南方等森林资源丰富的林区，应选择性地种植高固碳树种，如东北林区以培育银中杨、青山杨、红松等树种为主。对以经济林产品为主的南方林区，突出资源优势，推广特色林产品。东北林区作为全国主要木材供给基地，严格实行限额采伐制度，规范木材市场管理。在森林资源较少的北方林区，以营林为主，重点发挥林业的生态功能，进行护林、造林、采育结合的碳汇林业发展方式。

参考文献

［1］ Parry M. L., Rosenzweig C., Potential impact of climate change on world food supply, Nature International Weekly Journal of Science, 1994, 367: 133 – 138.

［2］ 吴贤荣、张俊飚、朱烨等：《中国省域低碳农业绩效评估及边际减排成本分析》，《中国人口·资源与环境》2014 年第 24 期，第 57—63 页。

［3］ Alex Lo., China's Response to Climate Change, Environmental Science & Technology, 2010, 44 （15）: 7982 – 7982.

［4］ 温家宝：《高度重视林业的改革和发展》，《求是》2009 年第 16 期，第 3—4 页。

［5］ 贾治邦：《发展林业：应对气候变化的战略选择》，《林业经济》2010 年第 7 期，第 54—56 页。

［6］唐晓川、孙玉军、王绍强：《我国南方红壤区 CDM 造林再造林项目实证研究》，《自然资源学报》2009 年第 8 期，第 1477—1487 页。

［7］Kooten G. C. V., Binkley C. S., Delcourt G., "Effect of Carbon Taxes and Subsidies on Optimal Forest Rotation Age and Supply of Carbon Services", *American Journal of Agricultural Economics*, 1995, 77 (2): 65 – 374.

［8］Murray B. C., "Carbon Values, Reforestation, and 'perverse' Incentives under the Kyoto Protocol: An Empirical Analysis", *Mitigation & Adaptation Strategies for Global Change*, 2000, 5 (3): 271 – 295.

［9］李怒云、杨炎朝、何宇：《气候变化与碳汇林业概述》，《开发研究》2009 年第 3 期，第 95—97 页。

［10］简盖元、冯亮明、王文烂等：《森林碳汇价值与农户林业收入增长的分析》，《林业经济问题》2010 年第 4 期，第 304—308 页。

［11］李鹏、张俊飚：《森林碳汇与经济增长的长期均衡及短期动态关系研究——基于中国 1998—2010 年省级面板数据》，《自然资源学报》2013 年第 11 期，第 1835—1845 页。

［12］沈月琴、曾程、王成军等：《碳汇补贴和碳税政策对林业经济的影响研究——基于 CGE 的分析》，《自然资源学报》2015 年第 4 期，第 560—568 页。

［13］朱臻、沈月琴、徐志刚等：《森林经营主体的碳汇供给潜力差异及影响因素研究》，《自然资源学报》2014 年第 12 期，第 2013—2022 页。

［14］于金娜、姚顺波：《基于碳汇效益视角的最优退耕还林补贴标准研究》，《中国人口·资源与环境》2012 年第 7 期，第 34—39 页。

［15］田杰、姚顺波：《中国林业生产的技术效率测算与分析》，《中国人口·资源与环境》2013 年第 11 期，第 66—72 页。

［16］田淑英、许文立：《基于 DEA 模型的中国林业投入产出效率评价》，《资源科学》2012 年第 10 期，第 1944—1950 页。

[17] Färe R., Grosskopf S., Norris M. et al., "Productivity Growth, Technical Progress, and Efficiency Change in Industrialized Countries", *The American economic review*, 1994: 66 – 83.

[18] 吕晓军:《全要素生产率对我国区域经济增长的贡献估算》,《统计观察》2012 年第 8 期, 第 101—104 页。

[19] 龙飞、沈月琴、吴伟光等:《区域林地利用过程的碳汇效率测度与优化设计》,《农业工程学报》2013 年第 18 期, 第 251—261 页。

[20] UNFCCC, Methodological Issues, Land – use, Land – use Change and Forestry, Submissions from Parties, SBSTA 13th Session, Lyon, 11 – 15 September 2000.

[21] Barro R., Sala – i – Martin X., "Convergency", *Journal of Political Economy*, 1992, 100 (2): 223 – 251.